全国高职高专食品类专业“十二五”规划教材

食品标准与法规

周婧琦　石建军　主编

中国科学技术出版社

·北　京·

图书在版编目（CIP）数据

食品标准与法规/周婧琦，石建军主编．—北京：中国科学技术出版社，2013.3（2019.8 重印）
全国高职高专食品类专业“十二五”规划教材
ISBN 978－7－5046－6314－6

Ⅰ.①食…　Ⅱ.①周…　②石…　Ⅲ.①食品标准－中国－高等职业教育－教材②食品卫生法－中国－高等职业教育－教育
Ⅳ.①TS207.2②D922.16

中国版本图书馆 CIP 数据核字（2013）第 034155 号

策划编辑　符晓静
责任编辑　符晓静　齐　放
封面设计　孙雪骊
责任校对　王勤杰
责任印制　徐　飞

出　　版　中国科学技术出版社
发　　行　中国科学技术出版社有限公司发行部
地　　址　北京市海淀区中关村南大街 16 号
邮　　编　100081
发行电话　010－62173865
传　　真　010－62173081
网　　址　http://www.cspbooks.com.cn

开　　本　787mm×1092mm　1/16
字　　数　377 千字
印　　张　16.75
版　　次　2013 年 3 月第 1 版
印　　次　2019 年 8 月第 5 次印刷
印　　刷　北京荣泰印刷有限公司

书　　号　ISBN 978－7－5046－6314－6/TS·61
定　　价　42.00 元

全国高职高专食品类专业“十二五”规划教材编委会

本书编委会

主　编　周婧琦　石建军

副主编　詹现璞　吴晓宗

编　委　（按姓氏笔画排序）

石建军　吴晓宗　周婧琦　高雪丽　贾艳华

詹现璞　潘路路

出版说明

随着我国社会经济、科技文化的快速发展，人们对食品的要求越来越高，食品企业也迫切需要大量食品专业高素质技能型人才。根据《国家中长期教育改革和发展规划纲要（2010—2020年）》的精神，职业院校的发展目标是：以服务为宗旨，以就业为导向，实行工学结合、校企合作、顶岗实习的人才培养模式。食品类职业学校应以食品行业、食品企业的实际需求为基本依据，遵照技能型人才成长规律，依靠食品专业优势，开展课程体系和教材建设。教材建设以食品职业教育集团为平台，行业、企业与学校共同开发，提高职业教育人才培养的针对性和适应性。

我国食品工业"十二五"发展规划指出，深入贯彻落实科学发展观，坚持走新型工业化道路，以满足人民群众不断增长的食品消费和营养健康需求为目标，调结构、转方式、提质量、保安全，着力提高创新能力，促进集聚集约发展，建设企业诚信体系，推动产业链有效衔接，构建质量安全、绿色生态、供给充足的中国特色现代食品工业，实现持续健康发展。根据我国食品工业发展规划精神，漯河食品职业学院与中国科学技术出版社合作编写了本套高职高专院校食品类专业"十二五"规划教材。

本套教材具有以下特点：

1. 教材体现职业教育特色。本套教材以"理论够用、突出技能"为原则，贯穿职业教育"以就业为导向"的特色。体现实用性、技能性、新颖性、科学性、规范性和先进性，教学内容紧密结合相关岗位的国家职业资格标准要求，融入职业道德准则和职业规范，着重培养学生的职业能力和职业责任。

2. 内容设计体现教、学、做一体化和工作过程系统化。在使用过程中做到教师易教，学生易学。

3. 提倡向"双证"教材靠近。通过本套教材的学习和实验能对考取职业资格或技能证书有所帮助。

4. 广泛性强。本套教材既可作为高职院校食品类专业的教材，以及大中小型食品加工企业的工程技术人员、管理人员、营销人员的参考用书，也可作为质量技术监督部门、食品加工企业培训用书，还可作为广大农民致富的技术资料。

本套教材的出版得到了河南帮太食品有限公司、上海饮技机械有限公司的大力支持和赞助，在此深表感谢！

限于水平，书中缺点和不足在所难免，欢迎各地在使用本套教材过程中提出宝贵意见和建议，以便再版时加以修订。

全国高职高专食品类专业“十二五”规划教材编委会

2012 年 5 月

前　言

食品法规与标准是从事食品生产、营销和贮存以及食品资源开发与利用必须遵守的行为准则，是规范市场经济秩序、实施政府对食品质量安全与卫生的管理与监督、确保消费者合法权益、维护社会长治久安和可持续发展的重要依据，在我国市场经济的法规体系中食品法规与标准占有十分重要的地位。

本书主要介绍了食品法规与标准的基础知识、标准化与食品标准的制定、我国食品标准体系、我国食品法律法规体系、国际食品标准与采用国际标准、食品企业管理体系、食品产品认证、食品生产许可证和食品市场准入制度、食品安全风险评估、食品标准与法规文献检索等，并根据章节内容辅以相关案例。可作为高职高专院校食品类专业的教材，也可作为食品企业、质量管理部门等行业相关专业人员的阅读学习用书。

本书具有以下特点：①系统性，注重历史、现实与超前的结合；②新颖性，所涉及的标准与法规都是现行有效的；③指南性，对重要的内容注重应用例证，达到学以致用；④教材突出职业教育特色，贴近市场，简洁实用；⑤本书结构完整、详略得当。

本书由河南漯河食品职业学院组织编写，漯河食品职业学院周婧琦、河南叮当牛食品有限公司石建军担任主编，漯河食品职业学院詹现璞、郑州轻工业学院吴晓宗任副主编，参编人员有漯河食品职业学院的潘路路和河南省产品质量技术监督局的贾艳华。全书编写分工为：周婧琦编写第一章、第六章，詹现璞编写第二章，吴晓宗编写第三章、第四章，石建军编写第五章，潘路路编写第七章，贾艳华编写第九章，高雪丽编写第八章、第十章。

本书在编写过程中参阅了国内外出版的大量专著（著作）、学术论文及网上资料，在此向这些专著（著作）、论文的编者作者及网上资料的提供者表示由衷的感谢。由于编者的学术水平有限，书中的错误与不足之处在所难免，恳请广大师生和读者批评指正，以便完善。

编　者

2012年10月

目 录

第一章　食品标准与法规基础知识

（1）了解法规与标准的概念

（2）掌握法规与标准的区别，食品标准、法规与市场经济、食品安全的相互关系

（3）了解食品法规的渊源与分类

（4）熟悉食品法规、标准的实施与监督管理

食品标准与法规是从事食品生产、营销和贮存以及食品资源开发与利用必须遵守的行为准则，也是食品工业持续健康快速发展的根本保障。在我国市场经济的法规体系中食品标准与法规占有十分重要的地位，它是规范市场经济秩序、实施政府对食品质量安全与卫生的管理与监督、确保消费者合法权益、维护社会长治久安和可持续发展的重要依据。无论是国际还是国内都需要对食品质量和安全性做出评价和判定，其主要依据就是有关国际组织和各国政府标准化部门制定的食品标准与法规。在系统学习具体的食品标准与法规之前，我们有必要了解有关法规与标准的基础知识与体系，掌握食品质量安全法规、标准的地位与作用，熟悉法规、标准与市场经济和食品质量安全的相互关系。这对于全面准确地把握本课程精髓具有重要的意义。

第一节　法规与标准的概论

一、法规

法学是以法律为其研究对象的一门独立学科。法规属于法学的一个重要组成部分，那么不难想象法规的研究对象就是法律和规范。法规是法律、法令、条例、规则、章程等的总称，具体来讲就是法律和规范的产生、规定要求、实施以及变化的规律等。

广义的法律是指一切规范性文件。而狭义的法律在我国仅指全国人民代表大会及其常务委员会制定的规范性文件，地位和效力仅次于宪法。法律在调控社会生活方面发挥基础的主导作用，要求任何政党、团体、国家机关和个人都必须服从法律，必须以法律为依据。

宪法是国家的根本法，具有综合性、全面性和根本性。

行政法规是国务院制定的关于国家行政管理的规范性文件，地位和效力仅次于宪法和法律。地方性法规是地方国家权力机关根据本行政区域的具体情况和实际需要依法制定的本行政区域内具有法律效力的规范性文件。民族自治法规是民族自治地方的自治机关根据宪法和法律的规定，依照当地的政治、经济和文化特点制定的自治条例和单行条例。规章是国务院的组成部门及其直属机构在它们的职权范围内制定的规范性文件，省、自治区、直辖市人民政府也有权依照法定程序制定规章。国际条约是我国作为国际法主体同外国缔结的双边、多边协议和其他条约、协定性质的文件。

改革开放多年以来，我国法制建设取得了举世瞩目的成就，我国的法律是全国各族人民共同意志和根本利益的体现。法律是由立法机关制定，国家政权保证执行的行为准则。

二、标准

标准是一种特殊规范。法学意义上的规范是指某一种行为的准则、规则，在技术领域泛指标准、规程等。一般情况下，规范可分为两大类：一是社会规范，即调整人们在社会生活中相互关系的规范，如法律、法规、规章、制度、政策、纪律、道德、教规、习俗等；二是技术规范，它是针对人们如何利用自然力、生产工具、交通工具等应遵循的规则。标准从本质上属于技术规范范畴。标准具有规范的一般属性，是社会和社会群体的共同意识，即社会意识的表现，它不仅要被社会所认同(协商一致)，而且须经过公认的权威机构批准。因此，它同社会规范一样是人们在社会活动(包括生活活动)中的行为规则。标准具有一般性的行为规则，它不是针对具体人，而是针对某类人，在某种状况下的行为规范。

标准是社会实践的产物，它产生于人们的社会实践，并服从和服务于人们的社会实践。

标准受社会经济制度的制约，是一定经济要求的体现。标准是进行社会调整、建立和维护社会正常秩序的工具。标准规范人们的行为，使之尽量符合客观的自然规律和技术法则。

标准是被社会所认同的规范，这种认同是通过利益相关方之间的平等协商达到的。标准有特定的产生(制定)程序、编写原则和体例格式。

世界多数国家的标准是经国家授权的民间机构制定的，即使由政府机构颁发的标准，它也不是像法律、法规那样由象征国家的权力机构审议批准，而是由各方利益的代表审议，政府行政主管部门批准。因此，标准不具有像法律、法规那样代表国家意志的属性，它更多的是以科学合理的规定，为人们提供一种最佳选择。

三、法规与标准的关系

法规是一种社会规范，而标准是一种技术规范。

社会规范是人们处理社会生活中相互关系应遵循的具有普遍约束力的行为规则，而技术规范是人们在处理同客观事物打交道时必须遵循的行为规则。在科学技术和社会生产力高度发展的现代社会，越来越多的立法把遵守技术规范确定为法律义务，从而把社会规范和技术规范紧密结合在一起。

（一）法规和标准的相同之处

1. 一般性

法规和标准都是现代社会和经济活动必不可少的统一规定，对任何人都适用，同样情况下应同样对待。

2. 公开性

在制定和实施过程中都公开透明。

3. 明确性和严肃性

法规和标准都由权威机构按照法定的职权和程序制定、修改或废止，都用严谨的文字进行表述。

4. 权威性

法规和标准都在调控社会生活方面发挥主导作用，享有威望，得到广泛的认同和普遍的遵守。

5. 约束性和强制性

要求社会各组织和个人服从法律、法规和标准的规定，作为行为的准则。

6. 稳定性

法规和标准都具有稳定性和连续性，不允许擅自改变和轻易修改。

（二）法规和标准的不同之处

（1）法律法规在相关领域处于至高无上的地位，具有基础性和本源性的特点。标准必须有法律依据，必须严格遵守有关的法律法规，在内容上不能与法律法规相抵触和冲突。

（2）法律法规涉及国家和社会生活的方方面面，调整一切政治、经济、社会、民事、刑事等法律关系，而标准主要涉及技术层面。

（3）法规一般较为宏观和原则，标准则较为微观和具体。

（4）法规较为稳定，标准则经常随着科学技术和生产力的发展而补充修改。

（5）标准比较注意民主性，强调多方参与、协商一致，尽可能照顾多方利益。

（6）标准的强制力也源自法律、法规的赋予，标准分为强制性和推荐性两种，对推荐性标准企业有选择执行或不执行的权利。

(7) 法律法规和标准都是规范性的文件，但标准在形式上有文字的，也有实物的。

四、食品标准与法规

食品法规是专门研究与食品有关的法律法规和管理制度。如《食品安全法》《标准化法》《产品质量法》和各类食品生产加工技术规范等。食品标准与法规的研究对象是有关食品质量与安全的法规与食品标准化相互交叉的部分，它与食品标准化研究对象的层次、加工产品门类和加工过程要素有重要、必然的联系，属于一门新兴的技术管理学科。

与食品加工有关的法律主要涵盖于市场管理规则法之中。标准不等于法律，但标准与法律有着密切的内在联系。要保持食品市场经济良好的秩序，还必须要有完善的食品标准体系来支撑法规体系的实施，只有食品法规与标准相互配套，各自发挥特有的功能，才能确保食品市场经济的正常健康运行。

食品法规与标准是从事食品生产、营销和贮存以及食品资源开发、利用必须遵守的行为准则，也是食品工业持续、健康、快速发展的根本保障。在市场经济的法规体系中，食品标准与法规是规范市场经济秩序、实施政府对食品质量安全的管理与监督，确保消费者合法权益和可持续发展的重要依据和保障。

第二节　食品标准、法规与市场经济

一、食品法规与市场经济

市场经济在本质上要求用法律规范调整经济关系，促进社会生产力的发展。没有法制的市场经济是不可想象的。没有健全、配套的法律和法规保障，社会主义市场经济的新体制就不可能从根本上确立起来。

中国是世界贸易组织(WTO)成员国，为国内外企业营造一个统一、稳定、透明、可预见的法律环境，以保障企业在公开、公正、公平的环境里参与市场竞争显得尤为重要。中国的经济体制是社会主义市场经济，必须遵守国际惯例和准则。

这种新的市场经济法律秩序就是所谓的公正自由的竞争法律秩序，其特点是：第一，维护市场的统一性，打破地方保护主义，取消对市场的人为肢解和分割，使全国市场经济活动都遵循统一的法律、行政法规；第二，维护市场的自由性，通过制定必要的市场经济治理法律、法规实现企业经营机制的转换、政企分开和国家对市场行为的适度干预，弱化行政干预对市场主体尤其是对企业的各种束缚和限制，使市场主体享有充分的自由；第三，维护市场的公正性，做到法律制度统一、市场活动机会均等、国家税负公平等，以保障所有市场主体不论自然人还是法人、不论大小、不论强弱、不论所有制性质，均能够以平等的地位，在平等的基础上相互竞争；第四，维护市场的竞争性，通过制定反不正当竞争、反垄断等法律法规，使所有的市场主体都能够依据法律相互竞争，为它们创造一个良好的自由竞争的环境，等等。

食品及食品安全关系到每一个消费者的身体健康和生命安全，也关系到企业的信誉、行业的前途。长期以来，我国的食品市场风波不断，伪劣食品屡禁不止，尤其是近年出现的“阜阳劣质婴儿奶粉”及“三鹿奶粉”等事件，严重损害了消费者的利益，给乳品行业带来重大伤害，主要原因是我国食品法律和法规在生产和流通领域不完善，使不法分子有机可乘。

虽然我国先后颁布了《食品卫生法》《动植物检疫法》等多部与食品相关的法律法规，但是，还存在一些法律监管盲区，现行不少法律法规的制约性还不强，尚不能适应当前食品市场发展的需要。要真正从源头上保障食品卫生安全，首先应加强食品安全立法，整合执法资源，使立法由权利定位逐步向责任定位过渡，从而避免各职能部门的“趋利执法”行为，使食品安全执法协调运转的长效机制以国家法律的形式固定下来，为广大人民群众的食品安全服务。《食品安全法》就是在这样的市场环境下出台的，该法自 2009 年 6 月 1 日起正式实施，《食品卫生法》同时废止。

《食品安全法》的出台和实施表明我国的食品法律法规为了适应市场经济的要求在逐步走向成熟和完善，必将对食品生产、经营、检验、进出口、食品安全事故处理、食品监管产生重大影响，从而达到保障公众身体健康和生命安全的目的。《中华人民共和国食品安全法实施条例》于 2009 年 7 月 8 日国务院第 73 次常务会议上通过，自 2009 年 7 月 20 日起施行。条例进一步明确了企业作为食品安全第一责任人的责任，强化了企业的事先预防和生产经营过程控制要求；细化了食品安全法的有关职责规定，强化了地方政府和各监管部门的责任，并对启动食品安全风险评估工作、实行食品复检、召回制度等进一步作了具体规定。

《食品安全法》及《食品安全法实施条例》的实施对于规范市场经济条件下食品生产、经营、监督管理及保障食品安全具有至关重要的作用。

二、食品标准与市场经济

食品标准是判断食品质量安全的准则。“一个好的标准胜过十万精兵”。技术标准在全球经济一体化中发挥着重要作用。制定技术标准的实质是制定竞争规则，目的是把握对市场的控制权。食品标准化具有食品发展的战略地位。

市场经济运行的主体是以企业为主的法人。我国标准化管理改革，最重要的有两项：①衡量和评定产品质量的依据，过去都由政府主管部门制定强制企业执行的统一标准，产品的所有质量性能都必须符合标准的规定。现在改革为由企业根据供需双方和市场以及消费者需求，自主决定采用什么标准组织生产，产品性能除必须符合有关法律、法规的规定和强制性标准和要求外，由企业自主决定衡量和评定产品质量的依据；②企业生产的产品质量标准，过去都由有关政府部门制定，企业没有制定产品质量标准的权利。现在改为允许企业制定，并且要鼓励企业制定满足市场和用户需求、水平先进的产品质量标准。

（一）食品标准化的作用

市场经济运行的机制主要依靠标准化。食品企业采用的标准是判定假冒伪劣商品的依据；技术经济合同、契约和纠纷仲裁的技术依据也是标准。市场运行机制是由多方面构成的，包括生产、市场、销售与管理等方面，从市场竞争机制、供求机制方面，标准化在健全机制和运行中发挥着举足轻重的作用。标准化有利于建立公平的市场竞争机制。通过制定、采用、实施标准，建立衡量食品产品质量的依据，依据企业采用的标准判定产品是否合格，依据国家强制性标准判定食品产品质量是否安全，是否影响人体健康。通过法规规定要求企业在食品的标签或说明书中标明采用的标准。这样，既有利于企业保护自身利益，又便于政府和消费者监督。

标准化有利于企业适应市场竞争的灵活性、时效性的需要。市场竞争不仅有产品品种、质量安全方面的竞争，还有交货期限、产品价格、服务信誉等方面的竞争。因此，需要企业尽快采用国家统一的标准或者提供先进的标准，采用现代化的手段，尽快获得更多信息，缩短食品运送时间，快速销售产品。

标准化是市场经济活动的合同、契约和纠纷仲裁的技术依据。市场经济主体之间进行的各种商品交换和经济贸易往来，往往是通过契约的形式来实现的。在这些合同、契约中，标准化是不可缺少的重要内容。我国的《合同法》明确规定合同的内容要包括质量技术与安全的要求。而标准就是衡量产品质量与安全合格与否的主要依据。因此，合同中应明确规定产品质量达到什么标准，产品的安全性适用什么标准，并以此作为供需双方检验产品质量的依据。这样，就能使供需双方在产品质量问题上受到法律的保护和制约。

实践证明，国家政府在实行市场经济宏观调控中，标准化发挥着重要作用，是其中可以运用的一种有效手段。标准化是国家制定产业技术政策的重要内容。由于标准化对产业的技术发展具有重要的指导作用，因此，在制定和实施产业技术政策中，制定和实施什么样的标准，提倡采用什么标准，是其中的重要内容。如农产品质量安全标准对不同农药的使用范围和允许的最大残留限量都有着不同的要求，指导着我国农业产业结构调整目标和农产品质量安全水平。

国家制定法律规范，保障市场经济正常运行，保护消费者利益，同样需要标准化来支撑。法律法规是国家进行宏观调控的重要手段，是市场经济形成和发展所必需的基础条件，并且标准已经成为相关法律、法规的重要内容。我国《标准化法》《食品安全法》《产品质量法》《计量法》《环境保护法》和《合同法》等法律法规中，也都对采用标准做出了明确规定。政府实施经济监督需要标准化。在经济监督中，包含质量、计量方面的监督。质量监督是检察机关和企业质量监督机构及其人员，依据管理的有关法规，依据有关质量标准，对产品质量、工程质量和服务质量所实行的监督。计量监督主要是依据计量法规，依照计量器用具对商品的数量实行监督。因此，标准已经成为判断质量好坏、依法处理质量问题、政府进行产品质量监督的重要依据，对提高食品产品质量以及食品安全等方面也发挥着重要作用。

产品质量标准的制定要符合市场与顾客需求。标准化的作用之一就是要能够赢得市场竞争。市场竞争的实质是产品质量和人才的竞争。没有标准化也就没有竞争力。

（二）标准化与国际贸易

标准化是市场经济活动国际性的技术纽带。市场经济是开放性的经济，社会分工的细化和市场的扩展，已经扩大了不同国家和地区之间的经济联系，为了保证国际经济贸易活动的正常有序开展，国际上已经和正在形成一系列比较统一通行的国际经贸条约、规则和惯例。作为世界贸易组织（WTO）的成员国，其产品或服务要进入国际市场，参与国际竞争，就必须了解和参与这些条约和规则。其中标准化是一项重要的内容，是国际通行条约、惯例和做法的一个组成部分，是国际贸易中需要遵守的技术准则。为了适应我国参与国际市场竞争，作为世界贸易组织的成员，我国标准化工作应适应世界贸易组织（WTO）的需要，要积极采用国际标准，积极参与国际标准化活动，加快产品质量和企业质量保证体系的认证工作。

《WTO/TBT 贸易技术壁垒协定》中对合格评定程序的定义是指直接或间接用来确定是否达到技术法规或标准的相关要求的任何程序。合格评定程序特别包括取样、测试和检查程序；评估、验证和合格保证程序；注册、认可和批准以及它们的综合的程序。ISO 9000 质量管理体系认证、ISO 14000 环境质量标准认证、HACCP 体系认证以及 GMP 认证等都属于合格评定内容，并与标准有着密切的联系，离开了标准合格评定是难以进行的。往往一些发达国家就利用 WTO 大做文章，各种类型的技术贸易壁垒措施就不断产生。常见的技术壁垒形式有检验程序和检验手续、绿色技术壁垒、计量单位、卫生防疫与植物检疫措施、包装与标志等。

三、食品法规、标准与食品安全体系

食品安全性是指食品中不应含有有毒有害物质或因素，从而损害或威胁人体健康，包括直接的急性或慢性毒害和感染疾病，以及对后代健康的潜在影响。世界贸易组织（WTO）在 1996 年发表的《加强国家级食品安全性计划指南》指出，食品安全性是对食品按其原定用途进行制作或食用时不会使消费者受到损害的一种担保。

食品安全问题是全球性的严重问题。食品安全问题正严重地威胁着每个国家，主要表现为食源性疾病不断上升和恶性食品污染事件不断发生两个方面。

食源性疾病是指通过摄食而进入人体的病原体和有害物质，使人体患感染性或中毒性疾病，其原因是食物受到细菌、病毒、寄生虫或化学物质污染所致。在美国每年有 4 万人次患食源性疾病，32 万人因此住院，5000 人因此死亡。在我国食源性疾病的发病率也呈上升趋势，每年卫生部接报的集体食物中毒事件近千件，中毒人数近万人。

20 世纪 90 年代以来，全球的食品安全发生了多起重大事件，如 1996 年英国发生“疯牛病事件”，1997 年中国台湾发生“猪口蹄疫事件”，1999 年比利时发生“二噁英污染鸡事件”、法国和比利时发生“可口可乐污染事件”，2000 年日本雪印乳制食品公司生产的低脂牛奶受到黄色葡萄球菌感染中毒事件，2001 年欧洲发生“口蹄疫事件”，2003 年美国发生“疯牛病事件”，2004 年英国在辣椒粉中查出了可以致癌的“苏丹红一号”工业用染料，不久“苏丹红事件”席卷中国，2004 年发生遍及全球的“禽流感事件”，2006 年美国爆发“毒菠菜”事件，2007 年含有禁药“瘦肉精”的美国猪肉被输入中国台湾。2008 年俄罗斯发生“乳制品食物中毒事件”；美输华大豆被检出有毒，5.7 万吨大豆中含 3 种农药；甘肃等地“三鹿牌婴幼儿配方奶粉受到三聚氰胺污染事件”。

食品安全事件不仅严重影响种养殖业和食品贸易，还会波及旅游业和餐饮业，造成十分巨大的经济损失，甚至影响到公众对政府的信任，危及社会稳定和国家安全。

世界各国和国际组织近年来加强了食品安全工作，2000 年第 53 届世界卫生大会通过了加强食品安全的决议，将食品安全列为世界贸易组织(WTO)的工作重点和公共卫生的优先领域。我国 2009 年发布了《食品安全法》。食品安全管理机构，在国际上有世界贸易组织(WTO)，FAO/WHO 的分支机构食品法典委员会(CAC)，国际标准化组织(ISO)等。法规标准体系，在国际上有 WTO 的贸易基本原则、SPS 协定、TBT 协议等。

(一) 食品安全体系

食品安全体系包括食品管理体系和食品保证体系两部分。管理体系包括管理机构、法规标准体系、认证认可体系、市场准入制度、追溯制度、包装标志制度、突发事件应急制度等。保证体系包括食品安全质量保证体系和监测检验体系。

食品安全质量保证体系在国际上有 ISO 9000 质量管理体系认证，世界各国有生态食品、绿色食品、无公害食品、保健食品等的认证，以及食品检验实验室的认可。安全质量保证体系包括良好操作规范(GAP 和 GMP)、危害分析和关键控制点(HACCP)等。

市场准入制度，我国有 QS 认证、生产许可证制管理、卫生注册制度、市场准入认证等；世界各国也有各自的市场准入制度，如美国的进口程序、FDA 注册、预通报制度等。追溯制度是覆盖食品从初级产品到最终消费品的可追踪的信息追踪系统，一旦发现疯牛病等食品安全问题时立刻追踪历史信息，追究责任，堵塞漏洞。

监测检验体系、包装标志制度，我国有检验检疫标志、进出口食品标签等；突发事件应急制度，在国际上有 SPS 规定，进口国可针对禽流感、疯牛病和口蹄疫等紧急情况，采取应急叫停进口措施，无须预先通报出口国。世界各国也有各自的措施，如宣布疫区、屠宰疑似牲畜、禁止流通等。

食品安全监测检验体系包括政府、中性外部机构和企业自我的监测检验体系。

(二) 食品安全法规标准

在食品安全体系中食品安全法规标准居于核心的基础的地位，有崇高的权威，是政府管理监督的依据，是食品生产者、经营者的行为准绳，是消费者保护自身合法利益的武器，是国际贸易的共同语言和通行桥梁。为了保证食品安全，世界各国有各自的国家标准，如中国的 GB、美国的 CFR、欧洲的 EN 等。没有食品安全法规标准，就没有食品行业的可持续发展。

食品安全体系建设是一个复杂的系统工程，必须有政府、行业组织、企业、消费者共同努力，必须有各国政府和国际组织的协调和努力。

第三节　食品法规的渊源和体系

一、食品法规的渊源

食品法规的渊源即食品法规的法源，是指主要由不同国家机关制定或认可的、具有不同法律效力的各种规范性食品法律文件的总称。它是食品法规的各种具体表现形式。

食品法规的渊源主要有宪法、食品法律、食品行政法规、地方性食品法规、食品自治条例与单行条例、食品规章、食品标准、国际条约。

（一）宪法

宪法是我国的根本大法，是国家最高权力机关通过法定程序制定的具有最高法律效力的规范性法律文件。它规定国家的社会制度和国家制度、公民的基本权利和义务等最根本的全局性的问题，是制定食品法律、法规的来源和基本依据。

（二）食品法律

食品法律是指由全国人大及其常委会经过特定的立法程序制定的规范性法律文件。它的地位和效力仅次于宪法。它有两种：一是由全国人大制定的食品法律，称为基本法；二是由全国人大常委会制定的食品基本法律以外的食品法律。如：《中华人民共和国食品安全法》《中华人民共和国产品质量法》等。

（三）食品行政法规

食品行政法规是由国务院根据宪法和法律，在其职权范围内制定的有关国家食品行政管理活动的规范性法律文件，其地位和效力仅次于宪法和法律。如：《中华人民共和国进出境动植物检疫法实施条例》《食盐加碘消除碘缺乏危害管理条例》等。党中央和国务院联合发布的决议或指示，既是党中央的决议和指示，也是国务院的行政法规或其他规范性文件，具有法的效力。国务院各部委所发布的具有规范性的命令、指示和规章，也具有法的效力，但其法律地位低于行政法规。

（四）地方性食品法规

地方性食品法规是指省、自治区、直辖市以及省级人民政府所在地的市和经国务院批准的较大的市的人民代表大会及其常委会制定的适用于本地方的规范性文件。如：《广东省食品安全条例》等。除地方性法规外，地方各级权力机关及其常设机关、执行机关所制定的决定、命令、决议，凡属规范性者，在其辖区范围内，也都属于法的渊源。地方性法规和地方其他规范性文件不得与宪法、食品法律和食品行政法规相抵触。

（五）食品自治条例

食品自治条例和单行条例是由民族自治地方的人民代表大会依照当地民族的政治、经济和文化的特点制定的食品生产规范性文件。如：《西宁市清真食品管理办法》《呼和浩特市清真食品管理办法》等。自治区的自治条例和单行条例，报全国人大常委会批准后生效；州、县的自治条例和单行条例报上一级人大常委会批准后生效。

（六）食品规章

食品规章分为两种类型：一是指由国务院行政部门依法在其职权范围内制定的食品行政管理规章，在全国范围内具有法律效力；二是指由各省、自治区、直辖市以及省、自治区人民政府所在地和经国务院批准的较大规模的市的人民政府，根据食品法律在其职权范围内制定和发布的有关地区食品管理方面的规范性文件。如：《食品卫生许可证管理办法》《无公害农产品标志管理办法》《新资源食品管理办法》等。

由于食品法规的内容具有技术控制和法律控制的双重性质，因此食品标准、食品技术规范和操作规程就成为食品法规渊源的一个重要组成部分。这些标准、规范和规程可分为国家和地方两级。值得注意的是，这些标准、规范和规程的法律效力虽然不及法律、法规，但在具体的执法过程中，它们的地位又是相当重要的。因为食品法律、法规只对一些问题作了原则性规定，而对某种行为的具体控制，则需要依靠标准、规范和规程。从一定意义说，只要食品法律、法规对某种行为作了规范，食品标准、规范和规程对这种行为的控制就有极高的法律效力。

（七）食品标准

由于食品法规的内容具有技术控制和法律控制的双重性质，因此，食品标准、食品技术规范和操作规程就成为食品法规渊源的一个重要组成部分。这些标准、规范和规程可分为国家和地方两级。值得注意的是，这些标准、规范和规程的法律效力虽然不及法律、法规，但在具体的执法过程中，它们的地位又是相当重要的。因为食品法律、法规只对一些问题作了原则性规定，而对某种行为的具体控制，则需要依靠标准、规范和规程。从一定意义上来说，只要食品法律、法规对某种行为作了规范，食品标准、规范和规程对这种行为的控制就有了极高的法律效力。

（八）国际条约

国际条约是指我国与外国缔结的或者我国加入并生效的国际法规范性文件。它可由国务院按职权范围同外国缔结相应的条约和协定。这种与食品有关的国际条约虽然不属于我国国内法的范畴，但其一旦生效，除我国声明保留的条款外，也与我国国内法一样对我国国家机关和公民具有约束力。

二、食品法规的分类

从不同的角度，按照不同的标准可以对法进行不同的分类。就现代各国的法律分类而言，有属于各国比较普遍共有的分类，如国内法与国际法、成文法与不成文法、实体法与程序法、一般法与特别法等；有仅适于部分国家的法律分类，如实行成文宪法制的国家有根本法和普通法之分。

与我国法制建设直接相关的一些法的基本分类有以下几种。

（一）成文法与不成文法

成文法是指国家机关制定和公布的、以比较系统的法律条文形式出现的法，又称作制定法。

不成文法是指由国家认可的、不具有规范的条文形式的法。它大体上可以分为习惯法、判例法、法理三种。

这是按照法的创制方式和表达形式的不同，对法进行的分类。

（二）实体法与程序法

实体法是直接规定人们权利和义务的实际关系，即确定权利和义务的产生、变更、消灭的法。

程序法是规定保证权利和义务得以实现的程序的法律。

这是根据法的内容对法进行的分类。

（三）根本法与普通法

根本法即宪法，在有的国家又称基本法，是规定国家各项基本制度、基本原则和公民的基本权利等国家根本问题的法。在成文宪法制国家，它通常具有最高的法律地位和法律效力。

普通法是指宪法以外的、确认和规定社会关系各个领域的问题的法。其法律地位和效力低于根本法。

这是根据法的地位、内容和制定程序的不同，对法进行的分类。这种分类仅适用于成文宪法制国家。

（四）一般法与特别法

一般法是针对一般人或一般事项，在全国适用的法；特别法是针对特定的人群或特别事项，在特定区域有效的法。

一般法与特别法的划分是相对的。有时，一部法律相对于某一部法律是特别法，而对于另一部法律，则是一般法。但是这种划分并不是没有意义，因为特别法的效力优于一般法，即特别法发布之后，一般法的相应规定在特殊地区、特定时间、对特定人群将终止或暂时终止失效。

这是按照法的效力范围的不同，对法进行的分类。

我国的食品法规，根据其调整的范围可以分为综合性法规、单项法规、食品标准等。

综合性法规如《中华人民共和国食品安全法》，是我国食品安全最基本的法规，不仅规定了我国食品安全法的目的、任务和食品安全工作的基本法律制度，而且全面规定了食品安全工作的要求和措施、管理办法和标准的制定，以及食品安全管理、监督、法律责任等。

单项法律法规是针对食品的某一方面所制定的法规，如《进出口食品卫生管理暂行办法》等。

我国已制定了很多食品安全标准，如2012年中华人民共和国卫生部公告的《食品添加剂磷脂》（GB28401—2012）、《食品微生物学检验 双歧杆菌的鉴定》（GB 4789. 34—2012）等82项食品安全国家标准，2011年公告的《速冻面米制品》（GB19295—2011）等食品安全国家标准。

第四节　食品行政执法与监督

食品行政执法是指国家食品行政机关、法律法规授权的组织依法执行适用法律，实现国家食品管理的活动。食品行政执法是食品行政机关进行食品管理、适用食品法律法规的最主要的手段和途径。

国家行政机关行使职权、实施行政管理时依法所作出的直接或间接产生行政法律后果的行为，称为行政行为。行政行为可以分为抽象行政行为和具体行政行为。抽象行政行为是指行政机关针对不特定的行政相对人制定或发布的具有普遍约束力的规范性文件的行政行为。如卫生部根据法律、法规的规定，在本部门的权限内，发布命令、指示和规章的行为。具体行政行为是指行政机关对特定的、具体的公民、法人或者其他组织，就特定的具体事项，作出有关该公民、法人或者组织权利义务的单方行为。食品行政执法即指具体食品行政行为。

一、食品行政执法的特征

食品行政执法的特征主要有以下几点。

1. 执法的主体是特定的

食品行政执法的主体只能是食品行政管理机关，以及法律、法规授权的组织。不是食品行政主体或者没有依法取得执法权的组织不得从事食品行政执法。

2. 执法是一种职务性行为

食品行政执法是执法主体代表国家进行食品管理的活动，是行使职权的活动。即行政主体在行政管理过程中，处理行政事务的职责权力。因此，执法主体只能在法律规定的职权范围内履行其责任，不得越权或者滥用职权。

3. 执法的对象是特定的

食品行政执法行为针对的对象是特定的、具体的公民、法人或其他组织。特定的、具体的公民、法人或其他组织称为食品行政相对人。

4. 执法行为的依据是法定的

食品行政机关作出具体行政行为的过程，实际上也是适用食品法律法规的过程。食品行政执法的依据只能是国家现行有效的食品法律、法规、规章以及上级食品行政机关的措施、发布的决定、命令、指示等。

5. 执法行为是单方法律行为

在食品行政执法过程中，执法主体与相对人之间所形成的行政法律关系，是领导与被领导、管理与被管理的行政隶属关系。食品行政执法主体仅依自己一方的意思表示，无需征得相对人的同意就可以作出一定法律后果的行为。行为成立的唯一条件是其合法性。

6. 执法行为必然产生一定的法律后果

食品行政执法行为是确定特定人某种权利或义务，剥夺、限制其某种权利，拒绝或拖延其要求，行政执法主体履行某种法定职责等。因此必然会直接或者间接地产生相关的权利义务关系，产生相应、现实的法律后果。

二、食品行政执法的依据

食品行政执法活动，是食品行政机关依法对食品进行管理，贯彻落实法律、法规等规范性文件的具体方法和手段。因此，食品行政执法的依据主要是现行有效的有关食品方面的规范性文件。此外凡是我国承认或者参加的国际食品方面的条例、公约或者签署的双边或多边协议等也是我国食品行政执法的依据。

三、食品行政执法的有效条件

食品行政执法的有效条件，即食品行政执法行为产生法律效力的必要条件。只有符合有效条件的食品行政执法行为才能产生法律效力。一般情况，食品行政执法行为产生法律效力需要同时具备资格要件、职权要件、内容要件和程序要件四个要件。

（1）资格要件是指作食品行政执法行为的主体符合法定的条件。实施食品执法行为的主体必须是具有该项食品行政执法权力的行政机关，或者法律、法规授权的机关，其他任何个人或者组织不得行使食品行政执法权力。

（2）职权要件是指某一享有实施食品行政执法行为资格的主体，必须在自己的权限范围内从事行政执法行为才具有法律效力。超出权限范围，实质上也就失去了执法主体的资格。

（3）内容要件是指食品行政执法行为的内容必须合法与合理，才能产生预期的法律效果。合法即严格依据食品法律、法规或者规章而作出的食品行政执法行为；合理即食品行政机关在自由裁量权的范围内公正、适当地实施食品行政执法行为。

（4）程序要件是指实施食品行政执法行为的方式、步骤、顺序、期限等，必须符合法律规定。违反法定程序，即使内容合法、正确，同样构成食品行政执法行为无效。

四、食品行政执法主体

食品行政执法主体是指依法享有国家食品行政执法权力，以自己的名义实施食品行政执法活动并独立承担由此引起的法律责任的组织。

我国食品行政执法主体主要有：食品监督管理机关、食品安全行政机关、食品质量技术监督检验机关、工商行政主管机关、法规授权的其他组织和联合执法主体等单位和机构。

法规授权的食品执法组织主要是各级食品监督管理、卫生防疫机构、质量技术监督、工商管理等。例如，根据法规的授权，县级以上卫生防疫机构承担重要的食品安全执法活动，依法享有独立的监督检查权、处罚权等，各级卫生防疫机构对食品生产经营场所实施安全监督检查并处罚。

根据有关法规规定，由食品监督管理部门会同其他部门如质量技术监督机关、公安机关、工商管理机关等共同进行食品行政执法时，这些部门、机关就成为联合执法主体，或称为共同执法主体。

五、食品行政执法监督

食品行政执法监督是指有权机关、社会团体和公民个人等，依法对食品行政机关及其执法人员的行政执法活动是否合法、合理进行监督的法律制度。

我国宪法明确规定，国家的一切权力属于人民。人民并不直接进行国家事务的管理，而是通过人民代表大会等形式和途径，授权国家机关或组织行使管理国家事务和社会事务的权力。因此，国家机关及其工作人员的行政活动必须依法而行，并且受到有关机关和广大人民群众的监督。食品行政执法是否公正、合理、合法，关系到食品法律法规的贯彻执行，关系到整个食品行业能否健康发展。对食品行政执法活动进行监督，是提高执法主体工作效率，克服官僚主义、防止腐败的有力武器，同时也是保护公民、法人和其他组织的合法权益，实行人民当家做主权利的重要保证。

食品行政执法监督的种类有：权力机关的监督、司法机关的监督、食品行政机关的监督和非国家监督。非国家监督包括执政党的监督、社会团体和组织监督、社会舆论监督、公民个人的监督等。

食品行政执法监督一是对实施宪法、法律和行政法规等情况进行监督。监督主体对各级食品行政执法机关的执法活动是否合法、适当进行监督。二是对执法人员的执法活动等情况进行监督。监督主体对食品行政执法人员在执法过程中，是否行政失职、行政越权和滥用职权等进行监督。

六、食品行政执法与监督行为

（一）食品生产行政许可

《食品安全法》第二十九条规定，国家对食品生产经营实行许可制度。从事食品生产、食品流通、餐饮服务，应当依法取得食品生产许可、食品流通许可、餐饮服务许可。

食品生产行政许可是指行政部门根据食品生产经营者的申请，依法准许其从事食品生产经营活动的行政行为，通过授予生产许可证来赋予其生产经营该食品的权利或者确认其具有该种食品生产经营的资格。食品生产经营企业和食品摊贩，必须先取得行政部门发放的许可证方可向工商行政管理部门申请登记，未取得许可证的，不得从事食品生产经营活动。

（二）食品安全行政监督检查

食品安全法规定，县级以上地方人民政府组织本级卫生行政、农业行政、质量监督、工商行政管理、食品药品监督管理部门制定本行政区域的食品安全年度监督管理计划，并按照年度计划组织开展工作。县级以上质量监督、工商行政管理、食品药品监督管理部门履行各自食品安全监督管理职责。县级以上农业行政部门应当依照《中华人民共和国农产品质量安全法》规定的职责，对食用农产品进行监督管理。县级以上质量监督、工商行政管理、食品药品监督管理部门对食品生产经营者进行监督检查，应当记录监督检查的情况和处理结果。监督检查记录经监督检查人员和食品生产经营者签字后归档。县级以上质量监督、工商行政管理、食品药品监督管理部门应当建立食品生产经营者食品安全信用档案，记录许可颁发、日常监督检查结果、违法行为查处等情况；根据食品安全信用档案的记录，对有不良信用记录的食品生产经营者增加监督检查频次。

（三）食品安全行政处罚

食品安全法规定，违反本法规定，未经许可从事食品生产经营活动，由有关主管部门按照各自职责分工，没收违法所得、并处罚款。情节严重的，责令停产停业，直至吊销许可证：造成人身、财产或者其他损害的，依法承担赔偿责任。构成犯罪的，依法追究刑事责任。违反本法规定，食品安全监督管理部门或者承担食品检验职责的机构、食品行业协会、消费者协会以广告或者其他形式向消费者推荐食品的，由有关主管部门没收违法所得，依法对直接负责的主管人员和其他直接责任人员给予记大过、降级、撤职或者开除的处分。

（四）食品安全行政强制措施

食品安全行政强制措施是食品安全法律、法规授予食品安全行政执法主体的特别职权，主要是指行政机关采用强制手段保障食品安全行政管理秩序、维护公共利益、迫使行政相对人履行义务的行政执法行为。

食品安全行政强制措施的主要特征是：具体性、强制性、临时性、非制裁性。

食品安全行政强制措施是食品安全行政主体为实现特定目的，针对特定的行政相对人或者特定的物，就特定的事项作出的具体行政行为。

为了预防或者制止正在发生的或者可能发生的违法行为，保护社会秩序和公民的安全健康，行政机关对于符合条件的违法者可以采取强制性行为，不需要相对人主动申请或者自觉接受。

强制措施不是以制裁违法为直接目的，而只是以实现某一行政目标为目的的一种手段，不是终结性的结果而是过程中的措施。一旦采取强制措施的法定事由已经排除，食品安全行政强制措施就得解除。

食品安全行政强制措施按照不同的对象，可分为限制人身自由行政强制措施和对财产予以查封、扣押、冻结等行政强制措施。按照不同的性质，可以分为行政处置和行政强制执行。行政处置是在紧急情况下采取的强制措施，如强制隔离；行政强制执行是在行政相对人拒不履行义务时采取的强制措施，强行查封。

由于行政强制措施要临时地对人身自由或者财产予以强制限制，而且运用时多在紧急情况下，使用不当会给相对人带来不必要的损害，因此，实施行政强制措施时，一定要严格按照法律规定适度地进行。

（五）食品质量安全市场准入

所谓市场准入，一般是指货物、劳务与资本进入市场的程度的许可。对于产品的市场准入，一般的理解是，市场的主体（产品的生产者与销售者）和客体（产品）进入市场的程度的许可。

食品质量安全市场准入制度就是为保证食品的质量安全，具备规定条件的生产者才允许进行生产经营活动，具备规定质量技术监督部门受理《食品生产许可证》申请工作流程图条件的食品才允许生产销售的监管制度。实行食品质量安全市场准入制度是一种政府行为，是一项行政许可制度。

食品质量安全市场准入制度，是国家质检总局按照国务院批准的“三定”方案确定的职能，依据《中华人民共和国产品质量法》、《中华人民共和国标准化法》、《工业产品生产许可证试行条例》等法律法规以及《国务院关于进一步加强产品质量工作若干问题的决定》的有关规定，制定的对食品及其生产加工企业的监管制度。

食品质量安全市场准入制度包括3项具体制度：

（1）对食品生产企业实施生产许可证制度。对于具备基本生产条件、能够保证食品质量安全的企业，发放《食品生产许可证》，准予生产获证范围内的产品。未取得《食品生产许可证》的企业不准生产食品。

（2）对企业生产的食品实施强制检验制度。未经检验或经检验不合格的食品不准出厂销售。对于不具备自检条件的生产企业实行委托检验。

（3）对实施食品生产许可证制度的产品实行市场准入标志制度。对检验合格的食品要加印（贴）市场准入标志，没有加贴QS标志的食品不准进入市场销售。

国务院批准的国家质检总局“三定”方案中明确规定：“国家质量监督检验检疫总局负责对国内生产企业实施产品质量监控和强制检验。”国务院曾经专门研究有关职能部门对食品质量安全监管职能的问题，明确要求质检总局要全面负责食品生产加工领域食品质量安全的监督管理，从源头确保食品质量安全。

（六）产品质量监督

产品质量监督体制是指执行产品质量监督的主体，以监督权限划分作基础，所设置的监督机构和监督制度，以及监督方式和方法体系的总称。产品质量监督体制是我国经济监督体制的主要组成部分，其主要内容包括多级监督主体权限划分，为实现科学、公正的监督而建立的各项制度，采取的方式、方法。

1993年实施、2000年修订的《产品质量法》第八条规定：“国务院产品质量监督部门主管全国产品质量监督工作。国务院有关部门在各自的职责范围内负责产品质量监督工作。”“县级以上地方产品质量监督部门主管本行政区域内的产品质量监督工作。县级以上地方人民政府有关部门在各自的职责范围内负责产品质量监督工作。”“法律对产品质量的监督部门另有规定的，依照有关法律的规定执行。”

（七）计量监督

计量监督是指为保证计量法的有效实施进行的计量法制管理，是为保障生产活动的顺利进行所提供的计量保证。它是计量管理的一种特殊形式。计量法制监督，就是依照计量法的有关规定所进行的强制性管理，或称作计量法制管理。

我国的计量监督管理实行按行政区域统一领导、分级负责的体制。全国的计量工作由国务院计量行政部门负责实施统一监督管理。各行政区域内的计量工作由当地人民政府计量行政部门监督管理。县级以上政府计量行政部门是同级人民政府的计量监督管理机构。各有关部门设置的计量行政机构，负责监督计量法规在本部门的贯彻实施。企事业单位根据生产和经营管理的需要设置的计量机构，负责监督计量法规在本单位的贯彻实施。

政府计量行政部门所进行的计量监督，是纵向和横向的行政执法监督；部门计量行政机构对所属单位的监督和企事业单位的计量机构对本单位的监督，则属于行政管理性监督。国家、部门、企事业单位三者的计量监督是相辅相成的，各有侧重，相互渗透，互为补充，构成一个有序的计量监督网络。从法律实施的角度讲，部门和企事业单位的计量机构，不是专门的行政执法机构。因此，对计量违法行为的处理，部门和企事业单位或者上级主管部门只能给予行政处分，而政府计量行政部门对计量违法行为，则可依法给予行政处罚。因为行政处罚是由特定的具有执行监督职能的政府计量行政部门行使的。

复习思考题

1. 食品标准与法规的研究对象是什么？
2. 标准与法规的主要区别是什么？
3. 简述标准与市场经济的关系。
4. 食品标准化的作用是什么？
5. 简述法规与市场经济的关系。
6. 我国食品安全法的渊源是什么？
7. 食品行政执法与监督行为有哪些？

第二章 标准化与食品标准制定

（1）了解标准与标准化的基本概念及其方法原理

（2）熟悉标准的分类和制定标准的原则与程序

（3）熟悉 GB/T1.1 规定的标准结构、层次、格式与食品标准的结构

第一节 标准与标准化

质量问题是我国经济发展中的一个战略问题。质量水平的高低是一个国家经济、科技、教育和管理水平的综合反映，已成为影响国民经济和对外贸易的主要因素之一。在2002 年全国科技工作会议上针对我国加入世界贸易组织（WTO）的新形势提出，要实施"三大战略"即人才、专利和技术标准战略。首次把技术标准提到了战略高度，我国要通过实施技术标准战略来适应未来的国际激烈竞争。

食品安全质量标准是企业组织食品生产的主要依据，食品安全水平的高低取决于食品安全质量标准水平。要确保食品质量与安全就必须实行从农田到餐桌的全程标准化管理。标准化是以科学、技术与实践经验的综合成果为依据。标准化在人民日常生活和社会经济发展中具有非常重要的地位和作用，引起全社会的普遍关注。因此，国际标准化组织（ISO）1969 年决定把每年的 10 月 14 日定为世界标准化日。

全球社会经济一体化是 21 世纪不可逆转的大趋势，国际竞争日趋激烈，采用国际标准已成为大中型企业提高产品质量、参与国际竞争主要手段，因而，掌握标准化知识，了解国内外的动态和发展趋势，对应对食品质量安全的国际化竞争有十分重要的意义。

一、基本概念

关于标准化的有关概念问题，不同时期都有其规定的定义，本章主要依据国家标准GB/T 20000.1《标准化工作指南　第一部分　标准化和相关活动的通用词汇》，给出有关常用的标准化基本概念。

1. 标准(standard)

为了在一定的范围内获得最佳的秩序，经协商一致制定并由公认的机构批准，共同使用的和重复使用的一种规范性文件。

注：标准宜以科学、技术和经验的综合成果为基础，以促进最佳的共同效益为目的。

2. 标准化(standardization)

为了在一定的范围内获得最佳的秩序，对实际的或潜在的问题制定共同使用和重复使用的条款的活动。

注1：上述活动主要包括编制、发布和实施标准的过程。

注2：标准化的主要作用在于为了预期目的改进产品、过程或服务的适用性、防止贸易壁垒，并促进技术合作。

3. 国际标准化(international standardization)

所有国家的有关机构均可参与的标准化。

4. 区域标准化(regional standardization)

仅世界某个地理、政治或经济区域内的国家的有关机构可参与的标准化。

5. 国家标准化(national standardization)

在国家层次上进行的标准化。

6. 地方标准化(provincial standardization)

在国家的某个地区层次上进行的标准化。

7. 安全(safety)

免除了不可接受的损害风险的状态。

注：标准化考虑产品、过程或服务的安全问题，通常着眼于实现包括诸如人类行为等非技术因素在内的若干因素的最佳平衡，把损害人员和物品的可避免的风险降低到可接受的程度。

8. 国际标准(international standard)

由国际标准化组织或国际标准组织通过并公开发布的标准。

9. 区域标准(regional standard)

由区域标准化组织或区域标准组织通过并发布的标准。

10. 国家标准(national standard)

由国家标准机构通过并发布的标准。

11. 地方标准(provincial standard)

在国家的某个地区通过并发布的标准。

12. 其他标准

注：标准还可在其他基础上通过，例如企业标准。这类标准在地域上可影响几个国家。

13. 试行标准(prestandard)

由标准化机构临时通过并公开发布的文件，目的是从它的应用中取得必要的经验，再据以建立正式的标准。

14. 产品标准(product standard)

规定产品应满足的要求以确保其适用性的标准。

注1：产品标准除了包括适用性的要求外，还可直接地或通过引用间接地包括诸如术语、抽样、测试、包装和标签等方面的要求，有时还包括工艺要求。

注2：产品标准根据其规定的全部的还是部分的必要要求，可区分为完整的标准和非完整的标准。同理，产品标准又可区分为其他不同类型的标准，例如：尺寸大小类标准、材料类标准和交货技术通则类标准。

15. 过程标准(process standard)

规定过程应满足的要求以确保其适用性的标准。

16. 合格(conformity)

产品、过程或服务达到了规定的要求。

17. 要求(requirement)

表达应遵守的准则的条款。

18. 合格评定(conformity assessment)

有关直接或间接地确定是否达到相应的要求的活动。

注：合格评定活动的典型示例有：抽样、测试和检验；评价和合格保证(供方声明、认证)；注册、认可和批准以及它们的组合。

19. 技术规范(technical specification)

规定产品、过程或服务应满足的技术要求的文件。

注1：适宜时，技术规范宜指明可以判定其要求是否得到满足的程序。

注2：技术规范可以是标准、标准的一部分或与标准无关的文件。

20. 规程(code of practice)

为设备、构件或产品的设计、制造、安装、维护或使用而推荐惯例或程序的文件。

21. 法规(regulation)

由权力机构通过的有约束力的法律文件。

22. 技术法规(technical regulation)

规定技术要求的法规，它或者直接规定技术要求，或者通过引用标准、技术法规或规程来规定技术要求，或者将标准、技术法规或规程的内容纳入法规中。

注：技术法规可附带技术指导，列出为了符合法规要求可采取的某些途径，即权宜性条款。

23. 组织(organization)

由具备成员资格的其他机构或个人组成的，具有既定的章程和自己的行政管理的机构。

24. 协商一致 (consensus)

普遍同意，表征为对于实质性问题，有关重要方面没有坚持反对意见并按程序对有关各方的观点进行了研究和对争议经过了协调。

注 ：协商一致并不意味着没有异议。

二、标准化方法原理

GB13745《学科分类与代码》将标准化科学技术－标准化学定位在工程与技术科学基础学科中的二级学科。标准化作为一门学科，毫无疑问应该有它自己的方法原理和发展规律。标准化方法原理的形成是长期的标准化工作和实践的经验的高度概括，反过来它又用来指导人类社会的标准化活动。国际标准化组织 1972 年出版了桑德斯(T. R. B Sanders)著的《标准化的目的与原理》，提出了标准化 7 条原理，这 7 条原理主要围绕着标准化的目的和作用以及标准的制修订工作来阐述。日本政法大学松浦四郎教授在《工业标准化原理》一书中，对简化的理论和方法进行了深入研究，提出了19 项原理。1974 年我国标准化工作者在总结机械工业标准化实践经验的基础上，提出了“相似设计原理”和“组合化原理”等。经过国内外标准化工作者的不断探索和实践，形成了目前比较公认的标准化最基本的方法原理。

1. 简化原理(predigesting principles)

简化就是在一定范围内减缩标准化对象(事物)的类型数目，使在一定的时间内满足一般需要的标准化形式和方法要求。简化一般是在事后进行的，也就是事物的多样化已经发展到一定的规模以后，才对事物的类型数目加以缩减。标准化的简化原理可以概括为，具有同种功能的标准化对象，当多样性的发展规模超出了必要的范围时，即消除其中多余的、可替换的、低功能的环节，保证其构成的精炼、合理，并使整体功能最佳。

(1) 简化的客观需要。在生产领域，由于科学、技术、竞争和需求的发展，使产品的种类急剧增加。这种产品(商品)越来越多样化的趋势是社会生产力发展的表现，一般来说是符合人们愿望的。但是，在商品经济社会里，在市场经济竞争的环境下，这种多样化的趋势，不可避免地存在着盲目性，是对社会资源和生产力的一种浪费。如果不加以控制，就会出现多余的、无用的和低功能的产品品种、规格的膨胀。通过简化这种自我调节、自我控制的标准化方式来抑制产品的过度膨胀是客观的需要。

（2）简化的一般原则。简化的实质是对客观事物的构成加以调整，并使之最优化的一种有目的的标准化活动。因此，必须遵循标准化原理和一般的要求。

①对客观事物进行简化时，既要对不必要的多样性加以压缩，又要防止过分压缩。

②对简化方案的论证应以确定的时间、空间范围为前提。

③简化的结果必须保证在既定的时间内满足一般需要，不能因简化而损害用户和消费者的利益。

④对产品的简化要形成系列，其参数组合应尽量符合标准数值分级规定。

简化的应用领域十分广阔，就产品的生产过程而言，从构成产品的系列品种、规格、工艺等均可作为简化的对象。在管理活动中如语言(包括计算机语言)、文字、符号、图形、编码、程序、方法等都可以通过简化防止不必要的重复，以提高工作效率。

2. 统一原理(unifying principles)

统一是标准化的基本形式，人类的标准化活动是从统一开始的。统一原理是指在一定范围、一定时期和一定条件下，对标准化对象的形式、功能或其他技术特性所确定的一致性，应与被取代的事物功能等效。统一的目的是确立一致性，是标准化活动的本质和核心。统一性的一般原理是:

（1）等效是统一的前提条件。只有统一后的标准与被统一的对象具有功能上的等效性，才能替代。

（2）统一要先进、科学、合理，也就是说要有度。统一是有一定范围或层次的，因此，确定标准宜制定成国家标准、行业标准或地方标准，决定着标准水平和先进性。

（3）统一要适时进行。过早统一，有可能将尚不完善、不稳定、不成熟的类型以标准的形式固定下来，这不利于科学技术的发展和更优秀的类型出现；过迟统一，当低效能类型大量出现并形成定局时，要统一就比较困难，而且要付出一定的经济代价。

（4）统一又分为绝对统一和相对统一。绝对统一不允许有灵活性，如编码、代号、标志、名称、单位等。相对统一是出发点和总趋势统一，这种统一具有灵活性，可以根据情况区别对待。如产品质量标准虽对产品质量指标作了统一规定，但标准技术指标却允许有一定的灵活性，如分等分级规定、技术指标上下限值、公差范围等。

3. 协调原理(harmony principles)

在一定的时间和空间内，使标准化对象内外相关因素达到平衡和相对稳定的原理。在标准系统中，协调标准内部各要素的相互关系，协调一个标准系统中各相关标准间的相互关系，以标准为接口协调各部门、各专业、各个环节之间的相关技术的相互关系，从而解决各有关链接和配合的科学性和合理性。协调性的一般原理是:

（1）标准内部系统之间的协调。如在工程设计中对有关基本参数、几何图形、外部因素都要建立合理的关系，形成一组最佳参数，使设计的产品在满足使用要求的前提下，达到整体功能最佳。

（2）相关标准之间的协调　如农产品质量安全标准涉及农产品的种子、栽培技术措施、病虫害防治以及生产环境等方面。应从最终产品质量要求出发，对各个环节或要素规定必要的要求，从而保证所有相关标准的标准系统之间的整体功能最佳。

（3）标准之间的协调　如集装箱运输标准化就涉及公路、铁路运输系统和海运以及空运系统的标准化问题，集装箱的外形大小和质量等参数受不同运输系统的制约，只有相互协调统一，才能发挥集装箱的整体运输优势，产生巨大的经济效益和社会效益。

4. 优化原理(optimizing principles)

优化原理是指按照特定的目标，在一定的限制条件下，对标准系统的构成因素及其相互关系进行选择、设计或调整，使之达到最理想的效果。优化原理包括以下具体内容：

①标准化对象应在能获得效益的问题(或项目)中确定，没有标准化效益问题（或项目)，就没有必要实行标准化。

②在能获得标准化效益的问题中，首先应考虑能获得最大效益的问题。

③在考虑标准化效益时，不只是考虑对象的局部标准化效益，而应该考虑对象所在依存主体系统即全局的最佳效益，包括经济效益、社会效益和生态效益。

标准化的原理不是孤立存在的、独立地起作用的，他们相互之间不仅有着密切的联系，而且在实际应用中又是相互渗透、相互依存的，形成一个有机整体，综合反映了标准化活动的规律。

三、标准化活动的基本原则

1. 超前预防的原则

标准化的对象不仅要在依存主体的实际问题中选取，而且更应从潜在问题中选取，以避免该对象非标准化造成的损失。

标准的制定是依据科学技术与实践经验的成果为基础的，对于复杂问题如安全、卫生和环境方面在制定标准时必须进行综合考虑，以避免不必要的人身财产安全问题和经济损失。

2. 协商一致的原则

标准化的成果应建立在相关各方协商一致的基础上。

标准的定义告诉我们，标准在实施过程中有“自愿性”，坚持标准民主性，经过标准使用各方进行充分的协商讨论，最终形成一致的标准，这个标准才能在实际生产和工作中得到顺利的贯彻实施。如许多国际标准对农产品质量的要求尽管很严，但有的国际标准与我国的农业生产实际情况不相符合，因此，许多国际标准并没有被我国采用。

3. 统一有度的原则

在一定范围、一定时期和一定条件下，对标准化对象的特性和特征应做出统一规定，以实现标准化的目的。

这一原则是标准化的技术核心，技术指标反映标准水平，要根据科学技术的发展水平和产品、管理等方面实际情况来确定技术指标，必须坚持统一有度的原则。如农产品中有毒有害元素的最高限量，农药残留的最高限量，食品营养成分的最低限量的确定等。

4. 动变有序的原则

标准应依据其所处环境的变化，按规定的程序适时修订，才能保证标准的先进性和适用性。

一个标准制定完成之后，绝不是一成不变的，随着科学技术的不断进步和城乡人民生活水平的提高，要适时的对标准进行修订。国家标准一般每五年修订一次，企业标准一般每三年修订一次。标准的制定是一个严肃的工作，在制定的过程中必须谨慎从事，充分论证，并有大量的实践和实验验证，不允许朝令夕改。

5. 互相兼容的原则

标准应尽可能使不同的产品、过程或服务实现互换和兼容，以扩大标准化经济效益和社会效益。

在制定标准时，必须坚持互相兼容的原则，在标准中要统一计量单位、统一制图符号，对一个活动或同一类的产品在核心技术上应制定统一的技术要求，达到资源共享的目的。如集装箱的外形尺寸应一致，以方便使用。农产品安全质量要求和产地环境条件以及农药残留最大限量等都应有统一的规定，以达到互相兼容的要求。

6. 系列优化的原则

标准化的对象应优先考虑其所依存主体系统能获得最佳的经济效益。

在标准制定中尤其是系列标准的制定中，如通用检测方法标准、不同等级的产品质量标准和管理标准、工作标准等一定应坚持系列优化的原则，减少重复，避免人力、物力、财力和资源的浪费，提高经济效益和社会效益。农产品中农药残留量的测定方法就是一个比较通用的方法，不同种类的食品都可以引用该方法，也便于测定结果的相互比较，保证农产品质量。《食品卫生微生物学检验方法》和《食品理化分析检验方法》就是不断完善、系列优化的标准，在食品质量检验工作中具有重要的地位和作用。

7. 阶梯发展的原则

标准化活动过程是一个阶梯状的上升发展过程。

标准的发展是一个阶梯发展的过程。随着科学技术的发展和进步以及人们认识水平的提高，对标准化的发展有明显的促进作用，也使得标准的修订不断满足社会生活的要求，标准水平就会像人们攀登阶梯一样不断发展。如我国 GB/T 1.1 标准已经过了三次大的修订，其发展过程就是最好的例证。

8. 滞阻即废的原则

当标准制约或阻碍依存主体的发展时，应及时进行更正、修订或废止。

任何标准都有二重性。当科学技术和科学管理水平提高到一定阶段后，现行的标准由于制定时的科技水平和人们认识水平的限制，该标准已经成为阻碍生产力发展和社会进步的因素，就要立即更正、修订或废止，重新制定新标准，以适应社会经济发展的需要。

第二节　食品标准分类与基本内容

一、食品标准的分类

（一）我国食品标准的分类

1. 按级别分类

标准的种类按《中华人民共和国标准化法》第六条规定的级别来分类，有国家标准、行业标准、地方标准和企业标准四大类。从标准的法律级别上来讲，国家标准高于行业标准，行业标准高于地方标准，地方标准高于企业标准。但从标准的内容上来讲却不一定与级别一致，一般来讲企业标准的某些技术指标应严于地方标准、行业标准和国家标准。

为了适应某些领域标准快速发展和变化的需要，作为对国家标准的补充，我国出台了“国家标准化指导性技术文件”。符合下列情况之一的项目，可以制定指导性技术文件：①技术尚在发展中，需要有相应的文件引导其发展或具有标准化价值，尚不能制定为标准的项目；②采用国际标准化组织、国际电工委员会及其他国际组织(包括区域性国际组织)的技术报告的项目。指导性技术文件仅供使用者参考。

在食品行业，基础性的卫生标准和安全标准一般均为国家标准，而产品标准多为行业标准和企业标准。但无论哪种标准，其中食品卫生和安全指标必须符合国家标准和国际标准要求，或者严于国家标准和国际标准的要求。

2. 按性质分类

根据《标准化法》第七条的规定，国家标准和行业标准按性质可分为强制性标准和推荐性标准两类。但实际上目前许多地方标准也分为强制性标准和推荐性标准。保障人体健康、人身财产安全的标准和法律法规是强制性标准，地方标准在本地区内是强制性标准。如食品卫生的基础标准，关系到人体健康和安全，属于强制性标准，其他食品产品标准是推荐性标准。

国家强制性标准的代号是“GB”，字母 GB 是国标两字汉语拼音首字母的大写；国家推荐性标准的代号是“GB/T”，字母“T”表示“推荐”的意思；推荐性地方标准的代号如河南省地方标准的代号为“DB41/T”。

我国强制性标准属于技术法规的范畴，其范围与 WTO 规定的五个方面，即“国家安全”、“防止欺诈”、“保护人身健康和安全”、“保护动植物生命和健康”、“保护环境”基本上完全一致。强制性标准必须执行，而推荐性标准则与国际上的自愿性标准是一致的。

虽然，推荐性标准本身并不要求有关各方遵守该标准，但在一定的条件下，推荐性标准可以转化成强制性标准，具有强制性标准的作用。如以下几种情况：

（1）被行政法规、规章所引用；

（2）被合同、协议所引用；

（3）被使用者声明其产品符合某项标准。

3. 按内容分类

食品标准从内容上来分，主要有食品产品标准、食品（安全）卫生标准、食品添加剂标准、食品检验方法标准、食品包装材料与容器包装、食品工业基础标准及相关标准等。而食品生产企业卫生规范以国家标准的形式列入食品标准中，但它不同于产品的卫生标准，它是食品企业生产活动和过程的行为规范。主要是围绕预防、控制和消除食品微生物和化学污染，确保产品卫生安全质量，对食品企业的工厂设计、选址和布局、厂房与设施、废水与处理、设备和器具的卫生、工作人员卫生和健康状况、原料卫生、产品的质量检验以及工厂卫生管理等方面提出的具体要求。

4. 按形式来分类

按标准的形式可分为两类：

①用文字表达的标准，就称之为标准文件；

②实物标准，包括各类计量标准器具、标准物质（信用卡、螺栓）、标准样品如农产品、面粉质量等级的实物标准等。

5. 按标准的作用范围来分类

按标准的层次和作用范围可以分成三大类：

（1）技术标准（technical standard）。对标准化领域中需要协调统一的技术事项所制定的标准称之为技术标准。技术标准是企业标准体系的主体，是企业组织生产的、技术和经营、管理的技术依据。

技术标准是一个大类，可以分成基础技术标准、产品标准、工艺标准、检验测试标准、设备标准、原料标准、半成品标准、安全卫生标准、环境保护标准等。技术标准均应在标准化法律法规、各种相关法规等的指导下形成。

（2）管理标准（administrative standard）。对标准化领域或者企业标准化领域中需要协调统一的管理事项所制定的标准称之为管理标准。管理标准主要是对管理目标、管理项目、管理程序和管理组织所作的规定。

管理标准也是一个大类，可以分成管理基础标准、技术管理标准、经济管理标准、行政管理标准、生产经营管理标准。对于企业来讲，管理事项主要包括企业管理活动中所涉及的经营管理、设计开发管理与创新管理、质量管理、设备与基础设施管理、人力资源管理、安全管理、职业健康管理、环境管理、信息管理等与技术标准相关的重复性事物和概念。

(3) 工作标准(duty standard)　对标准化领域或者企业标准化领域中需要协调统一的工作事项所制定的标准称之为工作标准。工作标准是对工作责任、权力、范围、质量要求、程序、效果、检查方法、考核办法等所制定的标准。

工作标准也是一个大类，可以分成决策层工作标准、管理层工作标准和操作人员工作标准。在决策层工作标准中又可以分成最高决策层者工作标准和决策层人员工作标准两类。在管理层工作标准中又可以分成中层管理人员工作标准和一般管理人员工作标准两类。在操作人员工作标准中又可以分成特殊过程操作人员工作标准和一般人员(岗位)工作标准两类。

(二) 国际食品标准分类

国际食品标准主要有国际标准(ISO)、国际食品法典、欧盟食品标准和发达国家食品标准以及有关国际组织协会所制定的标准等。

二、标准代号及表示方法

我国标准代号在《国家标准管理办法》、《行业标准管理办法》、《地方标准管理办法》和《企业标准管理办法》中都有规定，国家质量监督检疫总局于1999年8月24日发布了《关于规范使用国家标准和行业标准代号的通知》，将国家标准和行业标准代号予以重新公布，部分标准的表示方法如下：

1. 国家标准代号

GB 中华人民共和国强制性国家标准；GB/T 中华人民共和国推荐性国家标准；GB/Z中华人民共和国国家标准化指导性技术文件。国家标准管理部门为国家标准化管理委员会。

2. 行业标准

下面是与食品有关的部分行业标准：

HJ 环境保护标准，管理部门国家环境保护部；

NY 农业标准，管理部门农业部；

QB 轻工标准，管理部门中国轻工业联合会；

SB 商业标准，管理部门商业部；

SC 水产标准，管理部门农业部(水产)；

SN 商检标准，管理部门国家质量监督检验检疫总局；

WS 卫生标准，管理部门卫生部；

YC 烟草标准，管理部门国家烟草专卖局。

3. 地方标准

DB + + 中华人民共和国强制性地方标准代号；

DB + +/T 中华人民共和国推荐性地方标准代号。

4. 企业标准

Q/＋＋＋＋ 中华人民共和国企业产品标准。

标准编号有标准代号、顺序和年号组成，如：

GB 19301—2010 生乳；

WS/T86—1996 食源性急性亚硝酸盐中毒诊断标准及处理原则。

三、食品标准的基本内容

无论国际标准，还是国家标准、行业标准、地方标准以及企业标准，就食品产品标准的内容来看，主要包含范围、规范性引用文件、术语和定义、技术要求(原料要求、感官要求、理化指标、污染物限量、真菌毒素限量、微生物限量)、其他等内容。

第三节　标准的结构及食品标准的制定

为了适应国家经济体制改革的发展需要，我国标准化工作进行了两项重大改革。一是衡量和评定产品质量的依据，过去都是由政府主管部门制定强制企业执行的统一标准，所有企业生产的产品质量性能都必须符合该标准的规定。现在改革为由企业根据市场的需求和供需双方的需要，自主决定采用什么样的标准组织生产，产品性能除必须符合有关法律法规的规定和强制执行的标准与要求外，由企业自主决定衡量和评定产品质量的依据。二是企业生产的产品质量标准，过去全部由有关政府部门统一来制定，企业没有制定产品质量标准的权力。现在改为允许企业自己制定产品质量标准，并且鼓励企业根据市场的需要制定严于国家标准和行业标准的企业标准来满足市场的需要。标准化工作的改革对企业制定标准的自主性也从法律上给予肯定，这就提高了企业标准化的地位和作用。

一、标准的制定原则、程序和方法步骤

（一）标准的制定必须遵循的原则

（1）必须遵循《中华人民共和国标准化法》，这是标准制定工作总的指导原则。

（2）必须遵循《标准化工作导则》（GB/T 1.1 等）和相关标准对标准制定的规定。

（3）必须遵循国家《计量法》、《食品安全法》等法律法规对标准编修规定要求。

（4）必须遵循经济上合理、技术上先进的原则。

（二）国家标准、行业标准和地方标准的制定程序

制定标准是标准化工作重要任务之一。要使标准制定工作落到实处，那么制定标准就应有计划、有组织地按一定的程序进行。食品产品标准的制定程序一般分为准备阶段、起草阶段、审查阶段、报批阶段和复审阶段。

1. 准备阶段

在准备阶段必须查阅大量的相关技术资料，其中包括国际标准、国家标准和有关企业标准，然后进行样品的收集，进行分析测定，确定控制产品质量的主要指标项目，在技术指标中哪些是关键的指标项目，哪些指标项目是非关键指标项目，都是前期准备工作中需要确定的内容，在准备阶段，大量的实验工作是必须进行的，否则，标准的制定就会因缺乏技术含量而失去科学性。

2. 起草阶段

标准起草阶段的主要工作内容有：编制标准草案（征求意见稿）及其编制说明和有关附件，广泛征求意见。在整理汇总意见基础上进一步编制标准草案（预审稿）及其编制说明和有关附件。

3. 审查阶段

产品标准的审查分为预审和终审两个过程。预审由各专业技术委员会组织有关专家进行，对标准的文本、各项技术指标进行严格的审查；同时也审查标准草案是否符合《标准化法》和标准化工作导则的要求，技术内容是否符合实际和科学技术的发展方向，技术要求是否先进、合理、安全、可靠等。预审通过后按审定意见进行修改，整理出送审稿，报有关标准化工作委员会进行最终审定。

4. 报批阶段

终审通过的标准可以报批，行业标准报行业标准化行政主管部门批准，食品安全标准由国家卫生部门制定批准。

5. 标准复审

根据标准化法第十三条规定：标准实施后，制定标准的部门应当根据科学技术的发展和经济建设的需要适时进行复审，以确认现行标准继续有效或者予以修订、废止。在我国标准化实际工作中，国家标准、行业标准和地方标准的复审周期一般不超过五年。标准的确认有效、修改和废止由原标准发布机关审批发布。

产品标准的制定是一项十分严肃的工作，由起草到审批、发布、实施中间需经过几稿的讨论和修改，各项技术指标的确定都是在大量试验的基础上确定的，因此符合标准的食品应该是安全的，质量是可靠的。

（三）企业标准的制定范围和原则以及程序

1. 企业标准的制定范围

——企业生产的产品，没有国家标准、行业标准和地方标准应制定企业产品标准。

——为提高产品质量和促进技术进步，制定严于国家标准、行业标准和地方标准的企业产品标准。

——对国家标准、行业标准的选择或补充的标准。

——设计、采购、工艺、工装、半成品等方面的技术标准。

——生产、经营活动中的管理标准和工作标准。

2. 制定企业标准的原则

——贯彻国家和地方有关的方针、政策、法律、法规、严格执行国家强制性标准。

——保证安全、卫生，充分考虑市场需求，保护消费者利益，保护环境。

——有利于企业技术进步，保证和提高产品质量，改善经营管理，提高经济效益和社会效益。

——积极采用国际标准和国外先进标准。

——鼓励采用推荐性国家标准和行业标准。

——有利于合理利用国家资源、能源、推广科学技术成果，有利于产品的通用互换，技术先进、经济合理。

——有利于对外经济合作和对外贸易。

——本企业内部的标准应协调一致。

3. 制定企业标准的一般程序

(1) 调查研究，收集资料。起草单位应针对以下方面进行调查研究和收集资料。

——标准化对象的国内外以及本企业的现状和发展方向；

——有关的最新科技成果；

——生产和工作实践中积累的技术数据，统计资料；

——国际标准、国外先进标准、技术法规和国内相关标准。

(2) 起草标准草案(征求意见稿)。对搜集到的资料进行整理、分析、对比、选优，必要时应进行试验验证，然后起草草案(征求意见稿)和编制说明。

(3) 征求意见，形成标准送审稿。将标准草案(征求意见稿)分发企业内有关部门(必要时分发企业外有关单位，特别是用户，征求意见)，对收到的意见逐一分析研究，决定取舍后形成标准送审稿。

(4) 审查标准，形成标准报批稿。根据标准的复杂程度、涉及面大小，可分别采取会议审查或者函审的方式审定。审查、审定通过后，起草单位应根据其具体的建议和意见，编写标准报批稿和在进行报批时需呈交的其他材料。

(5) 标准的批准、发布与实施。企业标准由企业法人代表或授权的主管领导批准，由企业标准化管理部门编号、发布和实施。

(6) 标准的备案。按照国家规定执行。

(7) 企业标准的复审。标准应定期进行复审，复审周期一般不超过三年。复审工作由企业标准化机构负责组织，复审结果按下列情况分别处理。

——标准内容不做修改，仍然适应当前需要，符合当前科学技术水平的，给予确认。确认的标准，不改变标准的顺序号和年代号，只在标准封面上写明××××年确认字样。

——为完善和充实标准内容，对标准条文、图表作少量修改、补充时，按标准有关修改的规定执行。

——标准的主要规定需要做大的改动才能适应当前生产、使用的需要和科学技术水平的，应作为修订项目。修订标准的工作程序按制定标准的程序进行。修订后的标准不改变顺序号，但要写明修改的年号。

——标准内容已不适应当前的需要，或为新标准所替代的标准应予以废止。

复审后的企业产品标准必须按有关规定需重新进行备案。

4. 企业标准的备案

企业标准的备案不同省、市、自治区有不同的规定。需要提供的基本材料和要求是：

（1）企业产品标准(用 A4 纸印刷)5～10 份。

（2）编制说明 5～10 份。企业标准编制说明内容一般要求：

——工作简要过程的说明，包括任务来源、工作计划的进展和执行情况等。

——编制的原则和确定标准的主要技术内容如技术指标参数、性能要求、试验方法等的依据，修订标准时应增加新旧标准水平的对比情况。

——主要试验验证的分析，综合报告，技术经济论证和预期经济效益和社会效益等。

——与国际标准、国外先进标准或国家标准、行业标准、地方标准技术指标和水平的对比情况。

——贯彻标准的要求和措施建议，其他重要内容的解释和应予说明的问题。

——主要参考资料及文献。

（3）试验验证报告 3 份。一般要求验证报告必须是产品质量监督检验机构的检验报告，在特殊情况下如产品质量监督检验机构无条件检验测定时，高校、科研单位（必须通过省级以上计量认证）的分析测试报告也可以利用。

（4）审定纪要及专家签名单 3 份。

（5）备案登记表 3 份。

二、基本概念及编写总则

标准的编写须遵循 GB/T l. 1—2009《标准化工作导则》“第一部分：标准的结构和编写”的要求。

（一）基本概念

1. 规范性要素

要声明符合标准而应遵守的条款的要素，分为规范性一般要素和规范性技术要素。

2. 资料性要素

标识(示)标准、介绍标准，提供标准附加信息条款，分为资料性概述要素和资料性补充要素。

3. 必备要素

在标准中不可缺少的要素。

4. 可选要素

在标准中存在与否取决于制定标准的具体需求的要素。

5. 条款

规范性文件内容的表达方式，一般采取陈述、指示、推荐或要求等形式。

注：条款的这些形式以其所用的措辞加以区分，例如：推荐用助动词“宜”，要求用助动词“应”。

（1）陈述：表示信息的条款。

（2）推荐：表达建议或指导的条款。

（3）要求：表达如果声明符合标准需要满足的原则，并且不准存在偏差的条款。

6. 最新技术水平

根据相关科学、技术和经验的综合成果判断的在一定时期内，产品、过程和服务等技术能力的发展程度。

（二）编写标准的总则

标准编写人员，在起草标准之前，必须清楚了解制定标准必须遵循的基本原则及有关法规要求。只有这样才能使制定出的标准真正起到应有的作用。

1. 目标

制定标准的目标是规定明确且无歧义的条款，以便促进贸易和交流。

2. 统一性

每项标准或系列标准（或一项标准的不同部分）内，标准的文体和术语应保持一致。系列标准的每项标准（或一项标准的不同部分）的结构及其章、条的编号应尽可能相同。类似的条款应使用类似的措辞来表述；相同的条款应使用相同的措辞来表述。

每项标准或系列标准（或一项标准的不同部分）内，对于同一个概念应使用同一个术语。对于已定义的概念应避免使用同义词。每个选用的术语应尽可能只有唯一的含义。

3. 协调性

为了达到所有标准整体协调的目的，标准的编写应遵守现行基础标准的有关条款。

4. 适用性

标准的内容应便于实施，并且易于被其他的标准或文件所引用。

5. 一致性

如果有相应的国际文件，起草标准时应以其为基础并尽可能保持与国际文件相一致。与国际文件的一致性程度为等同、修改或非等效的我国标准的起草应符合 GB/T 20000.2 的规定。

6. 规范性

在起草标准之前应确定标准的预计结构和内在关系，尤其应考虑内容的划分。

三、标准的结构

（一）标准内容的划分

1. 部分的划分

一项标准如果篇幅过长；后续的内容相互关联；标准的某些内容可能被法规引用；标准的某些内容拟用于认证等原因，分成若干个单独的部分。

2. 单独标准的内容划分

标准由各类要素构成。一项标准的要素可按下列方式进行分类：

（1）按要素的性质划分，可分为：资料性要素；规范性要素。

（2）按要素的性质以及它们在标准中的具体位置划分，可分为：资料性概述要素；规范性一般要素；规范性技术要素；资料性补充要素。

（3）按要素的必备的或可选的状态划分，可分为：必备要素；可选要素。

3. 标准中要素的典型排列

资料性要素：封面、目次、前言、引言。

规范性一般要素：标准名称、范围、规范性引用文件。

规范性技术要素：术语和定义，符号、代号和缩略语，要求，规范性附录。

资料性补充要素：资料性附录。

规范性技术要素：规范性附录。

资料性补充要素：参考文献、索引。

（二）按层次划分

一项标准可能具有的层次：部分；章、条、段、列项；附录。

1. 部分

应使用阿拉伯数字从 1 开始对部分编号。

2. 章

章是标准内容划分的基本单元。应使用阿拉伯数字从 1 开始对章编号。编号应从“范围”一章开始，一直连续到附录之前。

3. 条

条是章的细分。应使用阿拉伯数字对条编号。

4. 段

段是章或条的细分。段不编号。

5. 列项

列项应由一段后跟冒号的文字引出。在列项的各项之前应使用列项符号，在一项标准的同一层次的列项中，使用破折号还是圆点应统一。

6. 附录

附录按其性质分为规范性附录和资料性附录。

四、标准要素的起草

（一）资料性概述要素

1. 封面

封面为必备要素，它应给出标示标准的信息，包括：标准的名称、英文译名、层次（国家标准为“中华人民共和国国家标准”字样）、标志、编号、国际标准分类号（ICS号）、中国标准文献分类号、备案号（不适用于国家标准）、发布日期、实施日期、发布部门等。

如果标准代替了某个或几个标准，封面应给出被代替标准的编号；如果标准与国际文件的一致性程度为等同、修改或非等效，还应按照 GB/T 20000.2 的规定在封面上给出一致性程度标识。

标准征求意见稿和送审稿的封面显著位置应按附录 C 中 C.1 的规定，给出征集标准是否涉及专利的信息。

如图 2－1 所示的食品安全国家标准巴氏杀菌乳的封面。

中华人民共和国国家标准

GB 19645—2010

食品安全国家标准

巴氏杀菌乳

National food safety standard

Pasteurized milk

2010-03-26 发布　　2010-12-01 实施

中华人民共和国卫生部　发布

图 2－1　食品安全国家标准巴氏杀菌乳封面

2. 目次

目次为可选要素。为了显示标准的结构，方便查阅，设置目次是必要的。

如图 2－2 所示的 GB/T 1.1 的目次。

GB/T 1.1—2009

目　次

图 2－2　GB/T 1.1 的目次

3. 前言

前言为必备要素，不应包含要求和推荐，也不应包含公式、图和表。前言应视情况依次给出下列内容：

（1）标准结构的说明。

（2）标准编制所依据的起草规则，提及 GB/T 1.1。

（3）标准代替的全部或部分其他文件的说明。

（4）与国际文件、国外文件关系的说明。

（5）有关专利的说明。

（6）标准的提出信息(可省略)或归口信息。如：

- “本标准由全国××××标准化技术委员会(SAC/TC ×××)提出。”
- “本标准由全国××××标准化技术委员会(SAC/TC ×××)归口。”

（7）标准的起草单位和主要起草人，使用以下表述形式：

- “本标准起草单位：……”
- “本标准主要起草人：……”

（8）标准所代替标准的历次版本发布情况。

如图2－3所示的食品安全国家标准巴氏杀菌乳的前言。

前　言

本标准代替GB 19645—2005《巴氏杀菌、灭菌乳卫生标准》以及GB 5408.1—1999（巴氏杀菌乳）中的部分指标，GB 5408.1—1999《巴氏杀菌乳》中涉及到本标准的指标以本标准为准。

本标准与GB 19645—2005相比，主要变化如下：

——将《巴氏杀菌、灭菌乳卫生标准》分为《巴氏杀菌乳》、《灭菌乳》、《调制乳》三个标准，本标准为《巴氏杀菌乳》；

——修改了“范围”的描述；

——明确了“术语和定义”；

——修改了“感官指标”；

——取消了脱脂、部分脱脂产品的脂肪要求；

——增加了羊乳的蛋白质要求；

——将“理化指标”中酸度值的限量要求修改为范围值；

——取消了“兽药残留指标”；

——取消了“农药残留指标”；

——“污染物限量”直接引用GB 2762的规定；

——“真菌毒素限量”直接引用GB 2761的规定；

——修改了“微生物指标”的表示方法；

——取消了“食品添加剂”的要求；

——修改了“标识”的规定。

本标准所代替标准的历次版本发布情况为：

——GB 19645—2005。

图2－3　食品安全国家标准 巴氏杀菌乳 前言

4. 引言

引言为可选要素。如果需要，则给出标准技术内容的特殊信息或说明，以及编制该标准的原因。引言不应包含要求。如图2－4所示的GB/T 1.1的引言。

GB/T 1.1—2009

引　　言

近五十年来，GB/T 1通过持续地实施以及不断地修订和完善，在我国标准制修订工作中发挥了重要的指导作用。GB/T 1.1—2000和GB/T 1.2—2002发布以来，收到了许多标准使用者提出的修改意见和建议，在标准应用过程中也遇到了一些新的问题。此外，GB/T 1依据的主要国际文件ISO/IEC导则已于2004年修订出版了第五版，该ISO/IEC导则分为两个部分。原第3部分已经与第2部分合并。为了适应我国标准化工作发展的需要，进一步与新版的ISO/IEC导则相协调，促进贸易和交流，有必要对GB/T1进行修订。

GB/T 1.1以前的各个版本均是以ISO/IEC导则为基础起草的。ISO/IEC导则是以传统制造业为代表，以产品标准为例编写的，而GB/T 1.1是全国各行各业在编写标准时共同遵守的基础标准，它关注的范围理应更加广泛。因此，本次修订更加注重我国标准的自身特点，主要规定了普遍适用于名类标准的资料性概述要素、规范性一般要素和资料性补充要素以及规范性技术要素中的几个通用要素等内容的编写，而规范性技术要素中其他要素的编写在相关的基础标准(GB/T 20000、GB/T 20001和GB/T 20002)中进行规定，调整后的GB/T 1.1更加适用于各类标准的编写。

图2－4　GB/T 1.1的引言

（二）规范性一般要素

1. 标准名称

标准名称为必备要素，应置于范围之前。

标准名称应由几个尽可能短的要素组成，其顺序由一般到特殊。通常，所使用的要素不多于下述三种：

（1）引导要素(可选)：表示标准所属的领域；

（2）主体要素(必备)：表示上述领域内标准所涉及的主要对象；

（3）补充要素(可选)：表示上述主要对象的特定方面，或给出区分该标准(或该部分)与其他标准(或其他部分)的细节。

如果标准名称中使用了“规范”、“规程”、“指南”等。则标准的技术要素的表述应符合相应的标准规定。

2. 范围

范围为必备要素，应置于标准正文的起始位置。

范围应明确界定标准化对象和所涉及的各个方面，由此指明标准或其特定部分的适用界限。必要时，可指出标准不适用的界限。

标准化对象的陈述应使用下列表述：

——本标准规定了……的方法(尺寸、特征)。

——本标准确立了……的系统(的一般原则)

——本标准给出了……的指南。

——本标准界定了……的术语。

标准适用性的陈述应使用下列表述形式：

——“本标准适用于……”

——“本标准不适用于……”

例如《GB 19645－2010 食品安全国家标准巴氏杀菌乳》中的范围描述（见图2－5）。

1 范围

本标准适用于全脂、脱脂和部分脱脂巴氏杀菌乳。

图2－5 GB 19645－2010 的范围描述

3. 规范性引用文件

规范性引用文件为可选要素，它应列出标准中规范性引用其他文件的文件清单，这些文件经过标准条文的引用后，成为标准应用时必不可少的文件。

文件清单中引用文件的排列顺序为：国家标准、行业标准、地方标准、国内有关文件、国际标准、ISO 或 IEC 有关文件、其他国际标准以及其他国际有关文件。

文件清单不应包含：不能公开获得的文件；资料性引用文件；标准编制过程中参考过的文件。

规范性引用文件清单应由下述引用导语引出：

“下列文件对于本文件的应用是必不可少的。凡是注日期的引用文件，仅注日期的版本适用于本文件。凡是不注日期的引用文件，其最新版本(包括所有的修改单)适用于本文件。”

（三）规范性技术要素

1. 技术性要素的选择

（1）目的性原则

标准中规范性技术要素的确定取决于编制标准的目的，最重要的目的是保证有关产品、过程或服务的适用性。

（2）性能原则

只要可能，要求应由性能特性来表达，而不用设计和描述特性来表达，这种方法给技术发展留有最大的余地。如果采用性能特性的表述方式，要注意保证性能要求中不疏漏重要的特征。

（3）可证实性原则

不论标准的目的如何，标准中应只列入那些能被证实的要求。标准中的要求应定量并使用明确的数值表示。不应仅使用定性的表述，如“足够坚固”或“适当的强度”等。

2. 术语和定义

术语和定义为可选要素，它仅给出为理解标准中某些术语所必需的定义。

例如《GB 19302－2010 食品安全国家标准 发酵乳》中术语的描述（见图2－6）。

3　术语和定义

3.1 发酵乳fermented milk

以生牛（羊）乳或乳粉为原料，经杀菌、发酵后制成的pH值降低的产品。

3.1.1　酸乳yoghurt

以生牛（羊）乳或乳粉为原料，经杀菌、接种嗜热链球菌和保加利亚乳杆菌（德氏乳杆菌保加利亚亚种）发酵制成的产品.

3.2 风味发酵乳flavored fermented milk

以80%以上生牛（羊）乳或乳粉为原料，添加其它原料，经杀菌、发酵后pH值降低，发酵前或后添加或不添加食品添加剂营养强化剂、果蔬、谷物等制成的产品。

3.2.1　风味酸乳flavored yoghurt

以80%以上生牛（羊）乳或乳粉为原料，添加其它原料，经杀菌、接种嗜热链球菌和保加利亚乳杆菌（德氏乳杆菌保加利亚亚种）发酵前或后添加或不添加食品添加剂、营养强化剂、果蔬、谷物等制成的产品。

图2－6　GB19302－2010 的术语描述

3. 符号、代号和缩略语

符号、代号和缩略语为可选要素，它给出为理解标准所必需的符号、代号和缩略语清单。

4. 要求

要求为可选要素，它应包含下述内容：

（1）直接或以引用方式给出标准涉及的产品、过程或服务等方面的所有特性；

（2）可量化特性所要求的极限值；

（3）针对每个要求，引用测定或检验特性值的试验方法，或者直接规定试验方法。

该要素中不应包含合同要求（有关索赔、担保、费用结算等）和法律或法规的要求。

例如《GB 19302－2010 食品安全国家标准 发酵乳》中感官要求的描述（见图2－7）。

GB 19302—2010

表1　感官要求

项　目	要　求		检验方法
	发酵乳	风味发酵乳	
色泽	色泽均匀一致，呈乳白色或微黄色。	具有与添加成分相符的色泽。	取适量试样置于50mL烧杯中，在自然光下观察色泽和组织状态。闻其气味，用温开水漱口，品尝滋味。
滋味、气味	具有发酵乳特有的滋味、气味。	具有与添加成分相符的滋味和气味。	
组织状态	组织细腻、均匀，允许有少量乳清析出；风味发酵乳具有添加成分特有的组织状态。		

图2－7　GB19302－2010 的感官要求描述

5. 分类、标记和编码

分类、标记和编码为可选要素，它可为符合规定要求的产品、过程或服务建立一个分类、标记和(或)编码体系。

6. 规范性附录

规范性附录为可选要素，它给出标准正文的附加或补充条款。

(四) 资料性补充要素

1. 资料性附录

资料性附录为可选要素，它给出有助于理解或使用标准的附加信息。该要素不应包含要求。

2. 参考文献

参考文献为可选要素。如果有参考文献，则应置于最后一个附录之后。

如图 2 - 8 所示的 GB/T 1.1 中的参考文献。

GB/T 1.1—2009

参 考 文 献

[1] GB/T 67—2000 开槽盘头螺钉
[2] CB/T 2075—2007 切削加工用硬切削材料的分类和用途 大组和用途小组的分类代号
[3] GB/T 2079—1987 无孔的硬质合金可转位刀片
[4] GB/T 3099.2—2004 紧固件术语 盲铆钉
[5] GB/T 4458.2 机械制图 装配图中零、部件序号及其编排方法
[6] GB/T 19763 优先数和优先数系的应用指南
[7] GB/T 19764 优先数和优先数化整值系列的选用指南

图 2 - 8 GB/T 1.1 中的参考文献

3. 索引

索引为可选要素。如果有索引，则应作为标准的最后一个要素。电子文本的索引宜自动生成。如图 2 - 9 所示的 GB/T 1.1 中的索引。

GB/T 1.1—2009

索 引

B

图2-9 GB/T 1.1中的索引

第四节 食品标准实例

下面列举了谷物类饮料、灭菌乳两个食品标准的实例。

QB/T 4221—2011

谷 物 类 饮 料

1 范围

本标准规定了谷物类饮料的术语和定义、产品分类，要求、试验方法、检验规则和标签、包装、运输、贮存。

本标准适用于3.1所定义的谷物类饮料。

2 规范性引用文件

下列文件对于本文件的应用是必不可少的。凡是注日期的引用文件，仅注日期的版本适用于本文件。凡是不注日期的引用文件，其最新版本（包括所有的修改单）适用于本文件，

GB 2760　食品添加剂使用卫生标准

GB 7718　预包装食品标签通则

GB 10789　饮料通则

GB 13432　预包装特殊膳食用食品标签通则

GB 14880　食品营养强化剂使用卫生标准

GB 16322　植物蛋白饮料卫生标准

GB 19645　巴氏杀菌乳

GB/T 5009.88　食品中膳食纤维的测定

3　术语和定义

GB 10789 中确立的以及下列术语和定义适用于本文件。

3.1

谷物类饮料 cereal beverage

以谷物[a] 为主要原料，经加工[b] 调配制成的饮料，可添加果蔬汁、植物提取物等食品辅料。

[a]谷物指一种或几种麦类、粗粮、豆类、薯类和稻谷类等。

[b]不包括萃取加工工艺。

3.2

谷物浓浆 cereal Juice

总固形物和总膳食纤维[c] 含量较多的谷物类饮料。

3.3

谷物饮料 cereal Juice Beverage

总固形物和总膳食纤维[c] 含量较少的谷物类饮料。

[c]总膳食纤维系指谷物来源的膳食纤维。

4　产品分类

根据产品特性分为：谷物浓浆和谷物饮料。

QB/T 4221—2011

5　要求

5.1　原料及辅料

5.1.1　谷物及其他原辅料应符合相应的国家标准或行业标准的规定。

5.1.2　谷物浓浆原料中谷物的添加量应不少于4%；谷物饮料原料中谷物的添加量应不少于1%。

5.2　感官要求

感官要求应符合表 1 的规定。

表1　感官要求

项　目	谷物浓浆	谷物饮料
色泽	具有产品应有的色泽	
滋味和气味	具有其产品应有的口味和香气；如添加果蔬汁、植物提取物等食品辅料的产品，具有与所添加物相符的口味和香气	
状态[a]	允许有少量析水、沉淀、分层或弱凝胶现象	允许有少量析水、分层或沉淀现象
杂质	无正常视力可见外来杂质	

[a]含颗粒状食品辅料的产品不作要求。

5.3　理化要求

理化要求应符合表2的规定。

表2　理化要求

项　目		谷物浓浆	谷物饮料
总固形物 a/（g/100g）	≥	10.0	6.0
总膳食纤维/（g/100g）	≥	0.3	0.1

[a]低糖和无糖产品，对总固形物不作要求。

5.4　食品安全要求

5.4.1　卫生要求

应符合 GB 16322 的规定；其中，必须采取冷链运输和贮存的产品，其微生物指标应符合 GB 19645 的规定。

5.4.2　食品添加剂和食品营养强化剂要求

应符合 GB 2760 和 GB14880 的规定。

5.4.3　其他食品安全要求

应符合相关食品安全国家标准的规定。

6　试验方法

6.1　感官检查

取约 50mL 混合均匀的被测样品于无色透明、洁净、干燥的 100mL 烧杯中，置于明亮处，迎光观察其色泽、状态及杂质；在室温下，嗅其气味，品尝其滋味。做好记录，按表1进行判定。

6.2　总固形物

6.2.1　仪器和材料

6.2.1.1　恒温干燥箱：控温精度 ±2℃。

6.2.1.2　干燥器：内盛干燥剂。

6.2.1.3　分析天平：感量 0.1mg。

6.2.1.4　称量皿。

6.2.1.5 海砂。

6.2.1.6 恒温水浴锅。

6.2.1.7 组织捣碎机。

6.2.2 分析步骤

6.2.2.1 试样的准备

不含固体颗粒的均匀液体样品直接使用。

含有固形物颗粒的液体样品处理：打开样品包装，全部倒入组织捣碎机内，开启组织捣碎机，将含有固形物颗粒的样品均匀捣碎，备用。

6.2.2.2 测定

称取10.0g试样（6.2.2.1）于已知称量恒重并盛有一定量海砂的称量皿中，在水浴上蒸发至干，取下称量皿，擦干附着的水分，再放入恒温干燥箱内，在101~105℃下烘2h，取出移入干燥器内冷却，30min后称量。然后，再放入恒温干燥箱内烘干，直至恒重。

6.2.3 结果计算

试样中总固形物含量按公式（1）计算：

$$X = \frac{m_2 - m_1}{m} \times 100 \quad \cdots\cdots (1)$$

式中：

X——样品中总固形物的含量，单位为克每百克（g/100g）；

m_2——烘干后试样加海砂加称量皿的质量，单位为克（g）；

m_1——海砂和称量皿的质量，单位为克（g）；

m——试样的质量，单位为克（g）。

所得结果表示至一位小数。

6.2.4 精密度

在重复性条件下获得的两次独立测定结果的绝对差值不应超过算术平均值的5%。

6.3 总膳食纤维

按GB/T 5009.88规定的方法进行测定。

7 检验规则

7.1 组批和抽样

7.1.1 由生产企业的质量管理部门按照其相应的规则确定产品的批次。

7.1.2 每批产品随机抽取12个最小独立包装，供感官要求、理化要求和卫生要求的检验及留样备查。

7.2 出厂检验

每批产品出厂时，应对感官要求、总固形物，脲酶活性（以大豆为原料的饮料）、菌落总数和大肠菌群（按照商业无菌要求进行质量管理的产品除外）进行检验。

7.3 型式检验

7.3.1 型式检验项月为5.2~5.4规定的全部项目。

7.3.2　型式检验每半年进行一次。有下列情况之一时亦应进行。

a）原料、工艺、设备发生较大变化时；

b）长期停产后，恢复生产时；

c）出厂检验结果与正常生产有较大差别时。

QB/T 4221—2011

7.4　判定规则

7.4.1　检验指标全部合格时，判定整批产品合格。

7.4.2　检验指标中有一项或一项以上不符合本标准时，可在同批产品中加倍抽样复检，以复验结果为准。若复验结果仍有一项不符合本标准，则判定整批产品为不合格品。

8　标签、包装、运输、贮存

8.1　标签

预包装产品标签除应符合 GB 7718、GB 13432 以及国家相关标准和法规外，还应标注相应的产品类型名称，如：谷物浓浆或谷物饮料。

8.2　包装

包装材料和容器应符合国家食品卫生相关标准的规定。

8.3　运输

产品在运输过程中应避免日晒、雨淋、重压，不得与有毒、有异味、易挥发、易腐蚀的物品混装运输。

8.4　贮存

产品应在清洁、干燥、通风、避光，无虫害、无鼠害的仓库内贮存，需冷链运输贮藏的产品，应符合产品标示的贮运条件。

GB 25190—2010

食品安全国家标准
灭菌乳

1　范围

本标准适用于全脂、脱脂和部分脱脂灭菌乳。

2　规范性引用文件

本标准中引用的文件对于本标准的应用是必不可少的。凡是注日期的引用文件，仅所注日期的版本适用于本标准。凡是不注日期的引用文件，其最新版本（包括所有的修改单）适用于本标准。

3　术语和定义

3.1　超高温灭菌乳 ultra high-temperature milk

以生牛（羊）乳为原料，添加或不添加复原乳，在连续流动的状态下，加热到至少 132℃并保持很短时间的灭菌，再经无菌灌装等工序制成的液体产品。

3.2　保持灭菌乳 retort sterilized milk

以生牛（羊）乳为原料，添加或不添加复原乳，无论是否经过预热处理，在灌装并密封之后经灭菌等工序制成的液体产品。

4　技术要求

4.1　原料要求

4.1.1　生乳：应符合 GB 19301 的规定。

4.1.2　乳粉：应符合 GB 19644 的规定。

4.2　感官要求：应符合表 1 的规定。

表 1　感官要求

项　目	要　求	检验方法
色泽	呈乳白色或微黄色。	取适量试样置于 50mL 烧杯中，在自然光下观察色泽和组织状态。闻其气味，用温开水漱口，品尝滋味。
滋味、气味	具有乳固有的香味，无异味。	
组织状态	呈均匀一致液体，无凝块、无沉淀、无正常视力可见异物。	

4.3　理化指标：应符合表 2 的规定。

GB 25190—2010

表 2　理化指标

项　　目		指　　标	检验方法
脂肪[a]/（g/100g）	≥	3.1	GB 5413.3
蛋白质/（g/100g）			GB 5009.5
牛乳	≥	2.9	
羊乳	≥	2.8	
非脂乳固体/（g/100g）	≥	8.1	GB 5413.39
酸度/（°T）			GB 5413.34
牛乳		12～18	
羊乳		6～13	
[a]仅适用于全脂灭菌乳。			

4.4　污染物限量：应符合 GB 2762 的规定。

4.5　真菌毒素限量：应符合 GB 2761 的规定。

4.6　微生物要求：应符合商业无菌的要求，按 GB/T 4789.26 规定的方法检验。

5　其他

5.1　仅以生牛（羊）乳为原料的超高温灭菌乳应在产品包装主要展示面上紧邻产品名称的位置，使用不小于产品名称字号且字体高度不小于主要展示面高度五分之一的汉字标注“纯牛（羊）奶”或“纯牛（羊）乳”。

5.2　全部用乳粉生产的灭菌乳应在产品名称紧邻部位标明“复原乳”或“复原奶”；在生牛（羊）乳中添加部分乳粉生产的灭菌乳应在产品名称紧邻部位标明“含××%复原乳”或“含××%复原奶”。

注：“××%”是指所添加乳粉占灭菌乳中全乳固体的质量分数。

5.3　“复原乳”或“复原奶”与产品名称应标识在包装容器的同一主要展示版面；标识的“复原乳”或“复原奶”字样应醒目，其字号不小于产品名称的字号，字体高度不小于主要展示版面高度的五分之一。

复习思考题

1. 什么是标准和标准化？标准与标准化的主要区别是什么？
2. 简述标准化的方法原理。
3. 食品标准通常可以分成哪几类？其制定程序和原则是什么？
4. GB/T 1.1 规定标准的基本结构是什么？
5. 什么是规范性要素和资料性要素？在标准中两者的主要区别是什么？
6. 食品标准有哪些内容组成？
7. 附录的分类及含义？
8. 就列举的两个食品标准实例，你有什么感想？

第三章　我国食品标准体系

学海导航

（1）了解我国食品标准的现状

（2）掌握食品基础标准及产品标准

（3）熟悉食品检验方法标准、流通标准和添加剂标准的主要技术指标要求

第一节　概　　述

一、我国食品标准的现状

根据《中华人民共和国标准化法》的规定，我国的食品标准按效力或标准的权限，分为国家标准、行业标准、地方标准、企业标准4大类。按标准内容分类，食品标准包括食品产品标准、食品安全标准、食品工业基础及相关标准、食品包装材料及容器标准、食品添加剂标准、食品检验方法标准、各类食品卫生管理办法等。此外，食品企业卫生规范以国家标准的形式列入食品标准中，它不同于产品的卫生标准，它是企业在生产经营活动中的行为规范。

食品标准从多方面规定了食品的技术要求和品质要求，是食品安全的保证。其作用体现在以下几方面：

（1）保证食品安全。食品是与人类安全、卫生、健康密切相关的特殊产品，而衡量食品合格与否的手段就是食品标准。食品标准在制定过程中充分考虑了食品可能存在的有害因素和潜在的不安全因素，通过规定食品的微生物指标、理化指标、检测方法、保质期等一系列内容，使符合标准的食品具有安全性。

（2）国家管理食品行业的依据。食品行业目前在我国经济建设中发挥着极大作用，是国家的支柱产业。国家在对此行业进行管理时，离不开食品标准。国家质检总局要对食品行业进行质量抽查，质量抽查就是以相关的食品标准为依据，通过检测、数据分析，再结合相关管理办法，加强行业管理。

（3）食品企业科学管理的基础。食品标准是食品企业搞好产品质量的前提和保证甚至生产的各个环节，都要以标准为准，确保产品最终能够达到合格。企业管理离不开标准，并依据标准实施食品安全的保障。

我国现有标准基本能适用国民经济的发展，达到大家的要求，但是标准水平不高。目前标准发展中主要存在以下问题：

（1）标准水平不高。按照国际惯例，国家标准应该是一般的水平，行业标准稍高一些，企业标准是最高的。但是我国实际情况与此有相当大的差距，相当一些企业的企业标准水平维持在国家标准水平。而我国的国家标准水平还停留在一个不高的水平上，从将来发展的趋势来看，企业产品要走向国际市场，这样的标准水平是起不到作用的。尽管近几年我们的标准数量增加较大，但是标准的总体分布不够合理。国内不同行业、不同领域对国外的一个标准从不同角度进行参考后，制定成为我国若干个的标准，这种情况还比较严重，造成我国标准数量多，结构分布不合理、不均匀。

（2）标准制定死板。这种做法不符合国际惯例，有的不是强制性的内容，可由生产方决定，但是我们的标准把所有要求都规定过细，对企业发展是不利的。因此，有些标准需要给企业更大的灵活性，让企业自主来决定企业的指标。标准化工作导则中有一条规定是“有些内容如果由供方确定，在标准中应阐明如何检测、表述，而不是把标准全都固定死”，所以企业在制订标准中要很好地掌握它的实质。

（3）标准中的可操作性较差。在标准里都应有检验规则，实际上这是合格判定依据。但我国标准中检验规则不实用，它只是写在标准上，而没有真正得到应用，检验规则给人不同的理解，不同的解释，甚至有些检验规则无法操作。

（4）国家标准制定企业参与较少。国家标准的制定将有越来越多的企业参与，现在之所以有许多标准不适用，很大的一个原因就是没有企业的全面参与，很多代表不是代表企业的利益，国际上参与制定标准的都是大公司的代表，说明我们国家的标准化活动，企业介入还存在很大差距。企业成为标准化制定的主体是大势所趋，希望有更多的企业参加。

为解决这些问题，《食品安全国家标准“十二五”规划》提出了针对性措施。随着该措施的逐渐实施，我国已基本建立了以食品安全国家标准为核心，行业标准、地方标准和企业标准为补充的食品安全标准体系，现有食品、食品添加剂、食品相关产品国家标准近1900项，地方标准1200余项，行业标准3100余项。规划提出，全面清理整合现行食品标准。到2013年年底，基本完成对现行2000余项食品国家标准和2900余项食品行业标准中强制执行内容的清理，提出现行相关标准或技术指标继续有效、整合和废止的清理意见。2015年年底前，基本完成相关标准的整合和废止工作。

二、我国食品标准与国外标准的对比分析

通过长期的实践与总结，我国已建立起一套较完整的食品标准体系，基本上能满足目前食品行业的需求。但是仍然存在以下几方面的问题：种类繁多，不利于管理；同类标准之间存在重复和冲突现象；检查方法落后，使产品质量能达到对方要求，但因不能提供准确的检测值而被视为产品不合格；标准制定与标准执行不统一，常常是有标不循；现行标准与国际标准不符，大多数达不到国际通用标准的要求；标准中的某些术语及概念的定义不一样，造成理解上的混淆等。由此可见如何让我国食品标准积极向国际通用标准看齐，已是摆在我们面前的迫在眉睫的问题。

世界贸易组织(WTO)的基本原则是非歧视性贸易(最惠国条款和国民待遇)及透明度。在WTO的文件中明确指出在食品安全方面应以国际食品法典委员会(CAC)标准为协调各国食品标准的依据。换言之，WTO在解决国家食品贸易争端中是以CAC标准为仲裁标准的。尽管CAC标准在性质上仍然是推荐性的而不是强制性的，但所有参与国际贸易的国家都十分重视CAC标准，并积极参加CAC的各项活动和认真研究CAC标准。

近年来，随着中国加入世贸组织，一些国外贸易团体利用我国现行食品标准与CAC标准不一致这一现象，通过设置各种技术壁垒而拒绝我国食品的进口。据统计仅在1999年8月~2000年1月这半年期间，美国食品与药物管理局就因杂质、卫生、农药残留、添加剂、标签等原因扣留了我国634批出口美国食品。2002年1月欧盟在我国水产品中检出氯霉素超标，从而全面禁止进口中国动物源性产品，为此，我国的相关行业受到严重影响。再以茶叶为例，欧盟宣布禁止使用的农药从旧标准的29种增加到了新标准的62种，部分农药标准比原标准提高了100倍以上。又如，我国具有很强出口竞争力的花生，国内对花生黄曲霉毒素的检出标准是20个ppb，而欧洲的检出标准是2~4个ppb，欧洲各国均要求进口中国花生时需出具安全健康证书，尽管我国的花生完全可以达到这一标准，却因拿不出合格的检测证书使花生出口受到很大阻碍。另外，由于国内没有建立完整有效的技术标准体系，不少国外产品进入中国后对人民健康和安全、生态环境造成了不利影响。由此可见，维护消费者的健康，最大限度地在国际贸易中保护自身的利益，尽快建立与国际接轨的食品标准体系，是我国食品行业进入WTO后面临的最紧迫的问题。为此，2001年卫生部专门组织专家审议，对464个国家食品卫生标准及其检验方法进行了清理，使得标准的安全指标及其他卫生要求的提出与设置更符合CAC的有关原则，并最大限度地采用CAC标准。逐步形成更加完善、科学、合理的，能与国际标准接轨，且具有中国特色的食品标准体系。

随着世界食品贸易的扩大，各国都在强化自己的贸易地位，制定完善的标准和质量评价体系。发达国家往往会利用自身标准化方面的优势，控制贸易技术壁垒，影响国际标准，获取国际贸易中的有利地位。为了减少贸易壁垒对我国出口贸易及国民经济发展的影响，重新制定相关的食品原料、食品、食品添加剂等质量或卫生标准已是当务之

急。必须承认我国食品标准与国际标准存在一定的差距，加快建立现代化的国家标准体系，提高出口食品竞争力，尽快与国际接轨是根本出路。另一方面，面对名目繁多的贸易壁垒，我们还应充分利用加入世贸组织后所拥有的权利，加大与贸易保护国的交涉力度，打破所设的贸易壁垒。

第二节　食品基础标准及相关标准

基础标准在一定范围内可以直接应用，也可以作为其他标准的依据和基础，具有普遍的指导意义。一定范围是指特定领域，如企业、专业、国家等。也就是说，基础标准既存在于国家标准、专业标准，也存在于企业标准中。在某领域中基础标准是覆盖面最大的标准。它是该领域中所有标准的共同基础。

基础标准主要包括以下几类：

（1）技术通则类：如"电子工业技术标准制修订工作有关规定和要求"，"设计文件编制规则"等。这些技术工作和标准化工作规定是需要全行业共同遵守的。

（2）通用技术语言类：如制图规则、术语、符号、代号、代码等。这类标准的作用是使技术语言达到统一、准确和简化。

（3）结构要素和互换互连类：如公差配合、表面质量要求、标准尺寸、螺纹、齿轮模数、标准锥度、接口标准等。这类标准对保证零部件互换性和产品间的互连互通，简化品种，改善加工性能等都具有重要作用。

（4）参数系列类：如优先数系、尺寸配合系列、产品参数、系列型谱等。这类标准对于合理确定产品品种规格，做到以最少品种满足多方面需要，以及规划产品发展方向，加强各类产品尺寸参数间的协调等具有重要作用。

（5）环境适应性、可靠性、安全性类：这类标准对保证产品适应性和工作寿命以及人身和设备安全具有重要作用。

（6）通用方法类：如试验、分析、抽样、统计、计算、测定等各种方法标准。这类标准对各有关方法的优化、严密化和统一化等具有重要作用。

一、名词术语类、图形符号、代号类

名词术语类标准是以各种专用术语为对象所制定的标准。术语标准中一般规定术语、定义(或解释性说明)和外文对应的词等。图形符号、代号类标准是以表示事物和概念的各种符号代号为对象制定的标准，称为符号代号标准。这种符号和代号具有准确、简明和不易混淆等特点。

1. 名词术语标准

GB15091—1995《食品工业基本术语》标准规定了食品工业常用的基本术语。内容包括：一般术语、产品术语、工艺术语、质量、营养及卫生术语等内容。本标准适用于食品工业生产、科研、教学及其他有关领域。各类食品工业的名词术语标准如表 3－1 所示。

表3－1　食品中部分术语标准

序号	标准号	标准名称
1	GB/T 9289—2010	制糖工业术语
2	GB/T 12140—2007	糕点术语
3	GB/T 15069—1994	罐头食品机械术语
4	GB/T 15070—1994	制盐工业术语
5	GB/T 15109—2008	白酒工业术语
6	GB/T 12729. 1—1991	香辛料和调味品名词
7	GB/T 19480—2009	肉与肉制品常用术语
8	SB/T 10006—1992	冷冻饮品术语
9	SB/T 10252—1995	糖果术语
10	GB/T 10221—1998	感官分析术语
11	GB/T 14666—2003	分析化学术语
12	GB/T 8322—2008	分子吸收光谱法术语
13	GB/T 4470—1998	火焰发射、原子吸收和原子荧光光谱分析法术语
14	GB/T 9008—2007	液相色谱法术语 柱色谱法和平面色谱法
15	GB/T 8872—2011	粮油名词术语 制粉工业
16	GB/T 26631—2011	粮油名词术语 理化特性和质量
17	GB/T 10647—2008	饲料工业术语
18	GB/T 12728—2006	食用菌术语
19	GB/T 18354—2006	物流术语
20	GB/T 21171—2007	香料香精术语
21	GB/Z 21922—2008	食品营养成分基本术语
22	GB/T 22515—2008	粮油名词术语 粮食、油料及其加工产品
23	GB/T 8874—2008	粮油通用技术、设备名词术语
24	GB/T 8873—2008	粮油名词术语　油脂工业
25	GB/T 8875—2008	粮油术语　碾米工业
26	GB/T 4946—2008	气相色谱法术语
27	GB/T 23508—2009	食品包装容器及材料术语

名词术语类主要规定专用名词术语及定义，如GB/T 22515—2008《粮油名词术语》规定了粮食、油料、油脂产品、副产品及下脚料等的名词术语和定义，该标准适用于粮食及有关行业教学、科研、生产、加工、经营及管理等领域。

2. 图形符号、代号标准

食品的图形符号、代号标准如GB/T 16900—2008《图形符号表示规则 总则》、GB/T 12529.5—2010《粮油工业用图形符号、代号 第5部分：仓储工业》、GB/T 12529.4—2008《粮油工业用图形符号、代号 第4部分：油脂工业》、GB/T 13385—2008《包装图样要求》、GB/T 12529.1—2008《粮油工业图形符号、代号通用部分》、GB/T 12529.2—2008《粮油工业用图形符号、代号碾米工业》、GB/T 12529.3—2008《粮油工业用图形符号、代号制粉工业》等。

二、食品分类标准

食品分类标准是对食品大类产品进行分类规范的标准。国家食品分类标准主要包括GB/T 7635.1—2002《全国主要产品分类与代码第1部分：可运输产品》、《中国食品工业标准汇编 食品分类卷》及加工食品分类标准。

GB/T 7635.1—2002《全国主要产品分类与代码第1部分：可运输产品》、《中国食品工业标准汇编 食品分类卷》，如，GB/T 8887—1988《淀粉分类》、GB/T 10784—2006《罐头食品分类》、GB 10789—2007《饮料通则》、SB/T 10007—2008《冷冻饮品分类》、GB/T 20977—2007《糕点通则》（含第1号修改单）、SB/T 10173—1993《酱油分类》、SB/T 10174—1993《食醋分类》、SC 3001—1989《水产及水产加工品分类与名称》、GB/T 14156—2009《食品用香料分类与编码》、GB/T 17204—2008《饮料酒分类》、SB/T 10171—1993《腐乳分类》、SB/T 10172—1993《酱的分类》、SB/T 10297—1999《酱腌菜分类》、SB/T 10346—2008《糖果分类》、GB/T21725—2008《天然香辛料分类》、GB/T 20903—2007《调味品分类》等，有些还在制定中。

《食品安全法》中第二十九条规定：国家对食品生产经营实行许可制度。从事食品生产、食品流通、餐饮服务，应当依法取得食品生产许可、食品流通许可、餐饮服务许可。我国的食品质量安全市场准入制度食品分类如表3-2所示。

三、食品标签标准

食品标签国家强制性标准是食品行业重要的基础标准，为了进一步规范食品标签，给消费者最大程度的知情权，国家标准化管理委员会批准发布了GB7718—2011《预包装食品标签通则》和GB13432—2004《预包装特殊膳食用食品标签通则》两项国家强制性标准，并于2012年4月20日、2005年10月1日实施。GB7718—2011《预包装食品标签通则》是对《食品标签通用标准》的第三次修订；GB13432—2004《预包装特殊膳食食品标签通则》是《特殊营养食品标签》实施后的首次修订。我国部分标签标准见表3-3。

与以前标准的不同表现在八个方面：一、修改了预包装食品和生产日期的定义，增加了规格的定义，取消了保存期的定义；二、修改了食品添加剂的标示方式；三、增加了规格的标示方式；四、修改了生产者、经销者的名称、地址和联系方式的标示方式；五、修改了强制标示内容的文字、符号、数字的高度不小于 1.8mm 时的包装物或包装容器的最大表面面积；六、增加了食品中可能含有致敏物质时的推荐标示要求；七、修改了附录 A 中最大表面面积的计算方法；八、增加了附录 B 和附录 C。

表 3-2　食品质量安全市场准入制度食品分类表

序号	食品类别名称	已有细则的食品	序号	食品类别名称	已有细则的食品
1	粮食加工品	小麦粉	13	茶叶及相关制品	茶叶
		大米	14	酒类	白酒
		挂面			葡萄酒及果酒
2	食用油、油脂及其制品	食用植物油			啤酒
3	调味品	酱油			黄酒
		食醋	15	蔬菜制品	酱腌菜
		味精	16	水果制品	蜜饯
		鸡精调味料	17	炒货食品及坚果制品	炒货食品
		酱类	18	蛋制品	蛋制品
4	肉制品	肉制品	19	可可及焙烤咖啡产品	可可制品
5	乳制品	乳制品			焙炒咖啡
		婴幼儿配方乳粉	20	食糖	糖
6	饮料方便食品	饮料方便面	21	水产制品	水产加工品
7	饼干	饼干	22	淀粉及淀粉制品	淀粉及淀粉制品
8	罐头	罐头	23	糕点	糕点食品
9	冷冻饮品	冷冻饮品	24	豆制品	豆制品
10	速冻食品	速冻面米食品	25	蜂产品	蜂产品
11	薯类和膨化食品	膨化食品			
12	糖果制品（含巧克力及制品）	糖果制品	26	特殊膳食食品	
		果冻	27	其他食品	

表 3-3　我国部分标签标准

序号	标准号	标准名称
1	NY/T 1655—2008	蔬菜包装标识通用准则
2	GB/T 16830—2008	商品条码 储运包装商品编码与条码表示
3	GB/T 22258—2008	防伪标识通用技术条件
4	GB/T 16830—2008	商品条码 储运包装商品编码与条码表示
5	GB/T 16288—2008	塑料制品的标志
6	农业部 869 号公告 - 1 - 2007	农业转基因生物标签的标识
7	GB/T 10782—2006	蜜饯通则
8	GB 7718—2011	食品安全国家标准 预包装食品标签通则
9	DB51/T 661—2007	动物产品检疫标识规范
10	GB 190—2009	危险货物包装标志
11	SNT 0400. 9—2005	进出口罐头食品检验规程 第 9 部分：标签
12	DB440300T 24—2003	预包装水果包装和标签要求
13	GB 13432—2004	预包装特殊膳食用食品标签通则
14	GB 10648—1999	饲料标签
15	GB 10344—2005	预包装饮料酒标签通则
16	GB 20464—2006	农作物种子标签通则
17	GB 28050—2011	食品安全国家标准　预包装食品营养标签通则

四、食品检验规则、食品标示、物流标准

1. 食品检验规则和食品标示

（1）食品检验规则　食品检验规则的主要内容应包括：检验分类、组批规则、抽样方法、判定原则和复检规则。抽样的主要内容应包括：根据食品特点，应规定抽样条件、抽样方法、抽取样品的数量，易变质的产品应规定储存样品的容器及保管条件。标准中具体选择哪一种较为适合的抽样方案，应根据食品特点，参考 GB/T 13393—2008《验收抽样检验导则》编制。

①检验分类　与其他产品的检验分类相似，检验分类一般分为型式检验和出厂检验。型式检验是对产品进行全面考核，即对本标准规定的全部要求进行检验。一般情况下企业一个季度进行一次型式检验。食品出厂检验项目包括：包装、标志、净容量、感官要求和理化要求，一般根据该类产品的发证检验细则执行。

②组批规则　组批规则首先规定检验批次，如 NY 5184—2002《无公害食品——脱水蔬菜》这样规定：同产地、同批生产的脱水蔬菜作为一个检验批次。检验单与货物不符，应由生产单位整理后再行抽样。

③抽样方法　一般根据食品特点，参考GB/T 13393—2008《验收抽样检验导则》编制具体的适合的抽样方案，规定抽样条件、抽样方法、抽取样品的数量，易变质的产品应规定储存样品的容器及保管条件。

④判定原则和复检规则　判定原则和复检规则一般明确规定这批产品在什么情况下判定为合格，在什么情况下判定为不合格。如GB/T 23596—2009《海苔》中的判定规则为：a. 检验结果全部项目符合本标准规定时，该批产品为合格品。b. 检验结果中若有一项或一项以上不符合本标准规定时，可以在原批次产品中抽取双倍样品复检一次，复检结果全部符合本标准规定时，判定该批产品为合格品。若复检结果中仍有一项指标不合格，则判定该批产品为不合格品。当然不同食品有不同的判定规则。

（2）食品标志　表明产品基本情况的一组文字符号或图案，称为产品的标志。食品标志是产品的“标识”，它包括标签、图形、文字和符号。产品标志应符合《中华人民共和国产品质量法》、《中华人民共和国消费品权益保护法》、《食品标识管理规定》等法律法规和强制性标准的规定，一般可直接引用GB 7718—2011《预包装食品标签通则》、GB 13432—2004《预包装特殊膳食用食品标签通则》、GB 10344—2005《预包装饮料酒标签通则》等。

食品标识的主要内容为：食品或者其包装上应当附加标识，但是按法律、行政法规规定可以不附加标识的食品除外；应当标注食品名称；应当标注食品的产地；应当标注生产者的名称和地址；应当清晰地标注食品的生产日期和保质期；定量包装食品标识应当标注净含量，对含有固、液两相物质的食品，除标示净含量外，还应当标示沥干物(固形物)的含量；应当标注食品的配料清单；应当标注企业所执行的国家标准、行业标准、地方标准号或者经备案的企业标准号；食品执行的标准明确要求标注食品的质量等级、加工工艺的，应当相应地予以标明；实施生产许可证管理的食品，食品标识应当标注食品生产许可证编号及QS标志；混装非食用产品易造成误食，使用不当，容易造成人身伤害的，应当在其标识上标注警示标志或者中文警示说明；食品在其名称或者说明中标注“营养”、“强化”字样的，应当按照国家标准有关规定，标注该食品的营养素和热量，并符合国家标准规定的定量标示。

2. 物流标准

食品物流就是食品流通，但随着经济的发展，它所指的范围非常广泛，包括食品运输、储存、配送、装卸、保管、物流信息管理等一系列活动。食品物流相对于其他行业物流而言，具有其突出的特点：一是为了保证食品的营养成分和食品安全性，食品物流要求高度清洁卫生，同时对物流设备和工作人员有较高要求；二是由于食品具有特定的保鲜期和保质期，食品物流对产品交货时间即前置期有严格标准；三是食品物流对外界环境有特殊要求，比如适宜的温度和湿度；四是生鲜食品和冷冻食品在食品消费中占有很大比重，所以食品物流必须有相应的冷链。

冷链是为保持新鲜食品及冷冻食品等的品质，使其在从生产到消费的过程中，始终处于低温状态的配有专门设备设施的物流网络。冷链物流泛指冷藏冷冻类物品在生产、贮藏、运输、销售到消费前的各个环节中始终处于规定的低温环境下，以保证物品质量和性能的一项系统工程。食品冷链由冷冻加工、冷冻贮藏、冷藏运输及配送、冷冻销售四个方面构成。由于食品冷链是以保证易腐食品品质为目的，以保持低温环境为核心要求的供应链系统，所以它比一般常温物流系统的要求更高，也更加复杂。

目前，我国食品标准中单独的食品物流标准也在逐渐增加，如 GB/T 21735—2008《肉与肉制品物流规范》、DB33/T 732—2009《杨梅鲜果物流操作规程》、DB31/T388—2007《食品冷链物流技术与规范》、SN/T2123—2008《出入境动物检疫实验样品采集、运输和保存规范》、NY/T1395—2007《香蕉包装、贮存与运输技术规程》、SN/T1883. 2—2007《进出口肉类储运卫生规范第 2 部分：肉类运输》、SN/T1884. 2—2007《进出口水果储运卫生规范　第 2 部分：水果运输》、GB/T 20799—2006《鲜、冻肉运输条件》GB/T 20372—2006《花椰菜冷藏和冷藏运输指南》等。

五、食品加工操作技术规程标准

在食品从“农田到餐桌”的全过程建立从源头治理到最终消费的监控体系是食品安全的重要保障。在种植产品生产中应用《良好农业规范》（GAP）、养殖产品生产中应用《良好兽医规范》（GVP）、食品加工生产中应用《良好生产规范》（GMP）、《良好卫生规范》（GHP）和《危害分析与关键点控制》（HACCP）等先进的食品安全控制技术，对提高食品企业素质和产品安全质量十分有效。表 3 – 4 列出了现行国家标准和部分行业标准。

表 3 – 4　食品安全生产控制标准

序号	标准编号	标准名称
1	GB/T 20014. 1—2005	良好农业规范　第 1 部分：术语
2	GB/T 20014. 2—2008	良好农业规范　第 2 部分：农场基础控制点与符合性规范
3	GB/T 20014. 3—2008	良好农业规范　第 3 部分：作物基础控制点与符合性规范
4	GB/T 20014. 4—2008	良好农业规范　第 4 部分：大田作物控制点与符合性规范
5	GB/T 20014. 7—2008	良好农业规范　第 7 部分：牛羊控制点与符合性规范
6	GB/T 20014. 8—2008	良好农业规范　第 8 部分：奶牛控制点与符合性规范
7	GB/T 20014. 9—2008	良好农业规范　第 9 部分：生猪控制点与符合性规范
8	GB/T 20014. 10—2008	良好农业规范　第 10 部分：家禽控制点与符合性规范
9	GB/T 20014. 11—2005	良好农业规范　第 11 部分：畜禽公路运输控制点与符合性规范
10	GB 8950—1988	罐头厂卫生规范
11	GB 8951—1988	白酒厂卫生规范
12	GB 8952—1988	啤酒厂卫生规范
13	GB 8953—1988	酱油厂卫生规范

续表

序号	标准编号	标准名称
14	GB 8954—1988	食醋厂卫生规范
15	GB 8955—1988	食用植物油厂卫生规范
16	GB 8956—2003	蜜饯企业良好生产规范
17	GB 8957—1988	糕点厂卫生规范
18	GB 12693—2010	乳制品企业良好生产规范
19	GB 12694—1990	肉类加工厂卫生规范
20	GB 12695—2003	饮料企业良好生产规范
21	GB 12696—1990	葡萄酒厂卫生规范
22	GB 12697—1990	果酒厂卫生规范
23	GB 12698—1990	黄酒厂卫生规范
24	GB 13122—1991	面粉厂卫生规范
25	GB 14881—1994	食品企业通用卫生规范
26	GB 16330—1996	饮用天然矿泉水厂卫生规范
27	GB 17403—1998	巧克力厂卫生规范
28	GB 17404—1998	膨化食品良好生产规范
29	GB 17405—1998	保健食品良好生产规范
30	GB 19303—2003	熟肉制品企业生产卫生规范
31	GB 19304—2003	定型包装饮用水企业生产卫生规范
32	GB/T 19479—2004	生猪屠宰良好操作规范
33	GB/T 19537—2004	蔬菜加工企业 HACCP 体系审核指南
34	GB/T 19538—2004	危害分析与关键控制点(HACCP)体系及其应用指南
35	GB/T 19838—2005	水产品危害分析与关键控制点(HACCP)体系及其应用指南
36	SN/T 1346—2004	出口肉类屠宰加工企业注册卫生规范
37	SB/T 10395—2005	畜禽产品流通卫生操作技术规范

第三节　食品产品标准

一、概述

产品标准是对产品结构、规格、质量、检验方法所做的技术规定。产品标准是判断产品合格与否的主要依据之一。在食品生产加工领域的食品标准中，食品产品标准是核心标准。食品工业标准化体系表中包括 19 个专业，其中谷物食品、肉禽制品、水产食品、罐头食品、食糖、焙烤食品、糖果、调味品、乳及乳制品、果蔬制品、淀粉及淀粉制品、食品添加剂、蛋制品、发酵制品、饮料酒、软饮料及冷冻食品、茶叶等专业的主要产品都有国家标准或行业标准。

在我国食品加工产品及农副产品标准中，关系到国计民生的产品如：稻谷、小麦、大豆、玉米、小麦粉、食用动植物油类、食用盐、糖类、婴幼儿食品类、食用酒精、天然矿泉水、瓶装饮用纯净水、白兰地、运动饮料、保健(功能)食品通用标准等为强制性国家标准。

食品产品标准又可以分为普通食品标准和特殊食品标准。其中，特殊食品标准又可以包括不同层次的标准，如无公害食品标准、绿色食品标准、有机食品标准、森林食品标准等。按照食品的种类，食品产品标准可以分为食品加工标准、糖制品标准、饮料制品标准、发酵与酿造制品标准、罐头制品标准、盐制品标准、烟制品标准和特种食品标准。食品产品标准还可以分为食品产品生产方法标准、食品产品质量指标标准和食品产品质量指标检测方法标准等。

二、婴幼儿食品标准

中国卫生部发布的《食品安全国家标准“十二五”规划》提出，依据风险评估，2015 年年底前将婴幼儿食品、乳品、保健食品、肉类、酒类、植物油、调味品等主要大类食品及食品添加剂产品标准作为食品产品安全标准制定的优先领域。关于婴幼儿食品的标准见表 3－5。

表 3－5　婴幼儿食品相关标准

综合标准	GB/T 10942—2001	散装乳冷藏罐
	GB 12073—1989	乳品设备安全卫生
	GB 12693—2010	食品安全国家标准 乳制品良好生产规范
	GB/T 13879—1992	贮奶罐
	GB 15196—2003	人造奶油卫生标准
	GB/T 18407. 5—2003	农产品安全质量 无公害乳与乳制品产地环境要求
	GB/T 22570—2008	辅食营养补充品通用标准
	GB 23790—2010	食品安全国家标准 粉状婴幼儿配方食品良好生产规范
	GB/T 27341—2009	危害分析与关键控制点(HACCP)体系 食品生产企业通用要求
	GB/T 27342—2009	危害分析与关键控制点(HACCP)体系 乳制品生产企业要求
	NY/T 5050—2001	无公害食品 牛奶加工技术规范

续表

产品标准	GB 5420—2010	食品安全国家标准 干酪
	GB 10765—2010	食品安全国家标准 婴儿配方食品
	GB 10767—2010	食品安全国家标准 较大婴儿和幼儿配方食品
	GB 10769—2010	食品安全国家标准 婴幼儿谷类辅助食品
	GB 10770—2010	食品安全国家标准 婴幼儿罐装辅助食品
	GB 11674—2010	食品安全国家标准 乳清粉和乳清蛋白粉
	GB 13102—2010	食品安全国家标准 炼乳
	GB 19301—2010	食品安全国家标准 生乳
	GB 19302—2010	食品安全国家标准 发酵乳
	GB 19644—2010	食品安全国家标准 乳粉
	GB 19645—2010	食品安全国家标准 巴氏杀菌乳
	GB 19646—2010	食品安全国家标准 稀奶油、奶油和无水奶油
	GB 25190—2010	食品安全国家标准 灭菌乳
	GB 25191—2010	食品安全国家标准 调制乳
	GB 25192—2010	食品安全国家标准 再制干酪
	NY 476—2002	调味奶
	NY 477—2002	AD 钙奶
	NY 478—2002	软质干酪
	NY 479—2002	人造奶油
	NY/T 657—2002	绿色食品 乳制品
	NY 5142—2002	无公害食品酸牛奶
	QB/T 3778—1999	粗制乳糖(原 GB 5422—1985)
	QB/T 3780—1999	工业干酪素(原 GB 5424—1985)
	QB/T 3782—1999	脱盐乳清粉(原 GB 11388—1989)

三、无公害食品标准

无公害食品，指的是无污染、无毒害、安全优质的食品，生产过程中允许限量使用规定的农药、化肥和合成激素。无公害食品是指产地环境、生产过程、产品质量符合国家有关标准和规范的要求，经认证合格获得认证证书并允许使用无公害农产品标志的优质农产品或初加工的食用农产品。

无公害食品标准以全程质量控制为核心，主要包括产地环境质量标准、生产技术标准和产品标准三个方面。按照国家法律法规规定和食品对人体健康、环境影响的程度，无公害食品的产品标准和产地环境标准为强制性标准，生产技术规范为推荐性标准。建立和完善无公害食品标准体系，是开展无公害食品开发、管理工作的前提条件。

无公害食品产地环境质量标准对产地的空气、农田灌溉水质、渔业水质、畜禽养殖用水和土壤等的各项指标以及浓度限值作出规定，一是强调无公害食品必须产自良好的生态环境地域，以保证无公害食品最终产品的无污染、安全性，二是促进对无公害食品产地环境的保护和改善。

无公害食品生产技术操作规程按作物种类、畜禽种类等和不同农业区域的生产特性分别制订，用于指导无公害食品生产活动，规范无公害食品生产，包括农产品种植、畜禽饲养、水产养殖和食品加工等技术操作规程。从事无公害农产品生产的单位或者个人，应当严格按规定使用农业投入品。禁止使用国家禁用、淘汰的农业投入品。

无公害食品产品标准是衡量无公害食品终产品质量的指标尺度。它虽然跟普通食品的国家标准一样，规定了食品的外观品质和卫生品质等内容，但其卫生指标不高于国家标准，重点突出了安全指标，安全指标的制订与当前生产实际紧密结合。无公害食品产品标准反映了无公害食品生产、管理和控制的水平，突出了无公害食品无污染、食用安全的特性。

四、绿色食品标准

绿色食品是指按特定生产方式生产，并经国家有关的专门机构认定，准许使用绿色食品标志的无污染、无公害、安全、优质、营养型的食品。

绿色食品标准是应用科学技术原理，结合绿色食品生产实践，借鉴国内外相关标准所制定的在绿色食品生产中必须遵守、在绿色食品认证时必须依据的技术性文件。绿色食品标准不是单一的产品标准，而是由一系列标准构成的、非常完善的标准体系。我国发布的绿色食品标准约为46个。绿色食品标准以“从土地到餐桌”全程质量控制为核心，包括产地环境质量、生产技术标准、最终产品标准、包装与标签标准、贮藏运输标准以及其他相关标准六个部分。

1. 绿色食品产地环境质量标准

制定这项标准的目的，一是强调绿色食品必须产自良好的生态环境地域，以保证绿色食品最终产品的无污染、安全性；二是促进对绿色食品产地环境的保护和改善。绿色食品产地环境质量标准规定了产地的空气质量标准、农田灌溉水质标准、渔业水质标准、畜禽养殖用水标准和土壤环境质量标准的各项指标以及浓度限值、监测和评价方法。提出了绿色食品产地土壤肥力分级和土壤质量综合评价方法。对于一个给定的污染物在全国范围内其标准是统一的，必要时可增设项目，适用于绿色食品(AA级和A级)生产的农田、菜地、果园、牧场、养殖场和加工厂。

2. 绿色食品生产技术标准

绿色食品生产过程的控制是绿色食品质量控制的关键环节。绿色食品生产技术标准是绿色食品标准体系的核心，它包括绿色食品生产资料使用准则和绿色食品生产技术操作规程两部分。绿色食品生产资料使用准则是对生产绿色食品过程中物质投入的一个原则性规定，它包括生产绿色食品的农药、肥料、食品添加剂、饲料添加剂、兽药和水产养殖药的使用准则，对允许、限制和禁止使用的生产资料及其使用方法、使用剂量、使用次数和休药期等作出了明确规定。绿色食品生产技术操作规程是以上述准则为依据，按作为种类、畜牧种类和不同农业区域的生产特性分别制定的，用于指导绿色食品生产活动，规范绿色食品生产技术的技术规定，包括农产品种植、畜禽饲养、水产养殖和食品加工等技术操作规程。

3. 绿色食品产品标准

该标准是衡量绿色食品最终产品质量的指标尺度。它虽然跟普通食品的国家标准一样，规定了食品的外观品质、营养品质和卫生品质等内容，但其卫生品质要求高于国家现行标准，主要表现在对农药残留和重金属的检测项目种类多、指标严。而且，使用的主要原料必须是来自绿色食品产地的、按绿色食品生产技术操作规程生产出来的产品。绿色食品产品标准反映了绿色食品生产、管理和质量控制的先进水平，突出了绿色食品产品无污染、安全的卫生品质。

4. 绿色食品包装标签标准

该标准规定了进行绿色食品产品包装时应遵循的原则，包装材料选用的范围、种类，包装上的标识内容等。要求产品包装从原料、产品制造、使用、回收和废弃的整个过程都应有利于食品安全和环境保护，包括包装材料的安全、牢固性，节省资源、能源，减少或避免废弃物产生，易回收循环利用，可降解等具体要求和内容。绿色食品产品标签，除要求符合国家《食品标签通用标准》外，还要求符合《中国绿色食品商标标志设计使用规范手册》规定，该《手册》对绿色食品的标准图形、标准字形、图形和字体的规范组合、标准色、广告用语以及在产品包装标签上的规范应用均作了具体规定。

5. 绿色食品贮藏、运输标准

该项标准对绿色食品贮运的条件、方法、时间作出规定。以保证绿色食品在贮运过程中不遭受污染、不改变品质，并有利于环保、节能。

6. 绿色食品其他相关标准

包括“绿色食品生产资料”认定标准、“绿色食品生产基地”认定标准等，这些标准都是促进绿色食品质量控制管理的辅助标准。

以上六项标准对绿色食品产前、产中和产后全过程质量控制技术和指标作了全面的规定，构成了一个科学、完整的标准体系。绿色食品相关标准见表3－6。

表 3－6　绿色食品相关标准

序号	产品名称	标准号
1	绿色食品　蟹	NY/T841—2004
2	绿色食品　大米	NY/T419—2006
3	绿色食品　蛋与蛋制品	NY/T 754—2003
4	绿色食品　豆类	NY/T285—2003
5	绿色食品　禽肉	NY/753—2003
6	绿色食品　啤酒	NY/T273—2002
7	绿色食品　蜂产品	NY/T 752—2003
8	绿色食品　热带、亚热带水果	NY/T750—2003
9	绿色食品　豆类蔬菜	NY/T748—2003
10	绿色食品　瓜类蔬菜	NY/T747—2003
11	绿色食品　甘蓝类蔬菜	NY/T746—2003
12	绿色食品　根菜类蔬菜	NY/T745—2003
13	绿色食品　葱蒜类蔬菜	NY/T744—2003
14	绿色食品　绿叶类蔬菜	NY/T743—2003
15	绿色食品　乳制品	NY/T657—2002
16	绿色食品　茄果类蔬菜	NY/T655—2002
17	绿色食品　白菜类蔬菜	NY/T654—2002
18	绿色食品　茶叶	NY/T288—2002
19	绿色食品　食用菌	NT/T 794—2003
20	绿色食品　贮藏运输准则	NY/T 1056—2006
21	绿色食品　黑打瓜籽	NY/T 429—2000
22	绿色食品　酱腌菜	NY/T 437—2000
23	绿色食品　果脯	NY/T 436—2000
24	绿色食品　水果、蔬菜脆片	NY/T 435—2000
25	绿色食品　果汁饮料	NY/T 434—2000
26	绿色食品　植物蛋白饮料	NY/T 433—2000
27	绿色食品　白酒	NY/T432—2000
28	绿色食品　番茄酱	NY/T 431—2000
29	绿色食品　食用红花籽油	NY/T 430—2000
30	绿色食品　哈密瓜	NY/T427—2000

续表

序号	产品名称	标准号
31	绿色食品　柑橘	NY/T 426—2000
32	绿色食品　小麦粉	NY/T 421—2000
33	绿色食品　花生(果、仁)	NY/T 420—2000
34	绿色食品　玉米	NY/T 418—2000
35	绿色食品　包装通用准则	NY/T658—2002
36	绿色食品　产品检验规则	NY/T 1055—2006
37	绿色食品　味精	NY/T 1053—2006
38	绿色食品　产地环境技术条件	NY/T 391—2000
39	绿色食品　产品抽样准则	NY/T896—2004
40	绿色食品　鱼药使用准则	NY/T 755—2003
41	绿色食品　兽药使用准则	NY/T 472—2006
42	绿色食品　肥料使用准则	NY/T 394—2000
43	绿色食品　农药使用准则	NY/T 393—2000
44	绿色食品　动物卫生准则	NY/T 473—2001
45	绿色食品　饲料及饲料添加剂使用准则	NY/T 471—2001
46	绿色食品　食品添加剂使用准则	NY/T 392—2000

五、有机食品标准

有机食品指来自有机农业生产体系，根据有机农业生产的规范生产加工，并经独立的认证机构认证的农产品及其加工产品等。

2005 年 1 月 19 日发布了 GB/T 19630—2005《有机产品》，2005 年 4 月 1 日开始实施。2011 年 12 月 5 日颁布了新有机法规，标准号为 GB/T 19630—2011，实施日期为 2012 年 3 月 1 日，替代 GB/T 19630—2005。随之发布了《有机产品认证实施细则》，编号为 CNCA—N—009：2011。GB/T 19630—2011 分为四部分：第 1 部分生产、第 2 部分加工、第 3 部分标识与销售、第 4 部分管理体系。

六、保健食品标准

保健食品是食品的一个种类，具有一般食品的共性，能调节人体的机能，适于特定人群食用，但不能治疗疾病。保健(功能)食品在欧美各国被称为“健康食品”，在日本被称为“功能食品”。我国保健(功能)食品的兴起是在 20 世纪 80 年代末 90 年代初，经过一、二代的发展，也将迈入第三代，即保健食品不仅需要人体及动物实验证明该产品具有某项生理调节功能，更需查明具有该项保健功能因子的结构、含量、作用机理以及在食品中应有的稳定形态。《保健食品注册管理办法(试行)》于2005年7月1日正式实施，办法对保健食品进行了严格定义：保健食品是指声称具有特定保健功能或者以补充维生素、矿物质为目的的食品，即适宜于特定人群食用，具有调节机体功能，不以治疗疾病为目的，并且对人体不产生任何急性、亚急性或者慢性危害的食品。

为了规范我国保健(功能)食品市场，国家质量技术监督局于1997年发布了GB16740—1997《保健(功能)食品通用标准》，同年5月1日起实施。标准规定了保健(功能)食品定义、产品分类、基本原则、技术要求、试验方法和标签要求。

第四节　食品检验方法标准

食品检验标准是指对食品的质量要素进行测定、试验、计量所做的统一规定，包括感官、物理、化学、微生物学、生物化学分析等。随着GB/T 5009、GB/T 4789的发布与实施及修订，对食品理化检验和食品微生物检验工作起到了极大的指导和推动作用。

一、食品理化检验方法标准

食品理化检验是食品检验工作的一个重要组成部分，为食品监督和行政执法提供公正、准确的检测数据。食品理化检验包括食品中水分、蛋白质、脂肪、灰分、还原糖、蔗糖、淀粉、食品添加剂、重金属及有毒有害物质等的测定方法。GB 5009系列标准是我国食品检验标准的重要组成部分，除此之外我国近年还陆续发布了GB 19648—2005《水果和蔬菜中446种农药多留测定方法　气相色谱—质谱和液相色谱—串联质谱法》、GB 19649《粮谷中405种农药多残留测定方法　气相色谱—质谱和液相色谱—串联质谱法》、GB 19650《动物组织中437种农药多残留测定方法　气相色谱—质谱和液相色谱—串联质谱法》、GB 18932. 24—2005 ~ GB 18932. 28—2005《蜂蜜中呋喃它酮、呋喃西林、呋喃妥因和呋喃唑酮代谢物残留量的测定方法　液相色谱—串联质谱法》、《蜂蜜中青霉素G、青霉素V、乙氧萘青霉素、邻氯青霉素、双氯青霉素、双氯青霉素残留量的测定方法　液相色谱—串联质谱法》、《蜂蜜中甲硝哒唑、洛硝哒唑、二甲硝咪唑残留量的测定方法　液相色谱法》、《蜂蜜中泰乐菌素残留量测定方法　酶联免疫法》、《蜂蜜中四环素族抗生素残留量测定方法　酶联免疫法》等测定方法标准。

二、食品卫生微生物学检验方法标准

食品卫生微生物学检验方法标准主要包括：总则、菌落总数测定、大肠菌群测定、各类致病菌的检验、常见产毒霉菌的鉴定、各类食品的检验、抗生素残留检验、双歧杆菌检验等。

目前我国已发布的食品微生物学检验标准见表3－7。

表3-7　食品安全微生物学检验标准目录

序号	标准号	标准名称
1	GB 4789. 5—2012	食品安全国家标准 食品 微生物学检验 志贺氏菌检验
2	GB 4789. 13—2012	食品安全国家标准 食品 微生物学检验产 气荚膜梭菌检验
3	GB 4789. 34—2012	食品安全国家标准 食品 微生物学检验 双歧杆菌的鉴定
4	GB 4789. 38—2012	食品安全国家标准 食品 微生物学检验 大肠埃希氏菌计数
5	GB 4789. 1—2010	食品安全国家标准 食品微生物学检验 总则
6	GB 4789. 2—2010	食品安全国家标准 食品微生物学检验 菌落总数测定
7	GB 4789. 3—2010	食品安全国家标准 食品微生物学检验 大肠菌群计数
8	GB 4789. 4—2010	食品安全国家标准 食品微生物学检验 沙门氏菌检验
9	GB 4789. 10—2010	食品安全国家标准 食品微生物学检验 金黄色葡萄球菌检验
10	GB 4789. 15—2010	食品安全国家标准 食品微生物学检验 霉菌和酵母计数
11	GB 4789. 18—2010	食品安全国家标准 食品微生物学检验 乳与乳制品检验
12	GB 4789. 30—2010	食品安全国家标准 食品微生物学检验 单核细胞增生李斯特氏菌检验
13	GB 4789. 35—2010	食品安全国家标准 食品微生物学检验 乳酸菌检验
14	GB 4789. 40—2010	食品安全国家标准 食品微生物学检验 阪崎肠杆菌检验
15	GB/T 4789. 7—2008	食品卫生微生物学检验 副溶血性弧菌检验
16	GB/T 4789. 8—2008	食品卫生微生物学检验 小肠结肠炎耶尔森氏菌检验
17	GB/T 4789. 9—2008	食品卫生微生物学检验 空肠弯曲菌检验
18	GB/T 4789. 27—2008	食品卫生微生物学检验 鲜乳中抗生素残留检验
19	GB/T 4789. 36—2008	食品卫生微生物学检验 大肠埃希氏菌 O157：H7/NM 检验
20	GB/T 4789. 6—2003	食品卫生微生物学检验 致泻大肠埃希氏菌检验
21	GB/T 4789. 11—2003	食品卫生微生物学检验 溶血性链球菌检验
22	GB/T 4789. 12—2003	食品卫生微生物学检验 肉毒梭菌及肉毒毒素检验
23	GB/T 4789. 14—2003	食品卫生微生物学检验 蜡样芽孢杆菌检验
24	GB/T 4789. 16—2003	食品卫生微生物学检验 常见产毒霉菌的鉴定
25	GB/T 4789. 17—2003	食品卫生微生物学检验 肉与肉制品检验
26	GB/T 4789. 19—2003	食品卫生微生物学检验 蛋与蛋制品检验
27	GB/T 4789. 20—2003	食品卫生微生物学检验 水产食品检验
28	GB/T 4789. 21—2003	食品卫生微生物学检验 冷冻饮品、饮料检验
29	GB/T 4789. 22—2003	食品卫生微生物学检验 调味品检验
30	GB/T 4789. 23—2003	食品卫生微生物学检验 冷食菜、豆制品检验

续表

序号	标准号	标准名称
31	GB/T 4789.24—2003	食品卫生微生物学检验 糖果、糕点、蜜饯检验
32	GB/T 4789.25—2003	食品卫生微生物学检验 酒类检验
33	GB/T 4789.26—2003	食品卫生微生物学检验 罐头食品商业无菌的检验
34	GB/T 4789.28—2003	食品卫生微生物学检验 染色法、培养基和试剂
35	GB/T 4789.29—2003	食品卫生微生物学检验 椰毒假单胞菌酵米面亚种检验
36	GB/T 4789.31—2003	食品卫生微生物学检验 沙门氏菌、志贺氏菌和致泻大肠埃希氏菌的肠杆菌科噬体检验方法
37	GB/T 4789.39—2008	食品卫生微生物学检验 粪大肠菌群计数
38	GB/T 4789.32—2002	食品卫生微生物学检验 大肠菌群的快速检测

第五节　食品流通标准

一、包装材料与容器标准

食品在加工、运输、贮藏、销售、消费者使用的过程中均需包装。食品包装容器通常是指与食品直接接触的包装容器，即内包装容器。食品包装的作用很多，首要目的是保藏食品，使食品免受外界物理、化学和微生物的影响，保持食品质量，延长食品的贮藏期。

食品安全风险除了来自于食品本身和食品链过程中外，来自于食品包装及材料的风险也不容忽视。在与食品接触的过程中，食品包装容器及材料中的有毒有害物质，如铅、铬、镉等重金属，以及甲醛、多氯联苯等化合物可能会迁移并渗透到食品中，造成食品污染。近年来出现的增塑剂、双酚 A 等事件，在一定程度上导致人们对食品包装容器和材料的恐慌。因此，确保食品包装材料和容器的安全也是食品安全不可或缺的环节。不断加强食品包装容器及材料的标准化，建立健全食品标准体系是确保食品包装容器及材料的重要手段。我国部分现行有效的食品包装材料相关标准见表 3－8。

表 3－8　我国部分现行有效的食品包装材料相关标准(国家标准)

序号	标准号	名称
1	GB 10457—2009	食品用塑料自粘保鲜膜
2	GB/T 10814—2009	建白日用细瓷器
3	GB 9690—2009	食品容器，包装材料用三聚氰胺－甲醛成型品卫生标准
4	GB 18006.1—2009	塑料一次性餐饮具通用技术要求

续表

序号	标准号	名称
5	GB/T 23778—2009	酒类及其他食品包装用软木塞
6	GB/T 3302—2009	日用陶瓷器包装、标志、运输、贮存规则
7	GB/T 3532—2009	日用瓷器
8	GB 5369—2008	船用饮水舱涂料通用技术条件
9	GB 9685—2008	食品容器、包装材料用添加剂使用卫生标准
10	GB 21660—2008	塑料购物袋的环保、安全和标识通用技术要求
11	GB 21661—2008	塑料购物袋
12	GB 8058—2008	陶瓷烹调器铅镉溶出量允许极限和检测方法
13	GB 10816—2008	紫砂陶器
14	GB 18192—2008	液体食品无菌包装用纸基复合材料
15	GB 18706—2008	液体食品保鲜包装用纸基复合材料
16	GB/T 21998—2008	地理标志产品 德化白瓷
17	GB/T 10003—2008	普通用途双向拉伸聚丙烯薄膜
18	GB/T 10004—2008	包装用塑料复合膜、袋干法复合、挤出复合
19	GB/T 10440—2008	圆柱形复合罐
20	GB/T 14354—2008	玻璃纤维增强不饱和聚酯树脂食品容器
21	GB/T 16958—2008	包装用双向拉伸聚酯薄膜
22	GB/T 17030—2008	食品包装用聚偏二氯乙烯(PVDC)片状肠衣膜
23	GB/T 17374—2008	食用植物油销售包装
24	GB/T 17590—2008	铝易开盖三片罐
25	GB/T 12670—2008	聚丙烯(PP)树脂
26	GB/T 12671—2008	聚苯乙烯(PS)树脂
27	GB/T 13252—2008	包装容器 钢提桶
28	GB/T 13522—2008	骨质瓷器
29	GB/T 4768—2008	防霉包装
30	GB/T 4456—2008	包装用聚乙烯吹塑薄膜
31	GB/T 16719—2008	双向拉伸聚苯乙烯(BOPS)片材
32	GB/T 21302—2007	包装用复合膜袋通则
33	GB/T 20218—2006	双向拉伸聚酰胺(尼龙)薄膜
34	GB/T 10002.1—2006	给水用硬聚氯乙烯(PVC-U)管材

续表

序号	标准号	名称
35	GB/T 10002.2—2006	给水用硬聚氯乙烯(PVC－U)管件
36	GB 19741—2005	液体食品包装用塑料复合膜、袋
37	GB 19778—2005	包装玻璃容器 铅，镉，砷，锑溶出允许限量
38	GB 19790.1—2005	一次性筷子　第1部分：木筷
39	GB 19790.2—2005	一次性筷子　第2部分：竹筷
40	GB/T 19787—2005	聚烯烃热收缩薄膜
41	GB/T 13663.2—2005	给水用聚乙烯(PE)管道系统第2部分：管件
42	GB 15066—2004	不锈钢压力锅
43	GB/T 19473.1—2004	冷热水用聚丁烯(PB)管道系统 第1部分：总则
44	GB/T 19473.2—2004	冷热水用聚丁烯(PB)管道系统 第2部分：总则
45	GB/T 19473.3—2004	冷热水用聚丁烯(PB)管道系统 第3部分：总则
46	GB 12651—2003	与食品接触的陶瓷制品铅镉溶出量允许极限
47	GB 13623—2003	铝压力锅安全及性能要求
48	GB 17931—2003	瓶用聚对苯二甲酸乙二醇酯(PET)树脂
49	GB/T 18991—2003	冷热水系统用热塑性塑料管材和管件
50	GB 19305—2003	植物纤维类食品容器卫生标准
51	GB/T 10811—2002	釉下(中)彩日用瓷器
52	GB/T 10812—2002	玲珑日用瓷器
53	GB/T 10815—2002	日用精陶器
54	GB 9106—2001	包装容器 铝易开盖两片罐
55	GB 18454—2001	液体食品无菌包装用复合袋
56	GB/T 12026—2000	热封型双向拉伸聚丙烯薄膜
57	GB/T 13663—2000	给水用聚乙烯(PE)管材

二、预包装食品标签通则

食品标签是向消费者传递产品信息的载体。做好预包装食品标签管理，既是维护消费者权益，保障行业健康发展的有效手段，也是实现食品安全科学管理的需求。根据《食品安全法》及其实施条例规定，卫生部组织修订预包装食品标签标准。新的《预包装食品标签通则》（GB7718—2011）充分考虑了《预包装食品标签通则》（GB7718—2004)实施情况，细化了《食品安全法》及其实施条例对食品标签的具体要求，增强了标准的科学性和可操作性。

《预包装食品标签通则》(GB7718—2011)属于食品安全国家标准，相关规定、规范性文件规定的相应内容与本标准不一致的，应当按照本标准执行。该标准规定了预包装食品标签的通用性要求，如果其他食品安全国家标准有特殊规定的，应同时执行预包装食品标签的通用性要求和特殊规定。

以下是对该标准中一些定义的理解。

1. 关于预包装食品的定义

根据《食品安全法》和《定量包装商品计量监督管理办法》，参照以往食品标签管理经验，该标准将“预包装食品”定义为：预先定量包装或者制作在包装材料和容器中的食品，包括预先定量包装以及预先定量制作在包装材料和容器中并且在一定量限范围内具有统一的质量或体积标识的食品。预包装食品首先应当预先包装，此外包装上要有统一的质量或体积的标示。

2. “直接提供给消费者的预包装食品”和“非直接提供给消费者的预包装食品”标签标示的区别

直接提供给消费者的预包装食品，所有事项均在标签上标示。非直接向消费者提供的预包装食品标签上必须标示食品名称、规格、净含量、生产日期、保质期和贮存条件，其他内容如未在标签上标注，则应在说明书或合同中注明。

3. “直接提供给消费者的预包装食品”的情形

一是生产者直接或通过食品经营者(包括餐饮服务)提供给消费者的预包装食品；二是既提供给消费者，也提供给其他食品生产者的预包装食品。进口商经营的此类进口预包装食品也应按照上述规定执行。

4. “非直接提供给消费者的预包装食品”的情形

一是生产者提供给其他食品生产者的预包装食品；二是生产者提供给餐饮业作为原料、辅料使用的预包装食品。进口商经营的此类进口预包装食品也应按照上述规定执行。

5. 不属于该标准管理的标示标签情形

一是散装食品标签；二是在储藏运输过程中以提供保护和方便搬运为目的的食品储运包装标签；三是现制现售食品标签。但可以参照该标准执行。

6. 本标准对生产日期的定义

该标准规定的“生产日期”是指预包装食品形成最终销售单元的日期。原《预包装食品标签通则》(GB7718—2004)中“包装日期”、“灌装日期”等术语在本标准中统一为“生产日期”。

7. 标签中使用繁体字

该标准规定食品标签使用规范的汉字，但不包括商标。“规范的汉字”指《通用规范汉字表》中的汉字，不包括繁体字。食品标签可以在使用规范汉字的同时，使用相对应的繁体字。

8. 标签的中文、外文对应关系

预包装食品标签可同时使用外文，但所用外文字号不得大于相应的汉字字号。对于该标准以及其他法律、法规、食品安全标准要求的强制标识内容，中文、外文应有对应的关系。

9. 最大表面面积大于10cm^{2}但小于等于35cm^{2}时的标示要求

食品标签应当按照该标准要求标示所有强制性内容。根据标签面积具体情况，标签内容中的文字、符号、数字的高度可以小于1.8mm，应当清晰，易于辨认。

10. 销售单元包含若干可独立销售的预包装食品时，直接向消费者交付的外包装(或大包装)标签标示要求

该销售单元内的独立包装食品应分别标示强制标示内容。外包装(或大包装)的标签标示分为两种情况：一是外包装(或大包装)上同时按照本标准要求标示。如果该销售单元内的多件食品为不同品种时，应在外包装上标示每个品种食品的所有强制标示内容，可将共有信息统一标示。二是若外包装(或大包装)易于开启识别或透过外包装(或大包装)能清晰识别内包装物(或容器)的所有或部分强制标示内容，可不在外包装(或大包装)上重复标示相应的内容。

11. 销售单元包含若干标示了生产日期及保质期的独立包装食品时，外包装上的生产日期和保质期标示

可以选择以下三种方式之一标示：一是生产日期标示最早生产的单件食品的生产日期，保质期按最早到期的单件食品的保质期标示；二是生产日期标示外包装形成销售单元的日期，保质期按最早到期的单件食品的保质期标示；三是在外包装上分别标示各单件食品的生产日期和保质期。

12. 确定食品配料表中配料标示顺序时，配料的加入量以何种单位计算

按照食品配料加入的质量或重量计，按递减顺序一一排列。加入的质量百分数(m/m)不超过2%的配料可以不按递减顺序排列。

13. 复合配料在配料表中的标示

复合配料在配料表中的标示分以下两种情况：（1）如果直接加入食品中的复合配料已有国家标准、行业标准或地方标准，并且其加入量小于食品总量的25%，则不需要标示复合配料的原始配料。加入量小于食品总量25%的复合配料中含有的食品添加剂，若符合《食品添加剂使用标准》（GB2760)规定的带入原则且在最终产品中不起工艺作用的，不需要标示，但复合配料中在终产品起工艺作用的食品添加剂应当标示。推荐的标示方式为：在复合配料名称后加括号，并在括号内标示该食品添加剂的通用名称，如“酱油(含焦糖色)”。（2）如果直接加入食品中的复合配料没有国家标准、行业标准或地方标准，或者该复合配料已有国家标准、行业标准或地方标准且加入量大于食品总量的25%，则应在配料表中标示复合配料的名称，并在其后加括号，按加入量

的递减顺序一一标示复合配料的原始配料，其中加入量不超过食品总量2%的配料可以不按递减顺序排列。

14. 食品添加剂通用名称的标示方式

标示其在《食品添加剂使用标准》(GB2760)中的通用名称。在同一预包装食品的标签上，所使用的食品添加剂可以选择以下三种形式之一标示：一是全部标示食品添加剂的具体名称；二是全部标示食品添加剂的功能类别名称以及国际编码(INS号)，如果某种食品添加剂尚不存在相应的国际编码，或因致敏物质标示需要，可以标示其具体名称；三是全部标示食品添加剂的功能类别名称，同时标示具体名称。举例：食品添加剂“丙二醇”可以选择标示为：1. 丙二醇；2. 增稠剂(1520)；3. 增稠剂(丙二醇)。

15. 食用香精、食用香料的标示

使用食用香精、食用香料的食品，可以在配料表中标示该香精香料的通用名称，也可标示为“食用香精”，或者“食用香料”，或者“食用香精香料”。

16. 香辛料、香辛料类或复合香辛料作为食品配料的标示

(1) 如果某种香辛料或香辛料浸出物加入量超过2%，应标示其具体名称。

(2) 如果香辛料或香辛料浸出物(单一的或合计的)加入量不超过2%，可以在配料表中标示各自的具体名称，也可以在配料表中统一标示为“香辛料”、“香辛料类”或“复合香辛料”。

(3) 复合香辛料添加量超过2%时，按照复合配料标示方式进行标示。

17. 净含量标示

净含量标示由净含量、数字和法定计量单位组成。标示位置应与食品名称在包装物或容器的同一展示版面。所有字符高度(以字母L、kg等计)应符合本标准4.1.5.4的要求。“净含量”与其后的数字之间可以用空格或冒号等形式区隔。“法定计量单位”分为体积单位和质量单位。固态食品只能标示质量单位，液态、半固态、黏性食品可以选择标示体积单位或质量单位。

18. 规格的标示

单件预包装食品的规格等同于净含量，可以不另外标示规格，具体标示方式参见附录C的C.2.1；预包装内含有若干同种类预包装食品时，净含量和规格的具体标示方式参见附录C的C.2.3；预包装食品内含有若干不同种类预包装食品时，净含量和规格的具体标示方式参见附录C的C.2.4。

标示“规格”时，不强制要求标示“规格”两字。

19. 标准中的产地

“产地”指食品的实际生产地址，是特定情况下对生产者地址的补充。如果生产者的地址就是产品的实际产地，或者生产者与承担法律责任者在同一地市级地域，则不强制要求标示“产地”项。以下情况应同时标示“产地”项：一是由集团公司的分公司或生产基地生产的产品，仅标示承担法律责任的集团公司的名称、地址时，应同时用

“产地”项标示实际生产该产品的分公司或生产基地所在地域；二是委托其他企业生产的产品，仅标示委托企业的名称和地址时，应用“产地”项标示受委托企业所在地域。

20. 联系方式的标示

联系方式应当标示依法承担法律责任的生产者或经销者的有效联系方式。联系方式应至少标示以下内容中的一项：电话(热线电话、售后电话或销售电话等)、传真、电子邮件等网络联系方式、与地址一并标示的邮政地址(邮政编码或邮箱号等)。

21. 质量(品质)等级的标示

如果食品的国家标准、行业标准中已明确规定质量(品质)等级的，应按标准要求标示质量(品质)等级。产品分类、产品类别等不属于质量等级。

22. 产品标准代号的标示

应当标示产品所执行的标准代号和顺序号，可以不标示年代号。产品标准可以是食品安全国家标准、食品安全地方标准、食品安全企业标准或其他国家标准、行业标准、地方标准和企业标准。

三、预包装特殊膳食用食品标签通则

为满足某些特殊人群的生理需要，或某些疾病患者的营养需要，按特殊配方而专门加工的食品，称为特殊膳食用食品。这类食品的成分或成分含量，应与可类比的普通食品有显著不同。

以下是对预包装特殊膳食用食品标签通则(GB 13432—2004)中一些定义的理解：

1. 营养素

营养素是从食物中摄取的，维护机体生长发育、活动、正常代谢所需的物质，包括蛋白质、碳水化合物、脂肪、无机盐(矿物质)、维生素五大类。水和膳食纤维，以及食物中其他对机体有益的成分也属于营养素。

2. 推荐摄入量(recommended nutrient intake，RNI)

推荐摄入量(RNI)通过实验获得的、可以满足健康群体中绝大多数(97%～98%)的个体，每日维持机体正常生理功能和活动所需要从食物中摄取的某种营养素的量。

适宜摄入量(adequate intake，AI)通过观察和调查获得的，健康群体中的个体每日摄入某种营养素的量。适宜摄入量(AI)和推荐摄入量(RNI)都能满足群体中几乎所有个体的需要；而适宜摄入量(AI)的准确性远不如推荐摄入量(RNI)。

3. 能量、营养素含量水平的声称

符合预包装特殊膳食用食品可以声称能量、营养素含量的水平，如“低能量”、“低脂肪”、“低胆固醇”、“无糖”、“低钠”。

能量、营养素含量比较的声称符合预包装特殊膳食用食品，可以对能量或营养素含量作比较声称，如“减少了”、“增加了”、“少于”（低于）、“多于”（大于、高于）等等。被比较的食品应与比较的食品是同类或同一属类的食品，而且容易被消费者理解。

应按质量分数或绝对值标示被比较食品与比较的食品的能量值或营养素含量的差异。比较的食品与被比较食品的能量值或营养素含量的相对差异不少于25%。

4. 营养素作用的声称

符合预包装特殊膳食用食品，可以声称某种营养素对维持人体正常生长、发育的生理作用，例如："钙是构成骨骼和牙齿的主要成分，并维持骨骼密度"；"蛋白质有助于构成或修复人体组织"；"铁是血红细胞的形成因子"；"维生素E保护人体组织内的脂肪免受氧化"；"叶酸有助于胎儿正常发育"。不得声称或暗示有治愈、治疗或防止疾病的作用；也不得声称所示产品本身具有某种营养素的功能。

5. 特殊膳食用食品标签

推荐标示内容：在标示营养成分的同时，可以依据适宜人群，按质量分数标示每份或每100g(100mL)食品中的营养素占《中国居民膳食营养素参考摄入量》中推荐摄入量(RNI)的量，例如×%；如果《中国居民膳食营养素参考摄入量》未提供推荐摄入量(RNI)，可按质量分数标示每份或每100g(100mL)食品中的营养素占《中国居民膳食营养素参考摄入量》中适宜摄入量(AI)的量。

6. 食品中能量和营养素的标示方式

能量系数：是指每克该营养素能提供燃烧热的能量。

能量的标示方式：

(1) 应标示每100g(100mL)或每份(每餐)食品的能量值。

(2) 能量以千焦(kJ)或焦耳(J)标示。

示例：1966kJ/100g，或1966kJ/100mL。

注：食品的能量是指食物中能提供燃烧热的能量，即热能。

标签上只能用千焦(kJ)或焦耳(J)表示，不能用千卡或卡路里表示。

(3) 营养素的能量系数按以下数值计算：碳水化合物17kJ/g、蛋白质17kJ/g、脂肪37kJ/g、乙醇29kJ/g、有机酸13kJ/g。

(4) 蛋白质、脂肪、膳食纤维、碳水化合物(指可利用碳水化合物)应标示每100g(100mL)或每份(每餐)食品中蛋白质、脂肪、膳食纤维、碳水化合物(指可利用碳水化合物)的含量(g)。

如需标明碳水化合物的类型，应按以下方式：

每100g或100mL含碳水化合物××g，其中××糖(如葡萄糖、蔗糖)××g。

(5) 维生素应标示每100g(100mL)或每份(每餐)食品中维生素的含量[mg、μg或国际单位(IU)]。

维生素B_1、维生素B_2、维生素C以mg或μg表示；

维生素A、维生素D、维生素E以国际单位(IU)或mg、μg表示。

(6) 矿物质与微量元素应标示每100g(100mL)或每份(每餐)食品中矿物质、微量元素的含量(mg或μg)。

7. 营养素和能量标示值的表述方式及允许偏差

标示范围值。如每100mL灭菌纯牛乳中蛋白质的含量为3.0%～3.5%；每100g乳粉中铁的含量为6～11mg。按此方式标示时，营养素的实际含量不得超出标示值的范围。

标示平均值。如每100mL灭菌纯牛乳中蛋白质的含量平均为3.0g，每100g乳粉中铁的含量平均为8mg；或在营养成分(表)的适当位置标示每100g(100mL)平均含量。按此方式标示时，强化的营养素或天然存在的固有营养素的实际含量不得低于标示值的80%。如声称低能量、低脂肪、低饱和脂肪酸、低胆固醇或低钠时，这些物质的实际含量不得超过标示值的20%。

标示最低值或最高值。如每100mL灭菌纯牛乳中蛋白质的含量不低于3.0g(或蛋白质不低于3.0g/100mL)；每100g脱脂乳粉中脂肪的含量不高于1.5g(或脂肪含量不高于1.5g/100g)。按此方式标示时，营养素的实际含量不得高于或低于对应的标示值。

四、预包装饮料酒标签通则

《预包装饮料酒标签通则》(GB 10344—2005，以下简称《通则》)，于2007年10月1日正式实施。本标准的5.3为推荐性条文，其余是强制性的。本标准是与GB7718—2004《预包装食品标签通则》相配套的食品标签系列国家标准之一。

《通则》规定，在饮料及酒瓶包装上要有“警示语”或“劝说语”。如：“过度饮酒，有害健康”、“酒后请勿驾驶”、“孕妇和儿童不宜饮酒”等劝说、警示语，其中包括啤酒、葡萄酒、果酒、白酒在内的所有酒精度大于0.5度的酒精饮料。

另外，饮料、酒类包装标签上的内容，不得以虚假的语言文字来误导、欺骗消费者。如：饮料类，在介绍产品时不得过度打上“鲜”“天然”等字眼；酒类不得模仿品牌酒的名称，如：打上“丑粮液”、“五娘液”来混淆“五粮液”等品牌酒。此外，饮料、酒类等产品包装上必须注明QS等认证的编号及序列号。

五、食品运输与贮存标准

我国几乎所有的食品产品标准中都包含食品包装、运输、贮存等要求。如NY 5184—2002《无公害食品——脱水蔬菜》、GB/T 23596—2009《海苔》、QB 2829—2006《螺旋藻碘盐》、SC/T 1103—2008《松浦鲤》等。但还有很多食品标准将检验规则、标志、标签、包装、运输、贮存等内容合并在一起作为单独标准。如：GB/T 10346—2006《白酒检验规则和标志、包装、运输、贮存》、GB/T 12517.2—1990《糖果检验规则、标志、包装、运输、贮存》、SB/T 10008—92《冷冻饮品的检验规则、标志、包装、运输及贮存》、SB/T 10227—94《糕点检验规则、包装、标志、运输及贮存》、QB/T 1733.1—93《花生制品的试验方法、检验规则和标志、包装、运输、贮存要求》等。

第六节 食品添加剂标准

一、食品添加剂概述

世界各国对食品添加剂的定义不尽相同，联合国粮农组织(FAO)和世界卫生组织(WHO)联合食品法规委员会对食品添加剂定义为：食品添加剂是有意识地一般以少量添加于食品，以改善食品的外观、风味和组织结构或贮存性质的非营养物质。按照这一定义，以增强食品营养成分为目的的食品强化剂不应该包括在食品添加剂范围内。按照《中华人民共和国食品安全法》和《食品添加剂使用卫生标准》，中国对食品添加剂定义为：食品添加剂，指为改善食品品质和色、香和味以及为防腐、保鲜和加工工艺的需要而加入食品中的人工合成或者天然物质。

食品添加剂具有以下三个特征：一是为加入食品中的物质，因此，它一般不单独作为食品来食用；二是既包括人工合成的物质，也包括天然物质；三是加入食品中的目的是为改善食品品质和色、香、味以及为防腐、保鲜和加工工艺的需要。

目前需要严厉打击的是食品添加剂在食品中的违法添加行为，迫切需要规范的是食品添加剂的生产和使用问题。目前食品添加剂或多或少存在一些问题，比如来源不明，或者材料不正当，最容易产生的问题是滥用。对食品添加剂无需过度恐慌，随着国家相关标准的出台，食品添加剂的生产和使用必将更加规范。

二、食品添加剂标准的内容

食品添加剂的主要标准包括使用标准和产品标准。

《食品添加剂使用标准》(GB 2760—2011)规定了我国食品添加剂的使用原则、允许使用的食品添加剂品种、使用范围及最大使用量或残留量等，要求食品添加剂的使用不应掩盖食品本身或者加工过程中的质量缺陷，或以搀杂、掺假、伪造为目的使用食品添加剂。本标准于 2011 年 6 月 20 日实施。本标准代替《食品添加剂使用卫生标准》(GB 2760—2007)。食品添加剂按功能分为 23 个类别。GB 2760 包括 2332 个食品添加剂品种，其中加工助剂 159 种，食品用天然香料 400 种，食品用合成香料 1453 种，胶基糖果中基础剂物质 55 种，其他类别的食品添加剂 77 种。此外，我国还制定了《食品营养强化剂使用卫生标准》(GB14880—1994)，对食品营养强化剂的定义、使用范围、用量等内容进行了规定。目前，允许使用的食品营养强化剂约 200 种。

食品添加剂产品标准规定了食品添加剂的分子式和分子质量、纯度、质量要求以及相应的检验方法。

三、食品添加剂分类

食品添加剂的分类可按其来源、功能和安全性来划分：按来源可分为天然食品添加剂(如动植物的提取物、微生物的代谢产物等)和人工化学合成品。人工化学合成品又可细分为一般化学合成品和人工合成天然同等物（如天然同等香料、色素等）；按功能FAO/WHO将食品添加剂分为40类；欧洲联盟仅分为9类；日本亦分为9类；中国1990年颁布的“食品添加剂分类和代码”按其主要功能作用的不同分为20类，另有其他。如下：酸度调节剂、抗结剂、消泡剂、抗氧化剂、漂白剂、膨松剂、胶姆糖基础剂、着色剂、护色剂、乳化剂、酶制剂、增味剂、面粉处理剂、被膜剂、水分保持剂、营养强化剂、防腐剂、稳定和凝固剂、甜味剂、增稠剂。

四、安全评价

CCFA（联合国食品添加剂法规委员会）曾在JECFA（FAO/WHO联合食品添加剂专家委员会）讨论的基础上将食品添加剂分为A、B、C三类，每类再细分为①、②两类。

A类：①已制定人体每日容许摄入量（ADI）；②暂定ADI者。

B类：①曾进行过安全评价，但未建立ADI值；②未进行过安全评价者。

C类：①认为在食品中使用不安全；②应该严格限制作为某些特殊用途者。

复习思考题

1. 简述我国食品标准与国外食品标准的异同点。
2. 食品标识的主要内容有哪些？
3. 食品产品标准如何分类？
4. 无公害食品标准与绿色食品标准有什么区别？
5. 我国食品流通领域标准的现状是什么？

第四章　我国食品法律法规体系

学海导航

（1）了解我国食品法律法规体系组成

（2）掌握《食品安全法》，并了解《食品安全法》与废止的《食品卫生法》之间的区别

（3）了解《产品质量法》《农产品质量安全法》《动植物检疫法》

第一节　我国食品法律法规体系概述

法律体系，又称“法的体系”或“法体系”，是指一国现行的全部法律规范按照不同的法律部门分类组合而形成的一个呈体系化有机联系的统一整体。

从概念上看，法律体系有以下几个特点：第一，是一个国家全部现行法律构成的整体；第二，是一个由法律部门分类组合而形成的呈体系化的有机整体；第三，法律体系的理想化要求是门类齐全、结构严密、内在协调；第四，是客观法则和主观属性的有机统一。

我国食品卫生法制化管理是从 20 世纪 50 年代开始的。改革开放以后，我国加快了食品卫生法制建设步伐，1982 年 11 月 19 日全国人大常委会制定了我国第一部食品卫生专门法律，即《中华人民共和国食品卫生法(试行)》，于 1983 年 7 月 1 日起正式实施。《中华人民共和国食品卫生法(试行)》的实施是我国公共卫生执法发展史上的一个重要转折，标志着我国公共卫生管理从传统的卫生行政管理转向法制管理。在总结了《中华人民共和国食品卫生法(试行)》12 年实践经验的基础上，1995 年 10 月 30 日八届全国人大常委会第十次会议审议通过了新的《中华人民共和国食品卫生法》。2009 年 2 月 28 日十一届全国人大常委会第七次会议通过了《中华人民共和国食品安全法》，同时废止了《中华人民共和国食品卫生法》。

目前我国涉及食品的法律法规主要有《食品安全法》《产品质量法》《消费者权益

保护法》《国务院关于加强食品等产品安全监督管理的特别规定》《农产品质量安全法》《散装食品卫生管理规范》《粮食流通管理条例》《食盐加碘消除碘缺乏危害管理条例》《农业转基因生物安全管理条例》《集贸市场食品卫生管理规范》《食品生产加工企业落实质量安全责任监督检查规定》《乳制品生产企业落实质量安全责任监督检查规定》《食品流通许可证管理办法》《流通环节食品安全监督管理办法》和《流通环节食品安全示范店规范指导意见》等。相关的国家标准和行业标准主要包括：食品产品标准、食品安全卫生标准、食品工业基础及相关标准、食品包装材料及容器标准、食品添加剂标准、食品检验方法标准、各类食品卫生管理办法等。此外，食品企业卫生规范以国家标准的形式列入食品标准中，它不同于产品的卫生标准，它是企业在生产经营活动中的行为规范。目前，我国共有 3000 多项国家标准和行业标准，涵盖了谷物和豆类制品、淀粉及淀粉制品、食用油脂、水果和蔬菜制品、肉制品和蛋制品、水产制品、乳制品、饮料、饮料酒、调味品、特殊膳食食品、发酵制品、食品添加剂、罐藏食品、焙烤食品等专业和生产、加工、运销、进出口等各个方面。

此外，在《刑法》中还对涉及各种食品卫生的犯罪活动规定了刑事责任。各省、自治区、直辖市根据本地区的具体情况，也制定实施了有关《食品安全法》的地方配套法规，初步形成了符合我国国情的较完善的食品法律法规体系。

第二节　中华人民共和国食品安全法

一、《食品安全法》的立法背景

我国先后颁布了《食品卫生法》《动植物检疫法》《商品检验法》及其他相关法律法规，食品安全工作进入了法制化管理的阶段。但是作为食品法律法规体系核心的《食品卫生法》实行了 10 多年，对体系内其他法律法规、规范性文件的指导作用有所降低，已行的不少法律法规制约性不强，对食品安全的依法管理还相对薄弱，还存在一些法律监管盲区，没有从全局进行细致的统筹规划，使得食品安全监管远远滞后于食品工业的迅猛发展，从而导致近年来食品安全事件屡次发生。如早些年的清凉山牌奶粉亚硝酸盐超标事件，云南、四川等地使用工业酒精兑制白酒毒死消费者的事件，直至近年又出现了阜阳劣质婴儿奶粉以及三鹿奶粉事件等，也正是这一系列事件对我国的食品安全监督再次敲响了警钟。

要真正从源头上保障食品卫生安全，首先应加强食品安全立法，整合执法资源，使立法由权利定位逐步向责任定位过渡，从而避免各职能部门的“趋利执法”行为，使食品安全执法协调运转的长效机制以国家法律的形式固定下来，为广大人民群众的食品安全服务。因此，有必要根据新出现的问题对食品安全法律法规加以完善和强化，以有效制止和打击食品生产和流通过程中的有损食品安全的行为，保障人民的生命和健康不受侵害，使食品安全管理真正进入法制化的轨道。

在这样的背景下，制定专门的食品安全法显得尤为重要和迫切。2009 年 2 月 28 日十一届全国人大常委会第七次会议通过了《中华人民共和国食品安全法》，并于2009年6月1日起正式实施。《食品安全法》是《中华人民共和国食品安全法》的简称。

《食品安全法》的施行，对于防止、控制、减少和消除食品污染以及食品中有害因素对人体的危害，预防和控制食源性疾病的发生，对规范食品生产经营活动，防范食品安全事故发生，保证食品安全，保障公众身体健康和生命安全，增强食品安全监管工作的规范性、科学性和有效性，提高我国食品安全整体水平，切实维护人民群众的根本利益，具有重大而深远的意义。

二、《食品安全法》的主要内容

《食品安全法》体现了预防为主、科学管理、明确责任、综合治理的食品安全工作指导思想，确立了食品安全风险监测和风险评估制度、食品安全标准制度、食品生产经营行为的基本准则、索证索票制度、不安全食品召回制度、食品安全信息发布制度，明确了分工负责与统一协调相结合的食品安全监管体制，为全面加强和改进食品安全工作，实现全程监管、科学监管，提高监管成效、提升食品安全水平，提供了法律制度保障。《食品安全法》共十章一百零四条，分别对“食品”、“食品安全”、“食品安全事故”、“预包装食品”、“食品添加剂”、“保质期”、“食源性疾病”、“食物中毒”等专业术语作了定义；对于食品安全风险监测和评估、食品安全标准、食品检验、生产经营、食品进出口、食品安全事故预防和处置、监督管理以及法律责任等作出了明确的规定。

具体内容详见《中华人民共和国食品安全法》。

1. 总则

主要内容：

（1）立法目的：保证食品安全，保障公众身体健康和生命安全。

（2）适用范围：食品、食品添加剂、食品包装材料生产、经营；生产及经营者使用食品添加剂、食品相关产品；对食品、食品添加剂和食品相关产品的安全管理等。

（3）从业者应依法从事生产经营活动，对社会和公众负责，接受社会监督，承担社会责任。

（4）国务院设立食品安全委员会，其职责由国务院规定。

（5）县级以上地方人民政府统一负责、领导、组织、协调本行政区域的食品安全监督管理工作。

（6）食品行业协会应当加强行业自律，引导食品生产经营者依法从业，推动行业诚信建设，宣传、普及食品安全知识。国家鼓励社会团体、基层群众性自治组织开展食品安全法律、法规以及食品安全标准和知识的普及工作。新闻媒体应当开展食品安全法律、法规以及食品安全标准和知识的公益宣传，并对违法行为进行舆论监督。

（7）国家鼓励和支持开展与食品安全有关的基础研究和应用研究，鼓励和支持食品生产经营者为提高食品安全水平采用先进技术和先进管理规范。

（8）任何组织或个人有权举报违法的行为，有权了解食品安全信息，对食品安全监督管理工作提出意见和建议。

2. 食品安全风险监测和评估

主要内容：

（1）国家建立食品安全风险监测制度，对食源性疾病、食品污染以及食品中有害因素进行监测。规定国务院农业行政、质量监督、工商行政管理和国家食品药品监督管理等部门获知风险信息后，应立即向国务院卫生行政部门通报。

（2）国家建立食品安全风险评估制度，对食品和添加剂中生物性、化学性和物理性危害进行风险评估，并规定国务院卫生行政部门负责组织此工作。国务院卫生行政部门通过食品安全风险监测或者接到举报发现食品可能存在安全隐患的，应当立即组织进行检验和食品安全风险评估。要求将风险评估结果作为制定、修订食品安全标准和对食品安全实施监督管理的科学依据。国务院卫生行政部门会同有关部门，经综合分析表明可能具有较高程度安全风险的食品，将及时提出食品安全风险警示，并予以公布。

3. 食品安全标准

主要内容：

（1）以保障公众身体健康作为制定食品安全标准的宗旨，做到科学合理、安全可靠。

（2）食品安全标准是强制执行的标准。除食品安全标准外，不得制定其他的食品强制性标准。

（3）食品安全标准包括的内容如下：

①食品及相关产品中的致病性微生物、农药兽药残留、重金属等物质的限量规定；

②食品添加剂的品种、使用范围、用量；

③专供婴幼儿和其他特定人群的主辅食品的营养成分要求；

④对与食品安全、营养有关的标签、标识、说明书的要求；

⑤食品生产经营过程的卫生要求；

⑥与食品安全有关的质量要求；

⑦食品检验方法与规程；

⑧其他需要制定为食品安全标准的内容。

（4）由国务院卫生行政部门负责制定、公布食品安全国家标准，国务院标准化行政部门提供国家标准编号。食品安全国家标准应当经食品安全国家标准审评委员会审查通过。

（5）本法规定的食品安全国家标准公布前，食品生产经营者应当执行现行有关食用农产品质量安全标准、食品卫生标准、质量标准和行业标准。没有食品安全国家标准的，可以制定食品安全地方标准。国家鼓励企业制定严于国家标准或者地方标准的企业标准，报省级卫生行政部门备案后，在其内部使用。

4. 食品生产经营

主要内容：

（1）规定食品生产经营符合食品安全标准及一系列具体要求。

（2）规定禁止生产经营的食品种类。

（3）国家对食品生产经营实行许可制度。

（4）国家鼓励食品生产经营企业符合良好生产规范（GMP）要求，提高食品安全管理水平，实施危害分析与关键控制点（HACCP）体系。

（5）建立并执行从业人员健康管理制度。

（6）食品生产者应查验原料供货者的许可证和产品合格证明文件；对无法提供合格证明文件的原料，应当依照食品安全标准进行检验；不得采购或使用不符合食品安全标准的食品原料、食品添加剂、食品相关产品。食品生产企业应当建立食品原料、食品添加剂、食品相关产品进货查验记录制度，记录应当真实，记录保存期限不得少于两年；食品生产企业应当建立食品出厂检验记录制度，检验记录应当真实，保存期限不得少于两年。

（7）食品、食品添加剂和食品相关产品的生产者，应依照食品安全标准对所生产的产品进行检验，检验合格后方可出厂或销售。

（8）食品经营者应查验供货者的许可证和食品合格的证明文件。食品经营企业应当建立食品进货查验记录制度，食品进货查验记录应当真实，保存期限不得少于两年。

（9）预包装食品上应有标签并对标签内容作出具体规定。

（10）国家对食品添加剂的生产实行许可制度。食品生产者不得在食品生产中使用食品添加剂以外的化学物质和其他可能危害人体健康的物质，并对食品添加剂的正确使用作出规定。

（11）生产经营的食品中不得添加药品，但是可以添加按照传统既是食品又是中药材的物质。国家对声称具有特定保健功能的食品实行严格监管。

（12）国家建立食品召回制度。

（13）食品广告的内容应当真实合法，不得含有虚假、夸大的内容，不得涉及疾病预防、治疗功能。社会团体或其他组织、个人在虚假广告中向消费者推荐食品，使消费者的合法权益受到损害的，与食品生产经营者承担连带责任。

5. 食品检验

主要内容：

（1）食品检验机构按照国家有关认证认可的规定取得资质认定后方可从事食品检验活动，资质认定条件和检验规范由国务院卫生行政部门规定。

（2）食品检验由食品检验机构指定的检验人独立进行，实行食品检验机构与检验人负责制，食品安全监督管理部门对食品不得实施免检。

（3）食品生产经营企业可以自行对所生产的食品进行检验，亦可委托符合本法规定的食品检验机构进行检验。

6. 食品进出口

主要内容：

（1）进口的食品、食品添加剂以及食品相关产品应当符合我国食品安全国家标准。

进口的食品应当经出入境检验检疫机构检验合格后，海关凭出入境检验检疫机构签发的通关证明放行。

（2）进口尚无食品安全国家标准的食品，或首次进口食品添加剂新品种、食品相关产品新品种，进口商应当向国务院卫生行政部门提出申请并提交相关的安全性评估材料。

（3）境外发生的食品安全事件可能对我国境内造成影响或在进口食品中发现严重食品安全问题的，应及时采取风险预警或控制措施。

（4）向我国境内出口食品的出口商或代理商应向国家出入境检验检疫主管部门备案，有关生产企业应经上述主管部门注册。

（5）进口的预包装食品应有中文标签和中文说明书，并符合本法及我国其他有关法律法规和食品安全国家标准。

（6）进口商要建立食品进口和销售记录制度，且记录应当真实，保存期限不得少于两年。

（7）出入境检验检疫部门负责监督和抽检出口食品，并负责收集、汇总进出口食品安全信息，及时通报相关部门、机构和企业。

7. 食品安全事故处置

主要内容：

（1）预案的组织制定。国务院组织制定国家食品安全事故应急预案。县级以上地方人民政府应当根据有关法律、法规的规定和上级人民政府的食品安全事故应急预案以及本地区的实际情况，制定本行政区域的食品安全事故应急预案。食品生产经营企业应当制定食品安全事故处置方案，定期检查本企业各项食品安全防范措施的落实情况，及时消除食品安全事故隐患。

（2）事故的上报。事故发生单位和接收患者进行治疗的单位应当及时向事故发生地县级卫生行政部门报告。农业行政、质量监督、工商行政管理、食品药品监督管理部门在日常监督管理中发现食品安全事故，或者接到有关食品安全事故的举报，应当立即向卫生行政部门通报。

（3）事故的处理。级以上卫生行政部门接到食品安全事故的报告后，应当立即会同有关农业行政、质量监督、工商行政管理、食品药品监督管理部门进行调查处理。

（4）事故的调查。调查食品安全事故，除了查明事故单位的责任，还应当查明负有监督管理和认证职责的监督管理部门、认证机构的工作人员失职、渎职情况。

8. 监督管理

主要内容：

（1）县级以上质量监督、工商行政管理、食品药品监督管理部门对食品生产经营者进行监督检查，建立食品生产经营者食品安全信用档案。

（2）县级以上卫生行政、质量监督、工商行政管理、食品药品监督管理部门接到咨询、投诉、举报，对属于本部门职责的，应当受理，并及时进行答复、核实、处理；对不属于本部门职责的，应当书面通知并移交有权处理的部门处理。有权处理的部门应当及时处理，不得推诿。

(3) 县级以上卫生行政、质量监督、工商行政管理、食品药品监督管理部门应当按照法定权限和程序履行食品安全监督管理职责，应当相互通报获知的食品安全信息。

9. 法律责任

主要内容：

分别对于无证从事食品或食品添加剂生产经营活动、生产销售有毒有害食品等各种违反本法的行为以及食品检验和广告发布等环节出现的违法行为作出了执行行政处分或经济处罚的具体规定。

三、《食品安全法》的适用范围

在中华人民共和国境内从事下列活动，均应当遵守《食品安全法》。

1. 食品生产和加工(以下称食品生产)，食品流通和餐饮服务(以下称食品经营)

《食品安全法》规定，食品生产经营者应当依照法律、法规和食品安全标准从事生产经营活动，对社会和公众负责，保证食品安全，接受社会监督，承担社会责任。国务院质量监督、工商行政管理和国家食品药品监督管理部门依照本法和国务院规定的职责，分别对食品生产、食品流通、餐饮服务活动实施监督管理。

2. 食品添加剂的生产经营

国家对食品添加剂的生产实行许可制度；申请食品添加剂生产许可的条件、程序，按照国家有关工业产品生产许可证管理的规定执行；食品添加剂应当在技术上确有必要且经过风险评估证明安全可靠，方可列入允许使用的范围，国务院卫生行政部门应当根据技术必要性和食品安全风险评估结果，及时对食品添加剂的品种、使用范围、用量标准进行修订；食品添加剂应当有标签、说明书和包装。

3. 用于食品的包装材料、容器、洗涤剂、消毒剂和用于食品生产经营的工具、设备(以下称食品相关产品)的生产经营

用于食品的包装材料和容器，是指包装、盛放食品或者食品添加剂用的纸、竹、木、金属、搪瓷、陶瓷、塑料、橡胶、天然纤维、化学纤维、玻璃等制品和直接接触食品或者食品添加剂的涂料；用于食品的洗涤剂、消毒剂，指直接用于洗涤或者消毒食品、食品生产经营的工具、设备或者食品包装材料和容器的物质；用于食品生产经营的工具、设备，指在食品或者食品添加剂生产、流通、使用过程中直接接触食品或者食品添加剂的机械、管道、传送带、容器、用具、餐具等。上述食品相关产品的生产经营应当遵守本法规定，依照食品安全标准对所生产的食品相关产品进行检验，检验合格后方可出厂或者销售。

4. 食品生产经营者使用食品添加剂、食品相关产品

食品生产者应当依照食品安全标准关于食品添加剂的品种、使用范围、用量的规定

使用食品添加剂；不得在食品生产中使用食品添加剂以外的化学物质和其他可能危害人体健康的物质。食品生产者采购食品原料、食品添加剂、食品相关产品，应当查验供货者的许可证和产品合格证明文件；对无法提供合格证明文件的食品原料，应当依照食品安全标准进行检验；不得采购或者使用不符合食品安全标准的食品原料、食品添加剂、食品相关产品。

5. 对食品、食品添加剂和食品相关产品的安全管理

国务院设立食品安全委员会，其工作职责由国务院规定。国务院卫生行政部门承担食品安全综合协调职责，负责食品安全风险评估、食品安全标准制定、食品安全信息公布、食品检验机构的资质认定条件和检验规范的制定，组织查处食品安全重大事故。

国务院质量监督、工商行政管理和国家食品药品监督管理部门依照本法和国务院规定的职责，分别对食品生产、食品流通、餐饮服务活动实施监督管理。县级以上地方人民政府依照本法和国务院的规定确定本级卫生行政、农业行政、质量监督、工商行政管理、食品药品监督管理部门的食品安全监督管理职责。按照各自职责分工，依法行使职权，承担责任。

四、《食品安全法》与《食品卫生法》的对比

《食品安全法》实施之日起，已经实施 14 年的《中华人民共和国食品卫生法》同时废止，这意味着中国的食品安全监管进入了一个新的阶段，现对两部法律进行一下简单对比：

（1）《食品安全法》总则中，通过法律的级别给了分段管理一个明确的身份和职权范围，除原有农业、卫生、工商、质检、食药等部门外，还出现了一个新的机构——国务院食品安全委员会，以前的工作中，无论是食药还是工商，在行使协调的权力时，由于各部门之间缺乏统一的上级部门，会遇到各式各样的阻力，这个机构的建立，可以避免以前出现的“协调不动”的情况。在《食品安全法》中，不仅要求县级以上地方人民政府统一负责、领导、组织、协调本行政区域的食品安全监督管理工作，更赋予对食品安全监督管理部门进行评议、考核的权力，加大了对垂直管理监管机构的约束力。根据权责统一的原则，在《食品安全法》中也对地方政府及各监管部门不履职或渎职等行为制定了罚则，第一次在食品领域的法律法规内提出了在出现重大事故造成严重后果时，主要负责人应该引咎辞职的法律强制条文。

（2）《食品安全法》与《食品卫生法》比较，食品安全风险监测与评估章节是新增的，这个章节体现了预防为主的思想，吸取了几次影响极大的食品安全事故的教训，把监管前置，及早动手，尽量将隐患消除在萌芽阶段。

（3）《食品安全法》食品安全标准的章节里，明确提出了安全标准由卫生部制定，并整合原有各类标准，使以前五花八门的各类标准有了统一的标签，可以说是本次立法中一个亮点。

（4）食品生产经营的要求，是食品专业法的核心环节，这部法律的可执行性和完善程度会在这当中体现出来。

《食品安全法》第二十七条对食品生产经营提出了要求。

《食品安全法》第二十八条对禁止生产经营的食品提出了要求，和《食品卫生法》第九条相比，有两点发生了重大变化，第一点变化在《食品安全法》中增加了“营养成分不符合食品安全标准的专供婴幼儿和其他特定人群的主辅食品”的要求。在《食品卫生法》第六条的规定里有“食品应当无毒、无害，符合应当有的营养要求，具有相应的色、香、味等感官性状”的要求。第二点变化是，《食品卫生法》第九条第（十）项规定的“为防病等特殊需要，国务院卫生行政部门或者省、自治区、直辖市人民政府专门规定禁止出售的”在《食品安全法》里变成了“国家为防病等特殊需要明令禁止生产经营的食品”，能够制订禁止生产经营食品的权力被回收集中了，也意味着现行的一些地方性法规在6月1日之后将不再具有法律效力。

在行政许可方面，《食品安全法》体现了对农民的政策倾斜，规定了“农民个人销售其自产的食用农产品，不需要取得食品流通的许可”。

在从业人员健康体检的要求及处罚方面，《食品安全法》与《食品卫生法》相比有了较大的变化，比如在要求上，安全法去掉了卫生法中“包括病原携带者”的讲法。

《食品安全法》对索证的要求比《食品卫生法》详细了很多，有了明确的要求和罚则，可以说这方面取得了重大的进步。经历了“三鹿奶粉事件”后，国家高度重视对食品添加剂的管理，在《食品安全法》中有4条法条都是对食品添加剂的要求，相比《食品卫生法》只有一句话的要求，新的法律更加的详细和规范。对保健食品来说，《食品安全法》的规定也多了一些，但是还需要相关的实施细则来进一步细化。《食品安全法》规定的召回制度，可以说是中国食品安全监管与国际接轨的一个重要标志，从以前的企业自律行为变成了行政部门的强制措施，对加强执法的力度与形成群众监督的环境有巨大的意义。对食品广告的监管内容，在《食品安全法》内也有了规定，对市面上越来越多的组织、明星给食品类商品代言的管理提供了一定的法律依据，填补了以前法律的空白。

（5）在食品检验的规定中，接受几次恶性事故的经验，明确规定了对食品不得免检。在日常的抽检和检测中，《食品卫生法》规定的是无偿采样，说法比较笼统，而在《食品安全法》中明确了行政部门必须买样，且不得向商家收取任何费用，检测所产生的费用由行政部门承担。

（6）在《食品安全法》内，专有一章对食品安全事故处置进行了规定，与《食品卫生法》相比，内容充实了很多，在法律层面规定了各级部门的职责和处理的程序，明确了CDC在处理这类事件中的职责，解决了多年来由于卫生监督体制改革带来的职责分工问题。在法律条文中，也明确了要进行责任追究。在《食品安全法》的条文中，提出了“任何单位或者个人不得对食品安全事故隐瞒、谎报、缓报，不得毁灭有关证据”，并有对应的罚则。

（7）在监督管理这一部分内容中，《食品安全法》基本套用了国务院特别规定里的相关内容，增加了各级各部门能够对外宣传公告的权力范围，避免了“许多人说一件事，一个人一个说法”的局面。与《食品卫生法》相比，《食品安全法》里少了一项内容，就是监管人员对生产经营者提供的不违法的技术资料负有保密的义务，这一条是应该通过法律明确责任的，是对纳税人商业机密的保护。

（8）从《食品安全法》与《食品卫生法》的法律责任制定上来看，《食品安全法》套用了国务院特别规定的模式，提高了处罚的金额底线，提出了行政处分的级别，并且明确了出现事故后，肇事单位的主要负责人在一定时限内不得再从事食品安全的管理工作。《食品安全法》法律责任的制定上最大的特色在于第九十六条和第九十七条的规定，给了消费者受到损失后索赔的额度依据和优先接到民事赔偿的权益，充分体现了中国法律人性化的一面。

（9）在《食品安全法》的附则中，对《食品安全法》中一部分名词进行了解释，新提出来了食品安全的定义，以及食物中毒、食源性疾病和食品安全事故的概念，卫生部原来对食物中毒的定义是：食物中毒是指人摄入了含有生物性、化学性有毒有害物质后或把有毒有害物质当作食物摄入后所出现的而非传染性的急性或亚急性疾病，属于食源性疾病的范畴。与原来卫生部对食物中毒的定义对比，《食品安全法》中的定义去掉了“非传染性”的概念，并且把食物中毒与食源性疾病提到了并列的高度。

《食品安全法》的出台，体现了我国对加大食品安全工作监管的决心，通过这部法律弥补了一部分时代前进事物更新而带来的法律空白，明确了在食品监管各环节中各级各部门的职责。

第三节　中华人民共和国产品质量法

《中华人民共和国产品质量法》是调整在生产、流通和消费过程中因产品质量所发生的经济关系的法律规范的总称，是一部包含产品质量监督管理和产品质量责任两大范畴的基本法律，是我国产品质量法律体系的基础，是全面、系统地规范产品质量问题的重要经济法。《产品质量法》是《中华人民共和国产品质量法》的简称，自 2000 年 9 月 1 日起施行。

《产品质量法》的立法目的就是为了加强对产品质量的监督管理，提高产品质量水平，明确产品质量责任，保护消费者的合法权益，维护社会主义经济秩序，包括关于产品质量责任，产品质量监督管理，产品质量损害赔偿及处理质量争议等方面的法律规定。

一、制定、实施《产品质量法》的意义

1. 明确产品质量责任，维护社会经济秩序

产品质量责任是指产品的生产者、销售者不履行或者不完全履行法律规定的对其生产或者销售的产品质量所应负有的责任和义务，产品质量法规定的产品质量责任包括行政责任、民事责任和刑事责任，因此产品质量责任是一种综合责任。民事责任主要是指由于产品本身存在质量问题，给购买该产品的用户或者消费者的利益造成损害时，所应承担的违约责任、赔偿责任等；行政责任主要是指生产者或者销售者违反法律或者行政

法规的规定，生产或者销售的产品，对因产品质量问题给用户或者消费者的利益造成损害的，依照法律或者行政法规的规定，由有关行政机关给予的行政处罚；刑事责任主要是指，对因违反法律或者行政法规规定，给用户或销售者造成人身伤害或者重大财产损失的，依据刑法的有关规定所应受到刑事处罚。

制定、实施产品质量法是建设社会主义市场经济的客观要求。该法明确了生产者、经营者在产品质量方面的责任和国家对产品质量的管理职能，有利于维护产品生产经营的正常秩序，从而保障市场经济的健康发展。

2. 强化产品监督管理，提高产品质量水平

加强对产品质量的监督管理，包括这样几个方面的内容：一是各级人民政府要加强产品质量工作的监督管理，明确政府的责任和企业的责任；二是要督促企业不断提高产品质量，完善企业内部的产品质量监督工作；三是对涉及人体健康和人身财产安全的产品，要通过生产许可，强制性认证和实行强制性标准等手段，加强对这类产品的监管；四是打击假冒伪劣产品的生产、销售行为，通过打击假冒伪劣产品，扶持优质产品。《产品质量法》的制定和实施，有利于促进生产者、经营者改善经营管理，增强竞争能力。

3. 保护消费者合法权益的有效法律武器

产品质量问题涉及千家万户，目前侵害消费者合法权益的行为大量存在，维护用户消费者的利益，就必须完善有关产品质量的法律制度，为保护消费者的利益提供法律依据，也为顺利解决因产品质量问题产生的纠纷提供法律依据。

二、《产品质量法》的主要内容

中华人民共和国产品质量法，于1993年2月制定，2000年7月作了修改，其内容主要如下几个方面。

1. 《产品质量法》规定生产者不得从事的活动

（1）生产者不得生产国家明令淘汰的产品(《产品质量法》第二十九条)。

(2)《产品质量法》第三十条明确规定生产者不得伪造产地，不得伪造或者冒用他人的厂名、厂址。

（3）生产者不得伪造或者冒用认证标志、名优标志等质量标志(《产品质量法》第三十一条)。

（4）生产者生产产品，不得掺杂、掺假，不得以假充真、以次充好，不得以不合格产品冒充合格产品(《产品质量法》第三十二条)。

2. 《产品质量法》规定销售者义务

《产品质量法》规定销售者应当履行产品质量义务，对销售的产品负责。

（1）销售者应当执行进货检查验收制度，对销售的产品质量负责；

（2）销售者应当妥善保管销售的产品，保持销售产品的质量；

（3）销售者销售的产品标识应当包括：合格证明、产品名称、生产厂厂名和厂址，

产品的规格、等级、主要成分及含量等，限时使用的产品有生产日期和安全使用期或失效日期，使用不当容易造成产品本身损坏或者可能危及安全的产品，有警示标志或中文警示说明等等；

（4）销售者不得违反《产品质量法》的禁止性规范，不得销售国家明令淘汰并停止销售的产品和失效、变质的产品；不得掺杂、掺假、以假充真、以次充好；不得销售标识不符合规定的产品；不得伪造产地、不得伪造或者冒用他人的厂名、厂址、质量标志等。

3.《产品质量法》处罚内容

在《产品质量法》中，有4条规定了对有违法行为的人员应作出行政处分。《产品质量法》第六十五条规定，各级人民政府工作人员和其他国家机关工作人员有下列情形之一的，依法给予行政处分；构成犯罪的，依法追究刑事责任：

（1）包庇、放纵产品生产、销售中违反《产品质量法》规定行为的。

（2）向从事违反《产品质量法》规定生产、销售活动的当事人通风报信，帮助其逃避查处的。

（3）阻挠、干预产品质量监督部门或者工商行政管理部门依法对产品生产、销售中违反《产品质量法》规定的行为进行查处，造成严重后果的。

第六十六条规定，产品质量监督部门在产品质量监督抽查中超过规定的数量索取样品或者向被检查人收取检验费，由上级产品质量监督部门或者监察机关责令退还；情节严重的，对直接负责的主管人员和其他直接责任人员依法给予行政处分。第六十七条规定，产品质量监督部门或者其他国家机关违反规定，向社会推荐生产者的产品或者以监制、监销等方式参与产品经营活动的，情节严重的，对直接负责的主管人员和其他直接责任人员依法给予行政处分。第六十八条规定，产品质量监督部门或者工商行政管理部门的国家工作人员滥用职权、玩忽职守、徇私舞弊，构成犯罪的，依法追究刑事责任；不构成犯罪的，依法给予行政处分。

具体内容详见《中华人民共和国产品质量法》。

三、产品质量法的适用范围

1. 产品质量法适用的产品范围

《产品质量法》所称的产品是指经过加工、制作，用于销售的产品。这里所指的产品必须同时具备以下三个条件：①产品必须是经过加工、制作的物品。而未经人们加工、制作的天然物品和自然生长品不属于《产品质量法》所称的产品。②产品必须是用于销售的。凡不是用于销售目的产品，不是《产品质量法》所称的产品。③产品应是动产，建设工程产品不是《产品质量法》所称的产品。本法第73条规定，军工产品质量监督管理办法，由国务院、中央军事委员会另行制定。因核设施、核产品造成损害的赔偿责任，法律、行政法规另有规定的，依照其规定。

值得注意的是，本法中所称的产品，包括药品、食品、计量器具等特殊产品。但是，本法与《药品管理法》《食品卫生法》《计量法》有不同规定的，应当分别适用其规定。

2. 产品质量法适用的主客体范围

（1）主体的适用范围　根据原国家技术监督局《中华人民共和国产品质量法条文解释》规定："本法适用的主体为在中华人民共和国境内的公民，企业、事业单位，国家机关、社会组织以及个体工商业经营者等。企业包括国有企业、集体所有制企业、私营企业以及中外合资经营企业、中外合作经营企业和外资企业。个体工商业经营者包括个体工商户、个人合伙等。"由此可见，本法调整的主体，主要有以下3种：第一种是生产者、销售者；第二种是监督管理产品质量的行政机关及其从事产品质量监督管理工作的国家工作人员；第三种是消费者以及虽不是产品的消费者，但受到产品缺陷损害的人。

（2）客体的适用范围　产品的经营活动，主要包括四个环节，即生产、运输、仓储、销售。此外，还有产品的修理。产品有下列情形之一的，其生产者、仓储者、运输者、销售者应当依法承担产品质量责任："第一，不符合国家有关法律、法规规定的质量要求的；第二，不符合合同约定的质量指标，不符合明示采用的产品标准、产品说明及以实物样品等方式表明的质量指标的；第三，产品存在缺陷，给用户、消费者造成损害的。"根据"从事产品生产、销售活动，必须遵守本法"的规定，本法只调整生产和销售这两个环节中的质量问题，仓储、运输过程中的质量问题不包括在内。《合同法》也涉及产品质量问题。依法成立并生效的合同中，有质量约定的，首先适用合同的约定。合同没有约定的，适用本法的规定，但是法律有强制规定的除外。简言之，凡是订有合同的，首先适用《合同法》的规定；《合同法》中没有规定的，适用本法。

四、产品质量监督管理及其制度

1. 产品质量监督管理

产品质量监督管理是为了确保产品持续满足规定的要求，对产品的质量进行监督、验证和分析，并对不满足规定要求的产品及其责任者进行处理的活动。产品质量监督管理包括国家产品质量管理机关对产品质量的监督，也包括社会各界对产品质量的监督，同时还包括产品生产者、销售者对产品的生产和经营活动的监督管理。因此，产品质量监督管理是企业外部监督和企业内部管理的结合。

2. 产品质量监督管理制度

（1）标准化制度

《产品质量法》规定，产品质量应当检验合格，不得以不合格产品冒充合格产品。可能危及人体健康和人身、财产安全的工业产品，必须符合保障人体健康，人身、财产安全的国家标准及相关行业标准。对于未规定国家标准、行业标准的产品，必须符合保障人体健康，人身、财产安全的要求。禁止生产、销售不符合保障人体健康和人身、安全的标准和要求的工业产品。

（2）企业质量体系认证制度

质量体系是指为实施质量管理所需的组织机构、职责、程序、过程和资源。质量体系按其建立的目的的不同而分为两种：一种是企业根据与需方签订的合同的要求建立起的质量体系，保证产品质量满足合同的要求，这种合同环境下的质量体系也称为质量保证体系；另一种则是企业出于自身的需要，为取得广大消费者对产品质量的信任，获得经济利益，赢得市场而根据市场的需要建立起的质量体系，这种在非合同环境条件下的质量体系称为质量管理体系。

企业质量体系认证制度是一种对产品质量进行科学管理的制度。它通过一定的方法和程序，把企业的质量保证工作加以标准化和制度化，以达到保证产品质量的目的。国家根据国际通用的质量管理标准，推行企业质量体系认证制度。企业根据自愿原则可以向国务院产品质量监督部门认可的或者国务院产品质量监督部门授权的部门认可的认证机构申请企业质量体系认证。经认证合格的，由认证机构颁发企业质量体系认证证书。

（3）产品质量认证制度

产品质量认证是指依据产品标准和相应技术要求，经认证机构确认并通过颁发认证证书和认证标志来证明某一产品符合相应标准和相应技术要求的活动。产品质量认证是产品质量监督的一种重要形式，是国际上通行的一种保证产品质量符合技术标准、维护消费者和用户利益的有效方法。

根据《中华人民共和国产品质量认证条例》，产品质量认证分安全认证与合格认证两种，前者为强制性的，后者为自愿性的。安全认证是法律、行政法规或联合规章规定强制执行的认证。凡属强制性认证范围的产品，企业必须取得认证资格，并在出厂合格的产品上或其包装上使用认证机构发给特定的认证标志，否则，不准生产、销售或进口和使用。这类产品一般涉及人民群众和用户的生命和财产的安全。合格认证属于自愿性认证，包括质量体系认证和非安全性产品质量认证，这种自愿性体现在：企业自愿决策是否申请质量认证；企业自愿选择由国家认可的认证机构，不应有部门和地方的限制。

（4）产品质量监督检查制度

《产品质量法》规定，国家对产品质量实行以抽查为主要方式的监督检查制度，对可能危及人体健康和人身、财产安全的产品，影响国计民生的重要工业产品以及消费者、有关组织反映有质量问题的产品进行抽查。抽查的样品应当在市场销产品中随机抽取。监督检查工作由国务院产品质量监督部门规划和组织。县级以上地方产品质量监督部门在本行政区域内也可以组织监督抽查。法律对产品质量的监督检查另有规定的，依照有关法律的规定执行。

五、产品质量法律责任

产品质量法律责任指生产者、销售者以及对产品质量负有直接责任的责任者，因违反产品质量法规定的产品质量义务所承担的法律责任。

1. 生产者的产品质量责任和义务

（1）生产者应当对其生产的产品质量负责。

（2）产品及包装上的标识必须真实，产品包装上的标示内容：产品质量检验合格证，中文标明的产品名称、生产厂厂名和厂址，产品的特点和使用要求，生产日期和安全使用期或者失效日期，中文警示说明。

（3）不得生产国家明令淘汰的产品；不得伪造产地，伪造或冒用他人的厂名、厂址；不得伪造或者冒用认证标志、名优标志等质量标志；生产产品不得掺杂、掺假、以假冒真、以次充好。

2. 销售者的产品质量责任和义务

（1）执行进货检查验收制度，保持销售产品的质量。

（2）执行产品质量标示制度。

（3）不得销售国家明令淘汰并停止销售的产品和失效、变质的产品；不得伪造产品，伪造或冒用他人的厂名、厂址；不得伪造或者冒用认证标志、名优标志等质量标志；销售产品不能掺杂、掺假、不得以假冒真，不得以不合格产品冒充合格产品。

3. 产品质量的合同责任

产品质量的合同责任，亦称瑕疵责任或瑕疵担保责任。它是指产品不具备应有的使用性能，不符合明示采用的质量标准，或不符合产品说明、实物样品等方式标明的质量状况而产生的法律责任。

产品合同责任的具体责任形式：负责修理、更换；给消费者、用户造成损害的，还应负责赔偿；销售者未按该规定给予修理、更换、退货或赔偿损失的，由产品质量监督部门或工商行政管理部门责令改正。

4. 侵权责任

侵权责任也就是通常说的产品责任，是基于产品存在缺陷并导致消费者、用户和相关第三人人身、财产遭受损害的前提而发生的，而且特指的仅仅就是民事赔偿责任。

（1）产品责任的归责原则　我国《产品质量法》规定，产品责任适用无过错责任原则。

（2）产品责任的构成要件　产品责任由以下 3 个要件构成：①产品有缺陷；②损害事实存在；③产品缺陷与损害事实之间有因果关系。

（3）产品责任的免除　生产者能够证明有下列情形之一的，不承担赔偿责任：①未将产品投入流通；②产品投入流通时，引起损害的缺陷尚不存在；③将产品投入流通时的科学技术水平尚不能发现缺陷的存在的。

（4）产品责任的诉讼时效　因产品存在缺陷而造成损害要求赔偿的诉讼时效期为两年，自当事人知道或者应当知道其权益受到损害时计算。

六、《产品质量法》调整修改的要点

《产品质量法》于 1993 年 2 月制定，2000 年 7 月作了修改。新增条文为 25 条，修改原有条文 20 条，删去原有条文 2 条，使产品质量法从原有的 51 条增至现行的 74 条。这部法律的修改幅度比较大，是在发展中根据新的情况、新的要求充实完善产品质量法律制度，当然也包括在许多重要方面确立了新的规范。

1. 完善和充实产品质量责任制度

在产品质量责任制度中，主要关键点如下：

生产者、销售者是产品质量责任的承担者，是产品质量的责任主体；

生产者应当对其生产的产品质量负责，产品存在缺陷造成损害的，生产者应当承担赔偿责任；

由于销售者的过错使产品存在缺陷，造成损害的，销售者应当承担赔偿责任；

因产品缺陷造成损害的，受害人可以向生产者要求赔偿，也可以向销售者要求赔偿；

产品质量有瑕疵的，生产者、销售者负瑕疵担保责任，采取修理、更换、退货等救济措施；给购买者造成损失的，承担赔偿责任；

产品质量应当是不存在危及人身、财产安全的不合理的危险，具备产品应当具备的使用性能，符合在产品或者其包装上注明采用的产品标准，符合以产品说明、实物样品等方式表明的质量状况；

禁止生产、销售不符合保障人体健康和人身、财产安全的标准和要求的工业产品；

产品质量应当检验合格，不得以不合格产品冒充合格产品。

上述各点是产品质量责任制度的主要内容，这项制度在实践中逐步充实、完善，并在现实经济中继续发展；确立这项制度的宗旨，就是生产者、销售者要对所生产、销售的产品质量负责，在现有的科学技术水平上尽可能地满足消费者的需要、社会的需要，充分保护消费者的权益，保护社会公众的利益。

2. 加强对消费者权益保护

产品质量法在制定时贯彻了保护消费者权益的原则，而在修改时更加强了这种保护。

第一，完善产品质量责任制度，实质上就是完善保护消费者权益的制度，立法的指导原则更为明确。

第二，涉及消费者权益保护的法律规范增加了，包括直接的规定和间接的规定，都是包含了保护消费者权益内容的，比如强化了产品安全性的要求，不仅直接保护了消费者免遭侵害，而且也有利于消费者防范风险，体现了消费者期待安全的愿望。任何产品对消费者都应当具有安全性，将伤害或者损害的风险限制在可接受的水平上。

第三，对消费者权益的保护是具体的，而不是抽象的，在修改产品质量法时增加了具体明确而又是消费者关心的规定。比如产品标识，规定必须是真实的；需要事先让消费者知晓的，应当在外包装上标明，或者预先向消费者提供有关资料；限期使用的产品，应当在显著位置清晰地标明生产日期和安全使用期或者失效日期。这些具体规定正是来源于消费者的需要，针对某些生产者、销售者企图蒙骗消费者或者对消费者不负责任的行为作出的，消费者可以为了维护自身的利益而依照法律规定追究生产者、销售者的责任。

第四，维护了消费者在受到损害时获取赔偿的权利，在产品质量法中不仅肯定了这种权利，即法律保护这种权利，而且在修改中还进一步明确和充实了这种权利的内容，比如对赔偿费用的规定、对产品不符合认证标准给消费者造成损失承担责任的规定，都是立足于保护消费者权益的。

3. 强化产品质量监督机制

产品质量法的修改有一个明显的特点，就是强化了国家对产品质量监督的机制，树立国家监督的权威，增强监督的力度，使国家的监督是切实有效的，成为依法治理产品质量的可靠保证。

在产品质量法中所确立并强化的产品质量监督制度的主要内容如：

产品质量监督部门与有关部门依法主管或负责产品质量监督工作。

国家对产品质量实行以抽查为主要方式的监督检查制度。抽查的样品应当在市场上或者待销的产成品中抽取；对监督抽查的有关事项由产品质量法作出规定，必须规范地进行。

对依法进行的产品质量监督检查，生产者、销售者不得拒绝，有拒绝行为的，依法追究责任，予以处罚。

在对产品质量进行监督检查时，发现产品质量不合格的，依法可以采取责令改正、予以公告、责令停业、限期整顿、吊销营业执照等一系列强制措施。

产品质量监督部门对涉嫌违反产品质量法的行为进行查处时，可以依照有关规定行使现场检查，查阅、复制有关资料，查封或者扣押用于生产违法产品的原辅材料、包装物、生产工具等职权。

产品质量监督部门依法定期发布监督抽查的产品质量状况公告。

对以暴力、威胁方法阻碍产品质量监督部门或者工商行政管理部门的工作人员依法执行职务的，依法追究刑事责任。

以上各项内容体现为多项法律规定，就是以法律来保障实施严格的、有效的产品质量监督，这是产品质量法立法的主要目的之一，也是现实的需要。

4. 加大打击制假售假的力度

抓好产品质量，必须有一个良好的产品质量秩序，必须要有良好的经济秩序；而维护消费者的合法权益，也必须坚决打击损害消费者利益的违法行为。当前以至相当长的一段时间内，市场上出现的制假售假行为，已经严重地干扰、破坏了社会经济秩序，很不利于认真抓好产品质量；直接损害了消费者的合法权益，甚至给消费者、给社会造成了极大的危害性；破坏了合法生产者的声誉，损坏了正常的经济关系，滋长了非法牟利的现象；有的直接危害了人民的生命健康，酿成许多恶果。因此，以法律手段打击制假售假的违法行为，是产品质量法的重点内容，也是它的特点之一。

在产品质量法中，明确禁止伪造或者冒用认证标志等质量标志；禁止伪造产品的产地和伪造或者冒用他人的厂名、厂址；禁止在生产、销售的产品中掺杂、掺假，以假充真，以次充好；禁止以不合格产品冒充合格产品。还需要充分重视的是，产品质量法在作出禁止性规定的同时，对制假售假的违法犯罪行为加大了处罚力度。

5. 对国家机关及其他组织机构约束性的规定

在产品质量法制定和修改过程中，人们从实践中认识到，产品质量需要国家监督，但对国家机关在产品质量活动中的行为则应有一定的规则，以保证符合国家机关的职能、宗旨，对于社会团体、社会中介机构介入产品质量活动，则也应当明确其责任，这样，既有利于树立国家监督和管理产品质量的权威，又防止一些机构不顾后果任意介入产品质量特别是产品经营活动。因此，在产品质量法中制定了如下有积极意义的规则：

产品质量监督部门或者其他国家机关不得向社会推荐生产者的产品，不得以对产品进行监制、监销等方式参与产品经营活动。作为国家机关是不应参与产品经营活动的，也不应像广告商那样去推荐产品；作为产品质量的监督者，只有超脱于产品经营活动，才能保证公正地实施监督。

政府工作人员和其他国家机关工作人员，不得滥用职权、玩忽职守、徇私舞弊，包庇、放纵产品质量违法行为，或者阻挠、干预依法查处产品质量违法行为。这种包庇、放纵往往是为了保护本部门、本地区的利益，而破坏了正常的市场秩序，干扰了公平竞争，置法律于不顾，所以不仅要禁止，而且明确地要追究法律责任。

各级地方政府和其他国家机关，有包庇、放纵产品质量违法行为的，依法追究其主要负责人的法律责任，这是在产品质量领域严饬法纪所必须采取的法律措施。

任何单位和个人不得排斥非本地区或者非本系统企业生产的质量合格产品进入本地区、本系统。这项法律规定不仅是为了排除地方保护主义、部门保护主义，而更重要的是推进在全国统一大市场中展开公平竞争，促进产品质量水平的提高。

社会团体、社会中介机构对产品质量作出承诺、保证，而该产品又并不具有像承诺、保证那样的质量状况，因而给消费者造成损失的，该社会团体、社会中介机构就与产品的生产者、销售者承担连带责任。这项责任是明确的、必要的。所以确定这种责任，就是让一些与产品经营活动联系在一起的组织机构，对自己的行为承担相应的责任；同时也是防止一些不正当的生产者、销售者利用一些组织机构的声誉骗取消费者的信任，误导消费者，让消费者上当，在这种情况下确定有关社会团体、社会中介机构对消费者承担经济责任也是合理的，并符合消费者的正当利益。

6. 关于罚则

产品质量法的这次修改，一个重要的变化是大幅度地增加了罚则的条款和强化了处罚的力度。原有罚则一章十三条，现在条条都作了修改，并将罚则条文增加到二十四条，占全部法律条文的三分之一。在罚则中应当认真注意的变化和重点为：

一是，纳入处罚范围的行为增加了，对于与产品质量活动有关的违法的人与事，明确加以限制，造成危害的严加制裁，这是治理产品质量的实际需要，也是为了保护国家和社会的利益。二是，处罚的重点明确，主要是生产、销售不符合保障人体健康和人身、财产安全的国家标准、行业标准的产品的行为，制假售假行为，以及其他违法产品的生产、销售行为。三是，加大了处罚力度，表现在处罚的手段增加了，处罚的程度加重了，处罚的方式更有可操作性。比如罚款，除了改变罚款基数外，实际上也更易于计算罚款的基数，一般来说，计算货值比计算违法所得更易于操作，当然这里也包含了加重处罚。四是，处罚的对象范围宽了，不仅有产品生产者、销售者，而且还有产品质量中介机构，产品质量的监督者，国家机关工作人员，以及参与质量违法活动的运输、保管、仓储、制假技术的提供者。总之，以法律为准绳，有产品质量违法行为或者介入、参与产品质量违法活动的，将被法律追究责任，受到处罚。五是，对于执法者，一方面规范其执法行为，另一方面也授予了权力，维护执法者的权威，受法律保护，要求秉公执法，严格执法，执法者也要受监督，依法履行职责。六是，产品质量法的罚则，一般是规定行政责任、刑事责任的，但在一些条款中也涉及民事责任，这样并不影响在前面各章中有关民事责任的规定。

产品质量法是一部内容丰富的法律，涉及的范围也较为广泛，它是适合中国情况的，也借鉴了国外关于产品责任立法的经验。经过这一次的修改，得到了较为充实与完善。

第四节　中华人民共和国农产品质量安全法

“民以食为天，食以安为先。”人们每天消费的食物，有相当大的部分是直接来源于农业的初级产品，即农产品质量安全法所规范的农产品，如蔬菜、水果、水产品等；也有些是以农产品为原料加工、制作的食品。农产品的质量安全状况如何，直接关系着人民群众的身体健康乃至生命安全。要保证老百姓吃得饱，还要保证老百姓吃得安全、吃得放心，当时在我国政府的高度重视和各有关方面的共同努力下，我国农产品质量安全状况总体上不断提高，但存在的问题依然不少，亟待依法规范，加强管理。为了从源头上保障农产品质量安全，维护公众的身体健康，促进农业和农村经济的发展，特制定专门的农产品质量安全法。十届全国人大常委会第二十一次会议于2006年4月29日审议通过了《中华人民共和国农产品质量安全法》，并于2006年11月1日起施行。《农产品质量安全法》是《中华人民共和国农产品质量安全法》的简称。

一、《农产品质量安全法》的主要内容

《农产品质量安全法》共分八章五十六条，主要包括总则、农产品质量安全标准、农产品产地、农产品生产、农产品包装和标识、监督检查、法律责任和附则。

具体内容见附录《中华人民共和国农产品质量安全法》。

1. 总则

主要内容：

说明了制定《农产品质量安全法》的目的、农产品及农产品质量安全的定义，并对农产品质量安全的内涵、法律的实施主体、经费投入、农产品质量安全风险评估、风险管理和风险交流、农产品质量安全信息发布、安全优质农产品生产、公众质量安全教育等方面作出了规定。

2. 农产品质量安全标准体系

主要内容：

对农产品质量安全标准体系的建立，农产品质量安全标准的性质，农产品质量安全标准的制定、发布、实施的程序和要求等进行了规定。

规定由国家建立健全农产品质量安全标准体系。农产品质量安全标准是强制性的技术规范。农产品质量安全标准的制定和发布必须依照国家有关法律、行政法规的规定执行。

制定农产品质量安全标准应当充分考虑农产品质量安全风险评估结果，并听取农产品生产者、销售者和消费者的意见，保障消费安全。

3. 农产品产地

主要内容：

对农产品禁止生产区域的确定、农产品标准化生产基地的建设、农业投入品的合理使用等方面作出了明确规定。

县级以上地方人民政府农业行政主管部门按照保障农产品质量安全的要求，根据农产品品种特性和生产区域大气、土壤、水体中有毒有害物质状况等因素，认为不适宜特定农产品生产的，提出禁止生产的区域，报本级人民政府批准后公布。

县级以上人民政府应当采取措施，加强农产品基地建设，改善农产品的生产条件。县级以上人民政府农业行政主管部门应当采取措施，推进保障农产品质量安全的标准化生产综合示范区、示范农场、养殖小区和无规定动植物疫病区的建设。

禁止在有毒有害物质超过规定标准的区域生产、捕捞、采集食用农产品和建立农产品生产基地。禁止违反法律、法规规定向农产品产地排放或倾倒废水、废气、固体废物或者其他有毒有害物质。农业生产用水和用作肥料的固体废物，应当符合国家规定的标准。农产品生产者应当合理使用化肥、农药、兽药、农用薄膜等化工产品，防止对农产品产地造成污染。

4. 农产品生产

主要内容：

对农产品生产技术规范的制定，农业投入品的生产许可与监督抽查、农产品质量安全技术培训与推广、农产品生产档案记录、农产品生产者自检、农产品行业协会自律等方面进行了规定。

国务院农业行政主管部门和省、自治区、直辖市人民政府农业行政主管部门应当制定保障农产品质量安全的生产技术要求和操作规程。县级以上人民政府农业行政主管部门应当加强对农产品生产的指导。

对可能影响农产品质量安全的农药、兽药、饲料和饲料添加剂、肥料、兽医器械，依照有关法律、行政法规的规定实行许可制度。国务院农业行政主管部门和省、自治区、直辖市人民政府农业行政主管部门应当定期对可能危及农产品质量安全的农药、兽药、饲料和饲料添加剂、肥料等农业投入品进行监督抽查，并公布抽查结果。县级以上人民政府农业行政主管部门应当加强对农业投入品使用的管理和指导，建立健全农业投入品的安全使用制度。农产品生产企业和农民专业合作经济组织应当建立农产品生产记录，如实记载，农产品生产记录应当保存两年。禁止伪造农产品生产记录。国家鼓励其他农产品生产者建立农产品生产记录。农产品生产者应当按照法律、行政法规和国务院农业行政主管部门的规定，合理使用农业投入品，严格执行农业投入品使用安全间隔期或者休药期的规定，防止危及农产品质量安全。禁止在农产品生产过程中使用国家明令禁止使用的农业投入品。

5. 农产品包装和标识

主要内容：

农产品生产企业、农民专业合作经济组织以及从事农产品收购的单位或者个人销售的农产品，按照规定应当包装或者附加标识的，须经包装或者附加标识后方可销售。包装物或者标识上应当按照规定标明产品的品名、产地、生产者、生产日期、保质期、产品质量等级等内容；使用添加剂的，还应当按照规定标明添加剂的名称。农产品在包装、保鲜、贮存、运输中所使用的保鲜剂、防腐剂、添加剂等材料，应当符合国家有关强制性的技术规范。

属于农业转基因生物的农产品，应当按照农业转基因生物安全管理的有关规定进行标识。依法需要实施检疫的动植物及其产品，应当附具检疫合格标志、检疫合格证明。所有销售的农产品必须符合农产品质量安全标准，生产者可以申请使用无公害农产品标志。农产品质量符合国家规定的有关优质农产品标准的，生产者可以申请使用相应的农产品质量标志。

6. 监督检查

主要内容：

对农产品质量安全市场准入条件、监测和监督检查制度、检验机构资质、社会监督、现场检查、事故报告、责任追溯、进口农产品质量安全要求等都进行了明确规定。主要内容包括对农产品生产经营的禁令性规定，凡有下列情形之一的农产品，不得销售：含有国家禁止使用的农药、兽药或者其他化学物质的；农药、兽药等化学物质残留或者含有的重金属等有毒有害物质不符合农产品质量安全标准的；含有的致病性寄生虫、微生物或者生物毒素不符合农产品质量安全标准的；使用的保鲜剂、防腐剂、添加剂等材料不符合国家有关强制性技术规范的；其他不符合农产品质量安全标准的。

县级以上人民政府农业行政主管部门应当按照保障农产品质量安全的要求，制定并组织实施农产品质量安全监测计划，对生产中或者市场上销售的农产品进行监督抽查。监督抽查结果由国务院农业行政主管部门或者省、自治区、直辖市人民政府农业行政主管部门予以公告。

从事农产品质量安全检测的机构，必须具备相应的检测条件和能力，由省级以上人民政府农业行政主管部门或者其授权的部门考核合格。农产品质量安全检测机构应当依法经计量认证合格。

县级以上农业主管部门可以对农产品进行现场检查，经检测不符合农产品质量安全标准的农产品，有权查封、扣押；责令停止销售、进行无害化处理或者予以监督销毁；对责任者依法给予没收违法所得、罚款等行政处罚，对构成犯罪的，由司法机关依法追究刑事责任。

农产品批发市场应当设立或者委托农产品质量安全检测机构，对进场销售的农产品质量安全状况进行抽查检测；发现不符合农产品质量安全标准的，应当要求销售者立即停止销售，并向农业行政主管部门报告。农产品销售企业对其销售的农产品，应当建立健全进货检查验收制度；经查验不符合农产品质量安全标准的，不得销售。

进口的农产品必须按照国家规定的农产品质量安全标准进行检验；尚未制定有关农产品质量安全标准的，应当依法及时制定，未制定之前，可以参照国家有关部门指定的国外有关标准进行检验。

发生农产品质量安全事故时，有关单位和个人应当采取控制措施，及时向所在地乡级人民政府和县级人民政府农业行政主管部门报告；收到报告的机关应当及时处理并报上一级人民政府和有关部门。发生重大农产品质量安全事故时，农业行政主管部门应当及时通报同级食品药品监督管理部门。

7. 法律责任

主要内容：

对各种违反《农产品质量安全法》所应承担的法律责任做出了明确的规定，根据违法情节的轻重分别给予行政处分、罚款、撤销其检测资格、赔偿等，直至依法追究刑事责任。

二、《农产品质量安全法》的重点要求

《农产品质量安全法》对以下方面做了着重要求：

（1）抓好农产品产地管理，是保障农产品质量安全的前提。农产品产地环境对农产品质量安全具有直接、重大的影响。近年来，因为农产品产地的土壤、大气、水体被污染而严重影响农产品质量安全的问题时有发生。根据农产品质量安全法的规定，县级以上政府应当加强农产品产地管理，改善农产品生产条件。禁止违反法律、法规的规定向农产品产地排放或者倾倒废水、废气、固体废物或者其他有毒有害物质；禁止在有毒有害物质超过规定标准的区域生产、捕捞、采集农产品和建立农产品生产基地。县级以上地方政府农业主管部门按照保障农产品质量安全的要求，根据农产品品种特性和生产区域大气、土壤、水体中有毒有害物质状况等因素，认为不适宜特定农产品生产的，应当提出禁止生产的区域，报本级政府批准后公布执行。

（2）农产品生产者在生产过程中应当遵守相应的质量安全规定，主要包括：依照规定合理使用化肥、农药、兽药、饲料和饲料添加剂等农业投入品，严格执行农业投入品使用安全间隔期或者休药期的规定，禁止使用国家明令禁止使用的农业投入品，防止因违反规定使用农业投入品危及农产品质量安全；依照规定建立农产品生产记录，如实记载使用农业投入品的有关情况、动物疫病和植物病虫害的发生和防治情况，以及农产

品收获、屠宰、捕捞的日期等情况；对其生产的农产品的质量安全状况进行检测，经检测不符合农产品质量安全标准的，不得销售。

(3) 建立农产品的包装和标识制度，方便消费者识别农产品质量安全状况、逐步建立农产品质量安全追溯制度。农产品质量安全法在农产品包装和标识方面，作出了一系列的规定：对国务院农业主管部门规定在销售时应当包装和附加标识的农产品，农产品生产企业、农民专业合作经济组织以及从事农产品收购的单位或者个人，应当按照规定包装或者附加标识后方可销售。属于农业转基因生物的农产品，应当按照农业转基因生物安全管理的规定进行标识。依法需要实施检疫的动植物及其产品，应当附具检疫合格的标志、证明。农产品在包装、保鲜、贮存、运输中使用的保鲜剂、防腐剂和添加剂等材料，应当符合国家有关强制性的技术规范。销售的农产品符合农产品质量安全标准的，生产者可以申请使用无公害农产品标识。农产品质量符合国家规定的有关优质农产品标准的，生产者可以申请使用相应的农产品质量标志。

(4) 依法实施对农产品质量安全状况的监督检查，是防止不符合农产品质量安全标准的产品流入市场、危害人民群众健康的必要措施，是农产品质量安全监管部门必须履行的法定职责。

农产品质量安全法确立了比较全面的农产品质量安全监督检查制度，主要内容包括：县级以上政府农业主管部门应当制定并组织实施农产品质量安全监测计划，对生产中或者市场上销售的农产品进行监督抽查，监督抽查结果由省级以上政府农业主管部门予以公告，以保证公众对农产品质量安全状况的知情权。监督抽查检测应当委托具有相应的检测条件和能力的检测机构承担，并不得向被抽查人收取费用。被抽查人对监督抽查结果有异议的，可以申请复检。县级以上农业主管部门可以对生产、销售的农产品进行现场检查，查阅、复制与农产品质量安全有关的记录和其他资料，调查了解有关情况。对经检测不符合农产品质量安全标准的农产品，有权查封、扣押。对检查发现的不符合农产品质量安全标准的产品，责令停止销售、进行无害化处理或者予以监督销毁；对责任者依法给予没收违法所得、罚款等行政处罚，对构成犯罪的，由司法机关依法追究刑事责任。

第五节　中华人民共和国进出境动植物检疫法

中国经济的发展举世瞩目，每年以较大的幅度增长、国际间的双边贸易量也越来越大，动物检疫的合作与交流亦越来越频繁，其作用也显得越来越重要。目前中国政府和荷兰、蒙古、朝鲜、阿根廷、乌拉圭、巴西等国政府签署了动物检疫和动物卫生合作协定；并先后与美国、加拿大、阿根廷等国家签署了双边输入、输出牛、羊、猪、马、禽、兔等动物及动物产品的单项检疫议定书共100多个。

为了保护农、林、牧、渔业生产，预防或阻断动物疫病的发生以及从一个地区到另一个地区间的传播，促进经济贸易的发展，保护人民身体健康而制定的《中华人民共和国进出境动植物检疫法》于1991年10月30日通过，并于1992年4月1日起施行。

在进出境动植物检疫法的基础上，1997 年 1 月 1 日起实行《进出境动植物检疫法实施条例》。《动植物检疫法》是《中华人民共和国进出境动植物检疫法》的简称。

《动植物检疫法》是中国颁布的第一部动植物检疫法律，是中国动植物检疫史上一个重要的里程碑，它以法律的形式明确了动植物检疫的宗旨、性质、任务，为口岸动植物检疫工作提供了法律依据和保证。1996 年 12 月，国务院颁布《动植物检疫法实施条例》，细化了动植物检疫法中的原则规定，如进一步明确了进出境动植物检疫的范围，确定了国家动植物检疫机关的职能，完善了检疫审批程序和检疫监督制度，进一步规范了实施行政处罚的规则和尺度。

《动植物检疫法》及《实施条例》颁布施行后，农业部、国家动植物检疫局根据工作的需要，先后制定了一系列配套规章及规范性文件。如《进境动物一二类传染病、寄生虫名录》《禁止携带、邮寄进境的动物、动物产品和其他检疫物名录》《进境植物检疫危险性病、虫、杂草名录》《进境植物检疫禁止进境物名录》等。这些规章及规范性文件的执行，对于实现进出境动植物检疫“把关、服务、促进”的宗旨发挥了重要的作用。

一、《动植物检疫法》的内容

《动植物检疫法》共八章五十条，具体见附录《中华人民共和国进出境动植物检疫法》。主要内容有：

1. 总则

进出境的动植物、动植物产品和其他检疫物，装载动植物、动植物产品和其他检疫物的装载容器、包装物，以及来自动植物疫区的运输工具，依法实施检疫。禁止下列各物进境：动植物病原体(包括菌种、毒种等)、害虫及其他有害生物；动植物疫情流行的国家和地区的有关动植物、动植物产品和其他检疫物；动植物尸体。国务院农业行政主管部门主管全国进出境动植物检疫工作，口岸动植物检疫机关实施检疫的职责等。

2. 进境检疫

输入动物、动物产品、植物种子、种苗、其他繁殖材料及部分粮食类必须提出申请，办理检疫审批手续，应当在进境口岸实施检疫；未经口岸动植物检疫机关同意，不得卸离运输工具；输入动植物、动植物产品和其他检疫物，经检疫合格的，准予进境；输入动植物、动植物产品和其他检疫物，需调离海关监管区检疫，海关凭口岸动植物检疫机关签发的《检疫调离通知单》验放。

3. 出境检疫

输出动植物、动植物产品和其他检疫物，由口岸动植物检疫机关实施检疫，经检疫合格或者经除害处理合格的，准予出境；经检疫合格的动植物、动植物产品和其他检疫物，有下列情形之一的，货主或者其代理人应当重新报检：更改输入国家或者地区，更改后的国家或者地区又有不同检疫要求的；改换包装或者原未拼装后来拼装的；超过检疫规定有效期的。

4. 过境检疫

要求运输动物过境的，必须事先征得中国国家动植物检疫机关同意，并按照指定的口岸和路线过境。运输动植物、动植物产品和其他检疫物过境的，由承运人或者押运人持货运单和输出国家或者地区政府动植物检疫机关出具的检疫证书，在进境时向口岸动植物检疫机关报检，出境口岸不再检疫。

5. 携带、邮寄物检疫

携带、邮寄植物种子、种苗以及其繁殖材料进境的，必须事先提出申请，办理检疫审批手续。携带动物进境的，必须持有输出国家或者地区的检疫证书等证件。

邮寄进境的动植物、动植物产品和其他检疫物，经检疫或者除害处理合格后放行；经检疫不合格又无有效方法作除害处理的，作退回或者销毁处理，并签发《检疫处理通知单》。

6. 运输工具检疫

来自动植物疫区的船舶、飞机、火车抵达口岸时，由口岸动植物检疫机关实施检疫。装载出境的动植物、动植物产品和其他检疫物的运输工具，应当符合动植物检疫和防疫的规定。

7. 法律责任

违反本法规定的一般处以罚款，引起重大动植物疫情的，比照刑法第一百七十八条的规定追究刑事责任。伪造、变造检疫单证、印章、标志、封识，依照刑法第一百六十七条的规定追究刑事责任。

动植物检疫机关检疫人员滥用职权，徇私舞弊，伪造检疫结果，或者玩忽职守，延误检疫出证，构成犯罪的，依法追究刑事责任；不构成犯罪的，给予行政处分。

8. 附则

中华人民共和国缔结或者参加的有关动植物检疫的国际条约与本法有不同规定的，适用该国际条约的规定。但是，中华人民共和国声明保留的条款除外。口岸动植物检疫机关实施检疫依照规定收费。

二、动植物检疫的目的和任务

1. 保护农、林、牧、渔业生产

众所周知，农、林、牧、渔业生产在世界各国国民经济中占有非常重要的地位。采取一切有效的措施免受国内外重大疫情的灾害，是每个国家动物检疫部门的重大任务。

2. 促进经济贸易的发展

当前国际间动物及动物产品贸易的成交与否，具有优质、健康的动物和产品是关键。动物检疫工作不可缺少、事关重要。

3. 保护人民身体健康

动物及其产品与人的生活密切相关。许多疫病是人畜共患的传染病，据有关方面不完全统计，目前动物疫病中，人畜共患的传染病已达196种。1996年在世界范围内引起的疯牛病(BSE)风波其主要原因是与人的健康有关。动物检疫对保护人民身体健康具有非常重要的现实意义。

复习思考题

1. 分析食品安全法制定和出台的背景。
2. 简述食品安全法与食品卫生法的区别。
3. 产品质量法修改的要点是什么？
4. 农产品质量安全法对农产品产地都有什么规定？

第五章　国际食品标准与采用国际标准

（1）了解国际食品法规的主要种类及基本内容

（2）了解世界上主要发达国家的食品法律法规

（3）掌握采用国际标准的原则、程度和认可程序

第一节　国际食品标准组织

一、国际标准化组织（ISO）

（一）国际标准化组织概况

国际标准化组织（ISO）是世界上最大、最具权威的标准化机构，成立于1946年10月14日，现有146个成员国。根据该组织章程，每一个国家只能有一个最有代表性的标准化团体作为其成员。ISO的宗旨是在全世界范围内促进标准化工作的开展，以便利国际物资交流和相互服务，并在知识、科学技术和经济领域开展合作。它的工作领域很宽，涉及所有学科，其活动主要围绕制定和出版ISO国际标准进行。我国于1978年申请恢复加入国际标准化组织（ISO），同年8月被ISO接纳为成员国。

制定国际标准的工作通常由ISO的技术委员会完成，各成员团体若对某技术委员会已确定的标准项目感兴趣，均有权参加该委员会的工作。技术委员会正式通过的国际标准草案提交给各成员团体表决，国际标准需取得至少75%参加表决的成员团体同意才能正式通过。

国际标准化组织制定国际标准的工作步骤和顺序，一般可分为七个阶段：①提出项目；②形成建议草案；③转国际标准草案处登记；④ISO成员团体投票通过；⑤提交ISO理事会批准；⑥形成国际标准；⑦公布出版。

（二）国际标准化组织的组织机构

ISO的组织机构分为非常设机构和常设机构。ISO的最高权力机构是ISO全体大会（General Assembly），是ISO的非常设机构。根据新章程，ISO全体大会每年9月召开一次。大会的主要议程包括年度报告中涉及的有关项目的行动情况、ISO的战略计划以及财政情况等。ISO中央秘书处承担全体大会、四个政策制定委员会、理事会、技术管理局和通用标准化原理委员会的秘书处工作。

ISO理事会（Council）是ISO的管理机构。其主要任务有：任命ISO司库、技术管理局成员和ISO的政策制定委员会主席，审查并决定ISO中央秘书处的财务预决算。

ISO的四个政策制定委员会分别是合格评定委员会（CASCO）、消费者政策委员会（COPOLCO）、发展中国家事务委员会（DEVCO）、信息系统和服务委员会（INFCO）。

ISO的技术管理局（Technical Management Board，TMB）是负责技术管理和协调的最高管理机构，其主要任务是就ISO全部技术工作的组织、协调、战略计划分配和管理问题向理事会提供咨询；审查ISO的新工作领域的建议，对成立和解散技术委员会（TC）作出决议；代表ISO复审ISO/IEC技术工作导则，检查和协调所有修改意见，并批准有关的修订文本，在已有政策的技术工作领域内就有关事项采取行动。TMB的日常工作由ISO中央秘书处承担。

（三）世界贸易组织（WTO）与国际标准化组织

世界贸易组织的贸易技术壁垒协定（TBT）也称《标准守则》，是世界贸易组织关贸总协定中防止关税壁垒协定中最重要的一个协定，是针对各缔约方的技术法规、标准和合格评定程序而制定的一系列准则，其目的是为了确保各缔约方制定的技术法规、标准和合格评定程序不给国际贸易造成不必要的障碍。世界贸易组织（WTO）委托国际标准化组织负责贸易技术壁垒协定（TBT）中有关标准通报工作。

世界贸易组织（WTO）等一些国际组织参加国际标准化组织的合格评定委员会（Committee Conformity Assessment，CASCO）的工作。CASCO的主要任务是：根据适当的标准或其他技术法规，研究对产品、过程、服务和质量体系进行合格评定的方法；制定有关产品、过程、服务的测试、检验机构、认证机构认可机构及其活动和接收的国际指南、国际标准；促进国家间、地区间合格评定体系的相互承认和认可，促进测试、检验和认证等方面的国际标准的应用。

（四）国际标准化组织负责的食品标准化工作内容

国际标准化组织在食品标准化领域的活动，包括术语、分析方法和取样方法、产品质量和分级、操作、运输和贮存要求等方面。

1. 术语

术语和定义协议可视为国际标准化活动的首要要求，它确保所有相关组织都讲一致的语言。目前，许多国家采用了ISO标准词汇，而且译成了其他语言，它有助于在全球范围内促进一致性，也更便于理解。

2. 分析方法和取样方法

物品和服务国际交换的先决条件就是要有检验质量的认可分析方法和取样方法。因此，要求国际标准具有：质量测定——确定即将出售的产品质量；质量保证——验证交易的产品质量符合合同的有关协议条款；质量控制或管理——有关显著的变化、精馏或调整、调配等，以保证或改善质量，符合市场需要。

3. 产品质量和分级

每类产品都应有一个标准充分和明确地判定或描述产品质量，以使国际贸易更加便利。进口国和出口国都对应用已承认的国际标准代替特定的协议的效果和价值感兴趣。

4. 操作、运输和贮存要求

由 ISO 制定的产品标准包括了相关物品的操作、运输和贮存规定，同时 ISO 还有专门的技术委员会涉及包装和物品操作的标准化，以及地面、空中和水上运输和集装箱化。

（五）国际标准化组织 TC34 及其 SC 简介

截至目前，国际标准化组织共有 218 个技术委员会（TC）和若干个分技术委员会（SC）。TC34 是专门负责农产食品工作的技术委员会，它下设 14 个分技术委员会。与食品技术相关的标准，绝大部分是由 ISO/TC34 制定的，少数标准是由 ISO/TC93 淀粉（包括衍生物和副产品）、TC47 化学和 TC5 铁管、钢管和金属配件技术委员会制定的。

TC34 农产食品技术委员会下设的 14 个分技术委员会是：TC34/SC2 油料种子和果实；TC34/SC3 水果和蔬菜制品；TC34/SC4 谷物和豆类；TC34/SC5 乳和乳制品；TC34/SC6 肉和肉制品；TC34/SC7 香料和调味品；TC34/SC8 茶；TC34/SC9 微生物；TC34/SC10 动物饲料；TC34/SC11 动物和植物油脂；TC34/SC12 感官分析；TC34/SC13 脱水和干制水果和蔬菜；TC34/SC14 新鲜水果和蔬菜；TC34/SC15 咖啡。

（六）国际标准分类法

国际标准分类法（International Classification for Standards，简称 ICS）是由国际标准化组织编制的。它主要用于国际标准、区域性标准和国家标准以及其他标准文献的分类。国际标准分类法的应用，有利于标准文献分类的协调统一，促进国际、区域和国家间标准文献的交换和传播。

世界贸易组织（WTO）委托国际标准化组织负责贸易技术壁垒协定（TBT）中有关标准通报工作，规定标准化机构在通报工作计划时，要使用国际标准分类法。

国际标准分类法采用三级分类：第一级由 41 个大类组成，第二级为 387 个二级类目，第三级为 789 个类目（小类）。国际标准分类法采用数字编号。第一级采用两位阿拉伯数字，第二级采用三位阿拉伯数字，第三级采用两位阿拉伯数字表示，各级类目之间以下脚点相隔。

例如：67　食品技术

67. 020　食品工业加工过程

67.100　乳和乳制品

67.120　肉、肉制品和其他畜产品

67.160.01　饮料综合

67.160.10　含醇饮料

67.160.20　无醇饮料（包括果汁，露，矿泉水，柠檬水，以黄樟油、冬青油为香料的无醇饮料，可乐饮料等）

二、国际食品法典委员会（CAC）

（一）食品法典的含义

“Codex Alimentarius”一词来源于拉丁语，意即食品法典（或食品法规）。它是一套食品安全和质量的国际标准、食品加工规范和准则，旨在保护消费者的健康并消除国际贸易中不平等的行为。

1962年，联合国粮农组织（FAO）和世界卫生组织（WHO）召开全球性会议，讨论建立一套国际食品标准，指导日趋发展的世界食品工业，保护公众健康，促进公平的国际食品贸易发展。为实施FAO/WHO联合食品标准规划，两组织决定成立国际食品法典委员会（Codex Alimentarius Commission，下称CAC），通过制定推荐的食品标准及食品加工规范，协调各国的食品标准立法并指导其建立食品安全体系。

（二）食品法典的范围

食品法典以统一的形式提出并汇集了国际已采用的全部食品标准，包括所有向消费者销售的加工、半加工食品或食品原料的标准。有关食品卫生、食品添加剂、农药残留、污染物、标签及说明、采样与分析方法等方面的通用条款及准则也列在其中。另外，食品法典还包括了食品加工的卫生规范（Codes of Practice）和其他推荐性措施等指导性条款。

（三）法典标准的性质

法典标准对食品的各种要求是为了保证消费者获得完好、卫生、不掺假和正确标示的食品。所有食品法典标准都是根据标准格式制定并在适当条款中列出各项指标。一个国家可根据其领土管辖范围内销售食品的现行法令和管理程序，以“全部采纳”、“部分采纳”和“自由销售”等几种方式采纳法典标准。

食品法典汇集了各项法典标准，各成员国或国际组织的采纳意见以及其他各项通知等。但食品法典绝不能代替国家法规，各国应采用互相比较的方式总结法典标准与国内有关法规之间的实质性差异，积极地采纳法典标准。

（四）食品法典的内容及作用

食品法典委员会自1962年成立以来已制定了许多标准、导则和规范。目前食品法典共包括245个通用标准和食品品种标准，41种食品加工卫生规范。食品法典委员会还评价了700多种食品添加剂和污染物的安全性并制定了3000余个农残最大限量标准。

毫无疑问，目前食品法典对世界食品供给的质量和安全产生了巨大的影响。世界贸易组织在其两项协定(SPS 协定，即卫生与植物检疫协定；TBT 协定，即贸易技术壁垒协定)中都明确了食品法典标准的准绳作用。在工业化国家看来，食品法典是最终的参考依据。对于发展中国家，食品法典被认为是现成的一套要求。无论法典标准是被全国采纳或只是作为参考，它都为消费者提供了保障，各国生产厂家和进口商都清楚，如果不能达到法典的要求，他们就会面临麻烦。

（五）运行机制

CAC 的成员国已达 165 个，CAC 大会每两年召开一次，轮流在意大利罗马和瑞士日内瓦举行。委员会秘书处设在罗马 FAO 食品政策与营养部食品质量标准处。WHO 的联络点是日内瓦 WHO 健康促进部食品安全处。

CAC 下设的执行委员会提出基本工作方针，它是法典委员会的执行机构，就需经下届大会通过的议题向委员会提出决策意见。执委会成员在地区分布上是均等的，同一国家不得有两名成员。主席和三个副主席的任期不得超过四年。

地区性法典协调委员会负责与本地区利益相关的事宜，解决本地区存在的特殊问题。目前已有欧洲、亚洲、非洲、北美及西南太平洋、拉丁美洲和加勒比地区共五个地区性法典委员会。

法典委员会还成立了 28 个通用标准和食品标准的分委会，他们负责起草标准并向 CAC 提出具体意见和建议。委员会本身确定哪些标准的制定是必要的，由相关分委员会安排起草工作。

所有法典标准，包括农残最大限量、食品加工规范和导则等都需通过八步程序，其中包括经委员会审核两次，经各国政府及相关机构(包括食品生产经营者和消费者)审核两次方可采纳。

某个标准一经颁布，法典委员会秘书处就定期提供已认可了该标准的国家的清单。这样出口商们就可以了解其符合法典要求的商品将运往哪些国家。

在法典委员会的 28 个专业分委会中，有 8 个被称作一般问题的委员会影响最大。这 8 个委员会与科研机构紧密配合，共同制定各类通用标准和推荐值，它们是食品卫生(美国)、食品标签(加拿大)、食品添加剂和污染物(荷兰)、兽药残留(美国)、分析方法和采样(匈牙利)以及进出口食品检验和认证体系(澳大利亚)委员会。括号中的为相应委员会的主持国。

主持国资助该委员会的工作，FAO 和 WHO 负责法典规划的总支出，其中 80% 的资金由 FAO 提供。

在法典工作中同样活跃的是食品工业协会、消费者组织以及国际科学和食品技术组的代表。

（六）食品法典与食品贸易

今天的世界处处可品尝异国风味，越来越多的食品走出国门，食品贸易在一个国家的经济发展中起着日趋显著的作用。然而非关税的贸易壁垒和无法协调或采纳的食品标准给食品进出口国都带来巨大损失。如果出口商重视进口国的要求或依照共同认可的法典程序和标准，那么可能大部分问题就可以解决了。

因此，有必要协调食品标准，“协调”（Harmonization）一词在国际食品贸易中使用由来已久，它是使世界各国认可食品法规的简捷途径。协调的目的是在食品要求、检验监督程序以及实验数据认可等方面达成一致意见。

由于各国都有众多的本国因素使其坚持某一标准，并且科学家、团体可能由于不同原因而得出不同的结论，完全协调食品标准可能有一定困难，以致非关税壁垒对世界贸易的阻碍日趋显著。

为了更好地协调标准，食品法典委员会将提供由世界各国食品与贸易专家达成共识的、以科学和技术为基础的食品标准。国际贸易谈判人员将越来越多地采取这些标准解决争端。

（七）世界贸易组织的两项协定（SIS 协定及 TBT 协定）与食品法典委员会

SPS 协定是世贸组织成员国间签署的不利用卫生和植物检疫规定作为人为或不公正的食品贸易障碍的协定。卫生（人与动物的卫生）与植物检疫（植物卫生）（SPS）规定在保护食品安全，防止动植物病害传入本国方面是必要的。SPS 协定确定了各国有权利制定或采用这些规定以保护本国的消费者、野生动物以及植物的健康。SPS 协定采用食品法典委员会的标准作为食品安全决策上的依据。为什么 SPS 可成为限制贸易的手段呢？因为 SPS 的建立可以是人为的，非科学的，并不反映消费者的利益而是为了保护本国生产者和生产企业的利益的。SPS 协定很清楚地表明，SPS 规定在保护消费者健康安全上是完全合理和必要的，但它决不能人为地或不公正地对各国商品存在不平等待遇，或超过保护消费者要求的更严格的标准，造成潜在的贸易限制。各国政府有义务向此协定的其他签署国公开本国的 SPS 规定，增加它的透明度。另外，各国的 SPS 规定必须符合国际标准，它可以充分保护消费者健康，促进食品贸易的发展。

除 SPS 协定外，另有一项贸易技术壁垒协定（TBT 协定），它涉及的是间接对消费者及健康产生影响的标准及规定（比如食品标签规定等），TBT 协定同样建议成员国使用法典标准。食品法典标准经定期审核以确保上述两项协定依据最新的科学资料。

（八）我国食品法典工作状况

我国于 1986 年正式加入食品法典委员会（下称 CAC），并于同年经国务院批准成立中国食品法典国内协调小组，负责组织协调国内法典工作事宜。卫生部为协调小组组长单位，负责小组协调工作；农业部为副组长单位，负责对外组织联系工作。协调小组秘书处设在卫生部食检所，负责日常事宜，各部门工作均有明确分工。近十年来，我国在食品安全领域加强了与联合国粮农组织和世界卫生组织的合作，加强了与其他成员国在食品贸易、卫生安全立法等方面的联系，为提高食品质量，保障我国权益起了积极的作用。

我国食品法典工作主要分为信息交流，组织研究 CAC 提出的有关问题和建议，参与国际及地区标准的制修订以及参加法典委员会及其专业委员会会议等。在信息交流方面，协调小组秘书处组织编译各类 CAC 标准、标准工作进展情况等文章，供国内食品生产管理人员参考，并回复 CAC 对我国制标工作的问卷调查，反馈我们的意见和建议。此外 CAC 国内协调小组还定期举行工作会议，商讨有关法典工作具体问题。近些年来，在国际和地区标准的制修订工作方面，我们从被动接受到主动参与，其中国际“竹笋标准”、“腌菜标准”、“干鱼片标准”等都是由我国参与制定的，充分反映了我国进出口的贸易利益，保障了消费者健康。从 20 世纪 80 年代初我国派专家以观察员身份参加各种类型的法典工作会议以来，共向会议提出议案近百项，得到大会的积极响应，在国际法典委员会工作中的地位也越发显著。1994 年 5 月我国还成功地举办了第九届亚洲地区法典协调委员会会议，为推动本地区及国际食品标准化工作作出了积极贡献。

随着我国食品工作的迅猛发展，食品标准与法规在食品监督管理和食品贸易方面所发挥的作用日益突出，食品法典委员会作为政府间食品标准协调的唯一国际机构，其法规标准及决议等也有着越发重要的地位。经国内协调小组各成员单位商讨决定向国务院请示成立中国食品法典协调委员会，进一步明确其任务、职能，从人员及经费上得到落实，从而加强国内标准与法典标准的协调工作，推进我国与国际标准的接轨进程，为我国食品贸易发展及建立完善的食品标准体系，保障人类健康作出贡献。

三、国际乳品联合会(IDF/FIL)

国际乳品联合会(International Dairy Federation，简称 IDF)成立于 1903 年，是一个独立的、非政治性的、非盈利性的民间国际组织，也是乳品行业唯一的世界性组织。它代表世界乳品工业参与国际活动。IDF 由比利时组织发起，因此，总部设在比利时首都布鲁塞尔。其宗旨是：通过国际合作和磋商，促进国际乳品领域中科学、技术和经济的进步。

目前，IDF 有 50 个成员国，其中多数为欧洲国家，另外，美国、加拿大、澳大利亚、新西兰、日本、印度等国也是其重要成员。1995 年，中国正式加入 IDF，成为第 38 个成员国。

IDF 的最高权力机构是理事会。其下设机构为管理委员会、学术委员会和秘书处。学术委员会又设有六个专业委员会，每个专业委员会负责一个特定领域的工作，它们是：

A 委员会　乳品生产、卫生和质量

B 委员会　乳品工艺和工程

C 委员会　乳品行业经济、销售和管理

D 委员会　乳品行业法规、成分标准、分类和术语

E 委员会　乳与乳制品的实验室技术和分析标准

F 委员会　乳品行业科学、营养和教育

理事会由成员国代表组成，负责制定和修改联合会章程；选举联合会主席和副主席；选举管理委员会和学术委员会主席；批准年度经费预算和新会员国入会等。理事会每年至少举行一次会议。

管理委员会即常务理事会，由选举产生的 5 ~ 6 名委员组成，负责主持联合会的日

常工作。

学术委员会负责协调和组织下设的6个专业技术委员会的工作，具体考虑乳品领域科学、技术和经济方面的问题，并要体现理事会制定的政策。各专业技术委员会通过组织专家组，解决各自领域内的具体问题。

秘书处负责处理联合会的日常事务工作。

各成员国均设有国家委员会，负责与IDF联络和沟通。IDF中国国家委员会设在中国乳制品工业协会，秘书处设在黑龙江省乳品工业技术开发中心。

IDF每四年召开一次国际乳品代表大会，每年召开一次年会。大会期间，通过举办各种专题研讨会、报告会和书面报告的形式，为世界乳品行业提供技术交流、信息沟通的场所和机会。年会期间6个专业技术委员会分别开会，由专家组报告工作情况，并作出相应的决议。

除大会和年会外，各专业技术委员会经常举办一些研讨会、技术报告会和专题报告会，就乳品行业普遍关心的技术、经济、政策等方面的问题，进行交流和探讨。

协调各国乳品行业之间和乳品行业与其他国际组织之间的关系也是IDF的主要工作之一。IDF通过D、E委员会制定自己的分析方法、产品和其他方面的标准，并直接参与ISO、CAC国际标准的制定工作，IDF的标准是ISO、CAC制定有关乳品标准的重要依据。

IDF每年都要发行其出版物，主要包括：公报、专题报告集、研讨会论文集、简报、书籍和标准。到目前为止，IDF共发行标准180多个，其中分析方法标准166个，产品标准8个，乳品设备及综合性标准6个。有125个标准是与ISO共同发布的。

IDF的经费来源主要是成员国缴纳的会费、大会及年会的报名费、销售出版物收入及有关方面的捐赠。

四、国际葡萄与葡萄酒局(IWO/OIV)

国际葡萄与葡萄酒局(法文Office Internationale de la Vigne et du Vin，OIV；英文International Vine and Wine Office，IWO)是根据1924年11月29日的国际协议成立的一个各政府之间的组织，是由各成员国自己选出的代表所组成的政府机构，现在已有46个成员国，总部设在法国巴黎。

该组织的主要职责是收集、研究有关葡萄种植，以及葡萄酒、葡萄汁、食用葡萄和葡萄干的生产、保存、销售及消费的全部科学、技术和经济问题，并出版相关书刊。它向成员国提供一些恰当的方法来保护葡萄种植者的利益，并着手改善国际葡萄酒市场的条件，以获取所有必需的已有成果的信息。它确保现行葡萄酒分析方法的统一性，并从事对不同地区所用分析方法的比较性研究。

目前，国际葡萄与葡萄酒局已公布并出版的出版物有：《国际葡萄酿酒法规》《国际葡萄酒和葡萄汁分析方法汇编》《国际葡萄酿酒药典》，它们构成了整套丛书，具有很强的科学、法律和实用价值。

本书所收有关国际葡萄和葡萄酒的标准信息，是依据《国际葡萄酿酒法规》而编写的，在每个定义、加工方法之后的括号内，斜线前的数字表示 OIV 的决议编号，斜线后的数字为采用的年份(如：5/1988，为 1988 年采用的 5 号决议)。

五、世界卫生组织(WHO)

(一) 世界卫生组织简介

世界卫生组织(简称“世卫组织”，World Health Organization，WHO)是联合国下属的一个专门机构，其前身可以追溯到 1907 年成立于巴黎的国际公共卫生局和 1920 年成立于日内瓦的国际联盟卫生组织。战后，经联合国经社理事会决定，64 个国家的代表于 1946 年 7 月在纽约举行了一次国际卫生会议，签署了《世界卫生组织组织法》。1948 年 4 月 7 日，该法得到 26 个联合国会员国批准后生效，世界卫生组织宣告成立。每年的 4 月 7 日也就成为全球性的世界卫生日。同年 6 月 24 日，世界卫生组织在日内瓦召开的第一届世界卫生大会上正式成立，总部设在瑞士日内瓦。

世卫组织的宗旨是使全世界人民获得尽可能高水平的健康。该组织给健康下的定义为“身体、精神及社会生活中的完美状态”。世卫组织的主要职能包括：促进流行病和地方病的防治；提供和改进公共卫生、疾病医疗和有关事项的教学与训练；推动确定生物制品的国际标准。截止到 2003 年 5 月，世卫组织共有 192 个成员国。

(二) 世界卫生组织的机构

世界卫生大会是世卫组织的最高权力机构，一般每年的 5 月 5 日在日内瓦城举行。来自所有成员国的代表们将出席。卫生大会是至高的决策者，它的主要任务是通过两年一次的程序预算，并且决定主要的政策问题。执行委员会是世界卫生大会的执行机构，负责执行大会的决议、政策和委托的任务，它由 32 个卫生领域的学术带头人组成，每个成员由各成员国选派，然后由世界卫生大会选举产生，任期三年，每年改选三分之一。根据世界卫生组织的君子协定，联合国安理会 5 个常任理事国是必然的执委会成员国，但席位第三年后轮空一年。常设机构秘书处下设非洲、美洲、欧洲、东地中海、东南亚、西太平洋 6 个地区办事处。总干事任职期 5 年。

执行委员会每年至少举行两次会议，正常情况下主会议在一月份举行，第二次较短的会议在 5 月份卫生大会结束后即举行。执行委员会主要职能是行使卫生大会作出的决议和政策，建议并促进其工作。

秘书处由 3800 个卫生以及其他领域的专家，既有专业人员又有一般的服务人员组成，他们分别工作在总部及六个国家地区办公室。

秘书处由秘书长领导，秘书处秘书长由执行委员会提名，通过世界卫生大会任命。

世界卫生组织的专业组织有顾问和临时顾问、专家委员会、全球和地区医学研究顾问委员会和合作中心。

(三) 世界卫生组织的目标和职能

世界卫生组织宪章将其定义为国际卫生工作的指导和权威。它的目标是：“使全世界人民获得可能的最高水平的健康。”以下是它的职责：

根据需求，帮助政府加强卫生服务；根据需求，建立和保持诸如管理和技术服务，包括流行病学的和统计学的服务；在卫生领域中提供信息、劝告和帮助；促进传染病、地方病及其他疾病的消除工作；促进营养、住房、卫生设施、劳动条件及其他环境卫生学方面的改进；促进致力于增进健康的科学和专业团体之间的合作；提出卫生事务国际公约、规划和协定；促进和引导卫生领域的研究工作；开发食品、生物制品、药品国际标准；协助在人群中发展卫生事务的宣传教育工作。

（四）世界卫生组织成员国

所有接受世界卫生组织宪章的联合国成员国都可以成为该组织的成员。其他国家在其申请经世界卫生大会简单的投票表决，多数通过后，就可以成为世界卫生组织的成员国。在国际关系事务中不能承担责任的地区，根据世界卫生组织成员国或其他能够对该地区的国际关系承担责任的权威基于该地区自身利益制定的申请，该地区可以作为预备成员进入世界卫生组织。世界卫生组织成员国按照区域分布。包括：非洲地区办公室（ARFO）；美洲地区办公室（PAHO）；东南亚地区办公室（SEARO）；欧洲地区办公室（EURO）；东地中海地区办公室（EMRO）；西太平洋地区办公室（WPRO）。

（五）世界卫生组织的出版物

主要出版物有：《世界卫生组织月报》，每年6期，英、法、阿、俄文；《疫情周报》，英、法文；《世界卫生统计》，季刊，英、法、中、阿、俄、西文；《世界卫生》，月刊，英、法、俄、西、德、葡、阿文。

中国是该组织的创始国之一。1972年第25届世界卫生大会恢复了中国在该组织的合法席位。其后，中国出席该组织历届大会和地区委员会会议，被选为执委会委员。1978年10月，中国卫生部长和该组织总干事在北京签署了“卫生技术合作谅解备忘录”，协调双方的技术合作。这是双方友好合作史上的里程碑。

中国的世界卫生组织（WHO）合作中心目前已达69个，其数目之多位居世界卫生组织西太平洋地区国家之首。现有的合作中心分布于我国14个省市自治区，覆盖了医学12个学科30余个专业。世界卫生组织合作中心作为我国与世界卫生组织开展卫生技术合作的窗口，在促进国际、国内卫生技术交流、人员培训等方面发挥了积极的辐射和示范作用，现已成为促进我国医学科学现代化，早日实现人人享有卫生保健目标的一支重要力量。

六、联合国粮农组织（FAO）

（一）联合国粮农组织简介

联合国粮农组织（Food and Agriculture Organization of the United Nations，FAO）成立于1945年，在加拿大魁北克召开粮农组织大会第一届会议，确定粮农组织为联合国的一个专门机构，总部设在意大利。

联合国粮农组织的宗旨：提高成员国国家人民的营养水平和生活标准，改善所有食品和农业产品的生产和分配，改进农村人口生活条件，由此对世界经济的增长和保证人类免于饥饿做出贡献。

（二）联合国粮农组织机构

FAO是联合国成立的第一个专门机构，主要由大会、理事会和秘书处组成。大会是最高权力机构，其职责是确定政策，通过预算和工作计划，向成员国或其他国际组织提供有关粮食问题的建议，审查本组织所属机构的决议和接纳新会员和主席，任命秘书处总干事。理事会隶属于大会，在大会休会期间执行大会所赋予的权力。理事会有一名独立主席和49个理事国组成。

来自所有成员国的代表每两年在粮农组织大会上相聚一次，回顾所开展的工作和批准新的预算。大会选举由49个成员国组成的较小团体，即理事会，管理本组织的活动。理事会成员任期为三年，到期轮换。大会还选举一名总干事，现任总干事为塞内加尔的雅克·迪乌夫博士。

FAO出版物有《FAO统计公报》月刊、《FAO农业与发展评论》双月刊、《FAO植保公报》季刊等。

（三）联合国粮农组织主要活动

1. 使人们能够获得信息

粮农组织发挥了智囊团的作用，利用其工作人员－农艺学家、林业工作者、渔业和畜牧业专家、营养学家、社会科学家、经济学家、统计员和其他专业人员的专业知识，收集和分析有助于发展的资料。

2. 分享政策专业知识

粮农组织向各成员国提供在设计农业政策和规划、拟订有效法律及制定实现乡村发展和脱贫目标的国家战略方面多年积累的经验。

3. 为各国提供一个会议场所

任何一天都有来自全球的几十位决策者和专家在总部或FAO的实地办事处召开会议，就重大的粮食和农业问题达成一致意见。

4. 将知识送到实地

FAO渊博的知识在世界各地数以千计的项目中受到检验。粮农组织为确保这些项目达到目标而从工业化国家、开发银行和其他来源筹集并管理数以百万美元计的资金。粮农组织提供技术诀窍，在少数情形下也成为有限资金的来源。

（四）粮农组织的职能

世界粮农组织的职能是提高营养水平，提高农业生产率，改善乡村人口的生活和促进世界经济发展。

世界粮农组织提供帮助人们和国家自助的那种幕后援助。如果一个社区想提高作物单产但又缺乏技能，FAO就介绍简便而可持续的手段和方法。当一个国家从土地国家所有制向土地私人所有制转变时，FAO就提供铺平道路的法律咨询。当旱灾产生将已经易受害的群体推向饥饿边缘的风险时，FAO就动员采取行动。在各种需要相互竞争的复杂世界中，FAO提供达成共识所需的一个中立的会议场所和背景知识。

（五）中国与FAO

中国是FAO创始国之一。1971年11月，FAO理事国第57届会议通过决议，接纳我国作为正式会员参加该组织。1973年9月，我国向该组织派出常驻代表，并建立了中国驻粮农组织代表处。1983年1月，粮农组织在北京设立代表处。

FAO在华联系单位为农业部。每年我国有一定数量的科研人员获得FAO资助，参加有关国际会议或培训班。

七、国际有机农业运动联合会（IFOAM）

国际有机农业运动联合会（简称IFOAM）是推动世界性有机农业和有机食品发展的专门组织，现在已经有115个国家和地区的600多个团体加入了该组织。国家环境保护总局有机食品发展中心（英文缩写OFDC）是我国最早加入该组织的会员，目前我国已有22个IFOAM会员。

目前，有机食品的市场主要在美国、德国、日本和法国等10个发达国家。在发达国家销售的有机食品大部分依赖进口，德国、荷兰、英国每年进口的有机食品分别占有机食品消费总量的60%、60%、70%，价格通常比常规食品高20%～50%，有些品种高出1倍以上。有机食品正在成为发展中国家向发达国家出口的主要产品之一。

国际有机农业和有机农产品的法规与管理体系主要分为两个层次：一是联合国层次，二是国家层次。

联合国层次的有机农业和有机农产品标准是由联合国粮农组织（FAO）与世界卫生组织（WHO）领导的有机认证者委员会（Organic Certifiers Council，OCC）制定的，是《食品法典》的一部分，只有植物生产标准，动物生产标准尚未通过，尚属于建议性标准。《食品法典》的标准基本上参考了欧盟有机农业标准EU 2092/91以及国际有机农业运动联盟（International Federation of Organic Agriculture Movements，IFOAM）的“基本标准”。

IFOAM的基本标准属于非政府组织制定的有机农业标准，每两年召开一次会员大会进行基本标准的修改，它联合了国际上从事有机农业生产、加工和研究的各类组织和个人，其标准具有广泛的民主性和代表性，为许多国家制定有机农业标准的参照。IFOAM的基本标准包括了植物生产、动物生产以及加工的各类环节，还专门制定了茶叶和咖啡的标准。IFOAM的授权体系——监督和控制有机农业检查认证机构的组织和准则（Independent Organic Accreditation Service，IOAS）单独对有机农业检查认证机构实行监督和控制。

国家层次的有机农业标准以欧盟、美国和日本为代表。目前已经制定完毕且生效的是欧盟的有机农业条例EU 2092/91及其修改条款（包括植物和动物标准），它对有机农业和有机农产品的生产、加工、贸易、检查、认证以及物品使用等全过程进行了具体规定，适用于欧盟15个成员国的所有有机农产品的生产、加工和进出口贸易。日本2001年4月正式执行其有机农业标准，标准内容95%以上与欧盟是相似的。美国有机农业标准于2002年8月正式执行。

第二节　部分发达国家食品法律法规

世界发达国家食品法律法规主要有美国、欧盟、日本、加拿大、澳大利亚、德国、韩国等，限于本书的篇幅，本节仅介绍美国、欧盟、日本等国的食品法律法规。

一、美国食品卫生与安全法律法规

（一）食品安全监管机构和职能

美国的食品安全监管体系能够有效的运作在于其健全的体制和各种执行及监督机构，美国所施行的是机构联合监管制度，在全国、各州及各地方层次进行食品生产与流通的监管。各层级的法律和准则都对这些监管人员的权限有着明确的规定。这些工作人员携手合作，形成了美国食品安全的监管系统。

1. 美国健康与人类服务部(U. S. Department of Health and Human Services，HHS)

美国食品安全监管的大部分任务都由美国健康与人类服务部(HHS)属下的食品与药物管理局(FDA)来执行，主要监管除肉类、禽类、不带壳的蛋类及其制品和含酒精饮料以外的所有食品。FDA有专门的项目中心，其中与食品安全监管有关的为：监管事务办公室(Office of Regulatory Affairs，ORA)，这是FDA的管理中心，负责对所有活动的领导，通过以科学为基础的高质量工作努力保证被监管产品的合法性，最大限度地保护消费者。食品安全及营养中心(Center for Food Safety and Applied Nutrition，CF-SAN)，是FDA对食品和化妆品的监管部门，对美国市场上80%左右食品进行监管，同时也监管进口食品；国家毒理学研究中心(National Center for Toxicological Research，NC-TR)其研究工作对FDA的监管提供了可靠的科学基础。

HHS下属的疾病预防和控制中心(US Centers for Disease COntrol，CDC)和国家健康研究院(National Institutes of Health，NIH)负责有关食品安全的监管。CDC主要负责食源性疾病的监管和研究，并配合其他部门行使监管职能。NIH是美国对食品安全研究的最主要的机构，同时也负责对食品安全监管人员的培训工作。

2. 美国农业部(United States Department of Agriculture，USDA)

美国农业部(USDA)主要监管肉类、禽类和蛋类制品。其属下的食品安全检验局(Food Safety and Inspection Service，FSIS)是对食品安全监管的主要部门，它的职能与FDA十分相近，仅仅是监管范围不同。FDA和FSIS一起所监管的产品基本包括了所有美国市场上的食品，它们在国家农业图书馆(National Agricultural Library，NAL)联合成立了食源性疾病信息教育中心(Food borne Illness Education Information Center，FIEIC)，该中心负责管理一个食源性疾病信息数据库，以方便食品安全相关人员和公众进行查询。USDA的其他部门也协助部分食品安全监管工作。

3. 其他政府机构

美国环境保护总署(U. S. Environmental Protection Agency，EPA)主要负责对饮用水和与水密切相关的食品的监管工作；美国商务部(U. S. Department of Commerce，USDC)属下的全国海洋和大气管理局(National Oceanic and Atmospheric Administration，NOAA)负责鱼类和海洋产品的监管；美国财政部(U. S. Department of the Treasurv，USDT)属下的烟酒与火器管理局(Bureau of Alcohol，Tobacco and Firearms，BATF)负责含酒精饮料的监管；美国海关总署(U. S. Customs Service，USCS)负责保证所有进口和出口的产品符合美国的法律、法规和标准；美国司法部(U. S. Department of Justice，USDJ)对所有违法行为进行起诉，也可扣押尚未进入市场的不安全食品；联邦贸易委员会(Federal Trade Commission，FTC)执行各种法律以保护消费者，防止不公平、虚假、欺诈性的行为。联邦的各级政府会对本辖区内的食品安全进行监管。

4. 食品安全协会

美国民间协会所制定的各种食品安全标准是非强制执行的，但其具有科学性和严谨性，十分有利于食品安全的保护，通常政府机构在制定强制性的技术法规和标准时会大量参考民间机构的标准文件。主要的协会有：国际分析化学师协会(International Association of Analytical Chemists，AOAC)，1884年成立，是美国最重要的与食品安全监管有关的协会，它创立后所提出的各种食品安全检测方法和安全标准对FDA具有重要的影响，AOAC标准也被各国广泛使用。美国谷物化学师协会(American Association of Cereal Chemicals，AACCH)成立于1915年，进行谷物科学的研究，积极推动谷物化学分析方法和谷物加工工艺的标准化。美国饲料官方管理协会(Association of American Feed Control Official，AAFCO)成立于1909年，对有关饲料的问题进行科学研究，制定各种动物饲料术语及生产和管理标准。同一年成立的美国饲料工业协会(American Feed Industry Association，AFIA)也进行同样的工作。美国油料化学师协会(American Oil Chemists，Society，AOCS)成立于1909年，主要从事各种油脂的研究和标准制定。美国El用品协会(American Dairy Products Institute，ADPI)成立于1923年，主要进行奶制品的研究和标准制定工作。

(二) 食品安全监管法律、标准体系

1. 美国的法律体系

美国拥有与食品安全有关的法律法规100余部，其中最主要的法律有：《食品、药品和化妆品法》(Food，Drug and Cosmetic Act，FDCA)、《联邦肉类检查法》(Federal Meat Inspection Act，FMIA)、《公共健康服务法》(Public Health Service Act，PHSA)、《食品质量保障法》(Food Quality Protection Act，FQPA)、《家禽制品检查法》(PoultryProducts Inspection Act，PPIA)、《蛋制品检查法》(Egg Products Inspection Act，EPIA)、《公共健康安全与生物恐怖主义预防应对法》(Public Health Security and Bioterrorism Preparedness and Response Act)等。

(1)《食品、药品和化妆品法》是美国所有食品安全法律中最重要的一部法律。该法对食品及其添加剂等做出了严格规定，对产品实行准入制度，对不同产品建立质量标准；通过检查工厂和其他方式进行监督和监控市场，明确行政和司法机制以纠正发生的任何问题。该法明确禁止任何掺假和错误标识的行为，还赋予相关机构对违法产品进行扣押、提出刑事诉讼及禁止贸易的权利。

(2)《联邦肉类检查法》与《食品、药品和化妆品法》同时被美国国会通过，这同1957年颁布的《家禽制品检查法》和1970年颁布的《蛋制品检查法》一起成为美国农业部(USDA)食品安全与检查局(FSIS)所主要执行的法律，对肉类、禽类和蛋类制品进行安全性监管。

(3)《公共健康服务法》于1944年颁布，涉及了十分广泛的健康问题，包括生物制品的监管和传染病的控制。该法保证牛奶和水产品的安全，保证食品服务业的卫生及州际交通工具上的水、食品和卫生设备的卫生安全。该法对疫苗、血清和血液制品作出了安全性规定，还对日用品的辐射水平制定明确的规范。

(4)《公共健康安全与生物恐怖主义预防应对法》在911事件发生后被美国政府立即颁布，意在增强对公共健康安全突发事件的预防及应对能力，并要求FDA要对进口的和国内日用品加强监督管理。该法大大加强了进口食品的监管力度。

美国法律法规的制定必须遵循《行政程序法》(Administrative Procedure Act, APA)、联邦顾问委员会条例(The Federal Advisory Committee Act, FACA)和《信息自由法》(Freedom of Information Act, FOIA)等法律。管理机构通过APA颁布的规章制度才具有法律效力；FACA要求政府咨询委员会必须能够平衡各方面的利益以避免纠纷，所有会议必须公开进行并提供公众参与的机会；FOIA保证普通公民有获得联邦机构信息的权利。

2. 美国的食品标准体系

美国推行民间标准优先的标准化政策，鼓励政府部门参与民间团体的标准制定活动，现已拥有食品安全标准600多种，其中主要的有：

(1)"良好生产规范"(Good Manufacturing Practice, GMP)即GMP制度，于1975年正式提出，是一种注重在生产过程中实施对产品质量与卫生安全的自主性管理制度。GMP要求食品生产及加工企业应具备良好的生产设备、合理的生产过程、完善的质量管理和严格的检测系统，以确保最终产品符合规定要求。GMP所规定的内容，是食品加工企业必须达到的最基本条件。

(2)"危害分析及关键控制点"(HACCP)系统，该观念最早起源于1960年的太空食品制造，在1973年又应用于低酸性食品罐头，1997年应用于水产品，2003年受FDA和农业部的委托，美国国家科学院(NAS)发布的《确保食品安全的科学标准》(Scientific Criteria to Ensure Safe Food)表明其认可这种系统，至此美国开始全面推行HACCP系统。该系统重在提高食品安全的预防性。

(3)"卫生标准操作程序"(Sanitation Standard Operating Procedure, SSOP)是食品加工企业为帮助完成在食品生产中维护GMP的目标而使用的过程，SSOP描述的是一套特殊的食品卫生处理和加工厂环境的清洁程度及处理措施，以及与满足这些活动相联系的目标额。在某些情况下，SSOP 可以减少在 HACCP 计划中关键控制点的数量，使用 SSOP 而不是 HACCP 系统来减少危害控制，但不减少其重要性或不显示更低的优先权。实际上危害是通过 SSOP 和 HACCP 关键控制点的组合来控制的。

（4）“良好农业规范”（Good Aquaculture Practices，GAP） 是 1998 年美国食品与药物管理局（FDA）和美国农业部（USDA）在联合发布的《关于降低新鲜水果与蔬菜微生物危害的企业指南》中首次提出的。GAP 主要针对未加工或最简单加工出售给消费者或加工企业的大多数果蔬的种植、采收、清洗、摆放、包装和运输过程中常见的微生物危害控制，其关注的是新鲜果蔬的生产和包装，包括从农场到餐桌的整个食品链的所有步骤。GAP 是自愿执行的，但 FDA 和 USDA 强烈建议鲜果和蔬菜生产者采用此标准。

（三）美国食品安全监管体系的特点

美国食品安全监管体系是经过百年来逐渐发展而成的完整、复杂和范围广泛的一个整体。美国食品安全系统遵循五个原则：①只有安全和卫生的食品才能够进入市场；②有关食品安全的决策是以科学为基础的；③政府拥有强制执行责任；④食品制造商、开发商、进口商等必须遵守规则，否则必须承担责任；⑤政策的制定和调整必须是透明的，而且公众是可以参与的。这些原则使美国的食品安全系统处于很高的水平。

预防和以科学为基础的风险分析是美国食品安全政策和方针制定的基础，加之先进的技术力量和灵活的政策使得美国的食品安全系统能够及时做出调整，良好的透明度可以让公众理解并参与食品安全政策的制定。

1. 风险分析

科学和风险分析是美国食品安全政策建立的基础。1997 年“总统食品安全行动”认为风险评估是达到食品安全目标的重要手段，并号召联邦政府建立风险评估联合会（Interagency Risk Assessment Consortium），通过鼓励研究来推进微生物风险评估的发展。监管机构还会使用一些工具推行风险管理战略，如 HACCP 系统。风险分析可分为三个独立的部分：风险评估、风险管理和风险交流。

（1）风险评估是一个客观的评价过程，但如果没有完备的数据和科学知识是不可能确定一个风险的，通过仔细考虑分析数据中的不确定性从而仅凭一些不确定的数据做出决定是可以接受的，美国政府通过这种方式确保风险不被忽视。风险评估具有三个步骤：首先进行危害的确认，在美国这已经通过法律和经验做出了明确的规定；然后是危害的描述，分析潜在的危害可能发生的条件和模式；最后是评估公布，必须区分对急性危害的短期公布和对慢性危害的长期公布。

（2）风险管理是由具有很高水平和资格的专家们执行的，以最大限度地保护美国消费者。美国法律已经明确规定了在食品添加剂、兽药和蛋白等进入市场前的基本要求，这使得风险管理有了坚实的基础。

（3）风险交流与美国政策制定的透明性的要求是一致的，它要求风险分析过程对公众是开放的且是可以参与的，从而能够对不合理的风险分析加以调整。

2. 预防手段

很多健康、安全和环境法律的制定是为了预防不良事件发生并保障公众和环境的健康。具体的预防和保护措施是由不同的规定、法律、法规和实际情况体现的。但它们都是以风险为基础，通过不同的途径执行预防手段。

3. 处理新技术、新产品和新问题

美国国会给予立法机构制定食品安全法规的广泛权利，在提出明确的目的和具体方案后还可以修订法规。当出现新技术、新产品或新的健康危害时，通常不需要建立新法规，使立法机构对法规的修订或修改具有一定灵活性。为此美国在1980年颁布了《法规灵活性法》(Regulatory FlexibilityAct，RFA)。

通过现代化的检测系统，联邦机构利用其庞大的资源尽可能高效率地有效保障市民免受食源性疾病的侵害。强大的科学研究力量又使其能够应付各种突发事件，还能及时对新产品进行有效的监管。不仅是政府部门，美国的民间机构消费者都认真地行使着自己的监督权利，能够将新情况在第一时间报告给相关的部门。FDA和USDA在国立农业图书馆联合成立的食源性疾病信息教育中心建立的数据库收录了各种食源性疾病的信息资料，以方便查找从而提高应对能力，以有效地减少食源性疾病的危害。

4. 透明性

美国各式各样的法规和行政命令确保法规修订的方法是在公开、透明和交互的方式下进行。行政管理规程条例(APA)是具有强制性的法律，其详细说明了指定法规的要求。只有在APA指导下的行政部门所颁布的独立法规是具有强制性和法律效应的。所有的法规和法定公告都发表在联邦政府出版物上，为了提高透明度，美国政府行政部门还广泛使用民间媒体网络。

二、欧盟食品(卫生与安全)法律法规

在欧盟国家，食品安全的规定是以法律的形式体现。作为法律，这些规定必须得到所有相关人员、法人的遵守，而若有违反，则违法者将面临严厉的法律制裁。在食品安全方面，没有可以商量的余地。存在安全问题的产品不允许通过降价甚至赠送的方式售出或捐赠。

(一) 食品安全监管机构及职能

欧盟设立了完善的管理机构，提高管理的科学性、合理性、统一性和高效性。

欧盟食品安全管理机构由欧盟各国成员构成包括代表共同体的欧盟委员会、代表成员国的理事会、代表欧盟公民的议会、负责财政审核的欧洲审计院、负责法律仲裁的欧洲法院。其中欧盟层面上的主要机构是欧盟委员会健康和消费者保护总署、欧盟食品与兽药办公室以及欧盟食品安全局(EFSA)。

欧盟委员会主要负责欧盟法律议案的提议、法律法规的执行、条约的保护及欧盟保护措施的管理。欧盟食品安全管理法规的决策是由欧盟委员会健康和消费者保护总署

(SANCO)提出提议，经成员国专家讨论，形成欧盟委员会最终提议，然后将提议提交给欧盟食品链和动物卫生常设委员会(SCOFCAH)，或将提议直接提交给理事会，再由理事会和议会共同决策。

欧盟食品与兽药办公室主要的职责就是监督以及评估，负责监督和评估各个国家执行欧盟对于食品质量安全、兽药和植物健康等方面法律的情况，负责对于欧盟食品安全局的监督和对其工作的评估。

欧盟食品安全局主要由管理董事会、咨询论坛、科学委员会和专门科学小组等4个部分构成。①管理董事会主要负责制定年度预算和工作计划，并负责组织实施；任命执行主任和科学委员会及9个科学小组的成员；根据目标宗旨确定优先发展领域；符合法律要求，按时提出科学建议。②咨询论坛主要职责是对潜在风险进行信息交流；针对科学问题、优先领域和工作计划等提供咨询；开展风险评估及食品和饲料安全问题讨论；解决科学意见分歧。③科学委员会及其常设的各科学小组，负责为管理机构提供科学建议。④各科学小组具体职责分别是负责食品添加剂、调味品、加工助剂以及与食品接触物质；负责用于动物饲料的添加剂、产品或者其他物质；负责植物健康、植物保护产品及其残留；负责转基因生物；负责营养品、营养和过敏反应；负责生物危险；负责食品链中食品受污染；负责动物健康和福利。

（二）食品安全管理的法律法规体系

1. 欧盟食品安全法律体系发展史

在2000年，欧盟公布了《欧盟食品安全白皮书》；2002年1月28日正式成立了“欧盟食品安全局”（EFSA），颁布了第178/2002号指令，规定了食品安全法规的基本原则和要求及与食品安全有关的事项和程序。

2004年4月发布2004/41/EC指令，同时发布了(EC)N0 852/2004、853/2004、854/2004、882/2004规章，规定了欧盟对各成员国以及从第三国进口到欧盟的水产品、肉类、肠衣、奶制品以及部分植物食品的官方管理控制要求与加工企业的基本卫生要求。

2006年1月1日，欧盟实施新的《欧盟食品及饲料安全管理法规》。这项新的法规具有两项功能，一是对内功能，所有成员国都必须遵守，如有不符合要求的产品出现在欧盟市场上，无论是哪个成员国生产的，一经发现立即取消其市场准入资格。二是对外功能，即欧盟以外的国家，其生产的食品要想进入欧盟市场都必须符合这项新的食品法标准，否则不准进入欧盟市场。

欧盟现有主要的农产品(食品)质量安全方面的法律有《通用食品法》、《食品卫生法》、《添加剂、调料、包装和放射性食物的法规》等，另外还有一些由欧洲议会、欧盟理事会、欧委会单独或共同批准，在《官方公报》公告的一系列EC、EEC指令，如关于动物饲料安全法律的、关于动物卫生法律的、关于化学品安全法律的、关于食品添加剂与调味品法律的、关于与食品接触的物料法律的、关于转基因食品与饲料法律的、关于辐照食物法律的等。

2. 欧盟主要的食品安全法律简介

(1) 食品安全白皮书

欧盟食品安全白皮书长达52页，包括执行摘要和9章的内容，用116项条款对食品安全问题进行了详细阐述，制订了一套连贯和透明的法规，提高了欧盟食品安全科学咨询体系的能力。白皮书提出了一项根本改革，就是食品法以控制“从农田到餐桌”全过程为基础，包括普通动物饲养、动物健康与保健、污染物和农药残留、新型食品、添加剂、香精、包装、辐射、饲料生产、农场主和食品生产者的责任，以及各种农田控制措施等。在此体系框架中，法规制度清晰明了，易于理解，便于所有执行者实施。同时，它要求各成员国权威机构加强工作，以保证措施能可靠、合适地执行。

白皮书中的一个重要内容是建立欧洲食品安全局，主要负责食品风险评估和食品安全议题交流；设立食品安全程序，规定了一个综合的涵盖整个食品链的安全保护措施；并建立一个对所有饲料和食品在紧急情况下的综合快速预警机制。欧洲食品局由管理委员会、行政主任、咨询论坛、科学委员会和8个专门科学小组组成。另外，白皮书还介绍了食品安全法规、食品安全控制、消费者信息、国际范围等几个方面。白皮书中各项建议所提的标准较高，在各个层次上具有较高透明性，便于所有执行者实施，并向消费者提供对欧盟食品安全政策的最基本保证，是欧盟食品安全法律的核心。

(2) EC 178/2002号法令

178/2002号法令是2002年1月28日颁布的，主要拟订了食品法律的一般原则和要求、建立EFSA和拟订食品安全事务的程序，是欧盟的又一个重要法规。178/2002号法令包含5章65项条款。范围和定义部分主要阐述法令的目标和范围，界定食品、食品法律、食品商业、饲料、风险、风险分析等20多个概念。EFSA部分详述EFSA的任务和使命、组织机构、操作规程；EFSA的独立性、透明性、保密性和交流性；EFSA财政条款；EFSA其他条款等方面。快速预警系统、危机管理和紧急事件部分主要阐述了快速预警系统的建立和实施、紧急事件处理方式和危机管理程序。程序和最终条款主要规定委员会的职责、调节程序及一些补充条款。

(3) 通用食品法

通用食品法涵盖食品生产链的所有阶段。

①通用原则：实施食品法的目的是：保护人类的生命健康、保护消费者的利益、对保护动物卫生和福利、植物卫生及环境应有的尊重；欧盟范围内人类食品和动物饲料的自由流通；重视已有或计划中的国际标准。

食品法主要依据可获得科学证据的风险分析，在预先防范原则(precautionary principle)下，当评估存在可能的健康危害和有关科学证据不充分的情况下，成员国及委员会可以采用适当的临时风险管理措施。

②在食品贸易中应遵守的一般义务：进口并投放到市场或出口到第三国的食品及饲料必须遵守欧盟食品法的相关要求。

③食品法的一般要求：不安全的食品即对健康有害和/或不适于消费的食品不得投放到市场；确定食品是否安全，要考虑其食用的正常状态、给消费者提供的信息、对健

康有可能产生的急性或慢性效果，适当的地方还应考虑特殊类型的消费者的特殊健康敏感性；一旦不安全的食品形成一个生产批次、贸易批次或整个货物的一部分，就可以推测认定整个货物是不安全的。

在食品生产链的所有阶段，业主必须确保食品或饲料符合食品法的要求，确保这些要求得到不折不扣的执行；成员国执行该法，确保业主遵守该法，并对违反行为制定适合的管理及处罚措施。

在生产、加工和销售等所有阶段必须建立食品、饲料、食用动物及所有组成食品物质的追溯体系，为此，要求业主应用合适的体系和程序。

如果业主认为进口、生产、加工或销售的食品或饲料产品对人或动物的健康有害，那么必须迅速采取措施从市场收回并随即通知主管当局。在产品已到消费者手中的情况下，业主必须通知消费者并召回其已提供的产品。

三、日本食品(卫生与安全)法律法规

（一）食品安全监管机构及职能

为了回应公众对食品安全事宜的日益关注，加上日本国民政府对原有食品安全监管体制丧失信任，要求改变以往只强调生产者利益的做法，转而重视消费者权益。于是将风险评估与风险管理职能分开，设立单独的上层监督机构统一负责风险评估。食品安全委员会负责进行食物的风险评估，而厚生劳动省及农林水产省则负责风险管理工作。

1. 食品安全委员会

2003 年 5 月，日本制定全国的《食品安全基本法》(Food Safety Basic Law)，明确食品安全委员会的职责及功能，该委员会其后在 2003 年 7 月 1 日正式成立。食品安全委员会是独立的组织，由内阁政府直接领导，是用最先进的科学技术对食品安全性进行鉴定评估，并向内阁政府的有关立法提供科学依据的独立机构。该委员会由 7 名食品安全专家组成，委员全部为民间专家，经国会批准，由首相任命，任期 3 年。该委员会下设事务局(负责日常工作)和专门调查会。专门调查会负责专项案件的检查评估，分为三个评估专家组：一是化学物质评估组，负责对食品添加剂、农药、动物用医药品、器具及容器包装、化学物质、污染物质等的风险评估。二是生物评估组，负责对微生物、病毒、霉菌及自然毒素等的风险评估。三是新食品评估组，负责对转基因食品、新开发食品等的风险评估。

食品安全委员会的主要职责包括：

（1）实施食品安全风险评估；

（2）对风险管理部门进行政策指导与监督；

（3）风险信息沟通与公开。

2. 厚生劳动省

厚生劳动省的职能主要是实施风险管理。其下属医药食品安全局（Phamaceutical and Food Safety Bureau)食品安全部(Department of Food Safety)是日本食品安全监管的主

要管理机构，主要职能是：执行《食品卫生法》保卫国民健康；根据食品安全委员会的评估鉴定结果，制定食品添加物以及药物残留等标准；执行对食品加工设施的卫生管理；监视并指导包括进口食品的食品流通过程的安全管理；听取国民对食品安全管理各项政策措施及其实施的意见，并促进信息的流通。

食品安全部辖下负责食品安全事务的有关机构及主要职责如下：①企划信息课：负责食品安全监管职能总体协调、风险交流等事宜。该课下设的口岸健康监管办公室，负责办理所有检疫事务及进口食物监督管理。②基准审查课：负责食品、食品添加剂、农药残留、兽药残留、食物容器、食品标签等规范和标准的制定。该课下设的新型食品健康政策研究室负责质地标签规范和转基因食品的安全评估工作。③监督安全课：负责执行食品检查、健康风险管理、家禽及牲畜肉类安全措施以及 HACCP 体系的健全和完善、良好实验室规范、环境污染物监控措施、加工工厂控制措施等。其下设进口食品安全对策室，负责确保进口食品的安全。

3. 农林水产省

农林水产省负责食品安全管理的主要机构是消费安全局。消费安全局下设消费安全政策、农产安全管理、卫生管理、植物防疫、标识规格、总务等 6 个课以及一名消费者信息官。农林水产省还新设立食品安全危机管理小组，负责应对重大食品安全问题。农林水产省有关食品安全管理方面的主要职能是：国内生鲜农产品及其粗加工产品在生产环节的质量安全管理；农药、兽药、化肥、饲料等农业投入品在生产、销售与使用环节的监管；进口动植物检疫；国产和进口粮食的质量安全性检查；国内农产品品质、认证和标识的监管；农产品加工环节中推广“危害分析与关键控制点”（HACCP）方法；流通环节中批发市场、屠宰场的设施建设；农产品质量安全信息的搜集、沟通等。

4. 地方政府

根据日本的《食品卫生法》，地方政府主要负责 3 方面工作：一是制定本辖区的食品卫生检验和指导计划；二是对本辖区内与食品相关的商业设施进行安全卫生检查，并对其提供有关的指导性建议；三是颁发或撤销与食品相关的经营许可证。地方政府也进行食品检验，但主要是由当地的保健所及肉品检查所等食品检验机构，对其相应权限范围内的食品进行检验。

（二）食品安全管理的法律法规体系

1.《食品安全基本法》

该法颁布于 2003 年 5 月，并于同年 7 月实施，是一部旨在保护公众健康、确保食品安全的基础性和综合性法律。该法的要点：①以国民健康保护至上为原则，以科学的风险评估为基础，预防为主，对食品供应链的各环节进行监管，确保食品安全；②规定了国家、地方、与食品相关联的机构、消费者等在确保食品安全方面的作用；③规定在出台食品安全管理政策之前要进行风险评估，重点进行必要的危害管理和预防，风险评估方与风险管理者要协同行动，促进风险信息的广泛交流，理顺应对重大食品事故等紧急事态的体制；④在内阁府设置食品安全委员会，独立开展风险评估工作，并向风险管理部门提供科学建议。

2.《食品卫生法》

该法首次颁布于1947年，后根据需要经过几次修订，是日本食品卫生风险管理方面最主要的法律，其解释权和执法管理归属厚生劳动省。《食品卫生法》大致可分为两部分：一是有关食品、食品添加剂、食品加工设备、容器/包装物、食品业的经营与管理、食品标签等方面的规格、标准的制定；二是有关食品卫生监管方面的规定。

在标准制定和执行方面，《食品卫生法》规定，厚生劳动省负责制定食品及食品添加剂的生产、加工、使用、准备、保存等方法标准、产品标准、标识标准，凡不符合这些标准的进口或国内的产品，将被禁止销售；地方政府负责制定食品商业设施要求方面的标准以及食品业管理/操作标准，凡不符合标准的经营者将被吊销执照。

在检查制度方面，对于国内供销的食品，在地方政府的领导下，保健所的食品卫生检查员可以对食品及相关设施进行定点检查；对于进口食品，任何食品、食品添加剂、设备、容器/包装物的进口，均应事先向厚生劳动省提交进口通告和有关的资料或证明文件，并接受检查和必要的检验。

3. 其他相关法律

(1)《日本农业标准法》

也称《农林物质标准化及质量标志管理法》(简称JAS法)，JAS法中确立了两种规范，分别为：JAS标识制度(日本农产品标识制度)和食品品质标识标准。依据JAS法，市售的农渔产品皆须标示JAS标识及原产地等信息。日本在JAS法的基础上推行了食品追踪系统，该系统给农林产品与食品标明生产产地、使用农药、加工厂家、原材料、经过流通环节与其所有阶段的日期等信息。借助该系统可以迅速查到食品在生产、加工、流通等各个阶段使用原料的来源、制造厂家以及销售商店等记录，同时也能够追踪掌握到食品的所在阶段，这不仅使食品的安全性和质量等能够得到保障，在发生食品安全事故时也能够及时查出事故的原因、追踪问题的根源并及时进行食品召回。

(2)《农药管理法》

由农林水产省负责，其主要规定有：一是所有农药(包括进口的)在日本使用或销售前，必须依据该法进行登记注册，农林水产省负责农药的登记注册；二是在农药注册之前，农林水产省应就农药的理化和作用等进行充分研究，以确保登记注册的合理；三是环境省负责研究注册农药使用后对环境的影响。

(3)《植物防疫法》

适用于进口植物检疫，农林水产省管辖的植物防疫站为其执行机构。

该法规定，凡属日本国内没有的病虫害，来自或经过其发生国家的植物和土壤均严禁进口。日本还制定了《植物防疫法实施细则》，详细规定了禁止进口植物的具体区域和种类以及进口植物的具体要求等。

(4)《家畜传染病预防法》

适用于进口动物检疫，农林水产省管辖的动物防疫站为其执行机构。进口动物检疫的对象包括动物活体和加工产品(如肉、内脏、火腿、肉肠等)。法律规定：进口动物活体时，除需在进口口岸实施临船检查，还要由指定的检查站对进口动物进行临床检查、血清反应检查等；进口畜产加工品，一般采取书面审查和抽样检查的方法，但若商品来自于家畜传染病污染区域，则在提交检查申请书之前，必须经过消毒措施。

(5)《屠宰场法》

适用于屠宰场的运作以及食用牲畜的加工。法律要求：屠宰.(含牲畜煺毛等加工)场的建立，必须获得都道府县知事或市长的批准；任何人不得在未获许可的屠宰场屠宰拟作食用的牲畜或为这类牲畜去脏；所有牲畜在屠宰或去脏前，必须经过肉类检查员的检查；屠宰检验分为屠宰前、屠宰后和去脏后3个阶段的检验；未通过检验前，牲畜的任何部分(包括肉、内脏、血、骨、皮)不可运出屠宰场；如发现任何患病或其他不符合食用条件的牲畜，都道府县知事或市长可禁止牲畜屠宰和加工。

(6)《家禽屠宰商业控制和家禽检查法》

该法规定，只有取得地方政府的准许，方可宰杀家禽以及去除其屠体的羽毛及内脏。该法还规定了家禽的检查制度，其与《屠宰场法》规定的牲畜检查制度类似。

随着国内对有机农产品需求的扩大，日本于1992年颁布了“有机农产品及特别栽培农产品标志标准”和“有机农产品生产管理要领”，在此基础上，于2000年制定并于2001年4月1日正式实施了“日本有机食品生产标准”。

(三) 日本进口食品管理

1. 监管措施

依据《食品卫生法》，日本在进口食品把关方面，可视情况采取3个不同级别的进口管理措施，即例行监测、指令性检验、全面禁令。

(1) 例行监测

即按照事先制定的计划所实施的监测。日本有关食品卫生方面的例行监测计划有两类：

①进口食品的检验和指导财政年度计划：此计划为财政年度计划，由厚生劳动省大臣负责组织制定和实施，分布在日本港口和机场的31个检疫站的食品卫生检验员具体执行。

②都道府县(包括建有保健所的市町村和特别行政区)食品卫生检验和指导计划：此计划由各都道府县行政长官，根据本辖区实际情况负责制定并实施。

(2) 指令性检验

即根据政府下达的检验令而实施的检验。厚生劳动省大臣或各都道府县知事有权发布检验令。对进口产品，由厚生劳动省大臣发布检查令，检疫站或委托注册实验室负责执行；对国内市场的产品，则由相关的都道府县知事依照内阁令规定的要求和程序发布检查令，其食品卫生检验机构或委托注册实验室执行检查令。涉及指令性检验的进口食品必须接受逐批抽样检验，检验所有费用需由接受检查令的进口商承担，而且接受指令性检查的食品必须停靠在口岸等待检验结果合格后，方可进入国内市场，否则将被退货、废弃或转作非食用。

（3）全面禁止进口

根据《食品卫生法》，当指令性检验中发现最新检验的60个进口食品样品不合格率超过5%，或存在引发公共健康事件的风险，或存在食品成分变异可能(如由于核泄漏，食品受到放射性污染)时，厚生劳动省可不通过任何检验而作出全面禁止某些食品进口和销售的决定。此禁令在经过对生产或制造行业的调查和证实，并由日本药事与食品卫生审议会的专家小组确认后即可正式生效。

2. 检验工作的实施

（1）抽样

例行监测计划的样品抽样由食品卫生检查员负责在港口入境处进行。抽样依据的是日本国内制定的抽样方法，对于没有规定抽样方法的，则可以按习惯方法抽样。进口食品规定，当检验样本超过1个时，只要其中有1个样品检验结果为不合格，则被检测的整批产品被视为不合格。

（2）检测方法

“进口食品例行监测检验实施指南”中规定的检验方法包括：①“食品与食品添加剂规格标准”给定的检测方法；②乳和乳制品产品成分标准中给定的检测方法；③各主管部门发布的公告中给定的检测方法；④环境健康局食品化学课编辑的《食品添加剂分析方法》中给的检测方法；⑤环境健康局食品化学课负责的“食品卫生检查指导”中给定的检测方法；⑥日本药物协会(the Pharmaceutical Society of Japan)编辑的《药剂师分析方法标准》注释中给定的检测方法；⑦其他可靠的检测方法，如美国分析化学家协会（AOAC)的方法。检验令中规定的检验方法都是日本各主管部门发布公告中给定的检测方法。

（3）检测机构

厚生省在遍布日本的口岸和飞机场建立的31个检疫站，安排了多名食品卫生检验员。此外，日本厚生省指定了大约40个实验室，代其行使监督检验职能。

从1995年起，日本在检测工作中引入了良好操作规范，逐步实现从指定实验室向注册实验室的转变。

在对进口产品的检验方面，除国内有资质的检测机构外，厚生劳动省还授权了一些国外官方实验室。这些实验室对其本国进口食品所出具的检测结果，在效力上视同为检疫站的正式结果。

（4）不合格样品的处理

日本对进口食品的3种监管措施是根据检验结果的违规程度而逐步升级的。当例行监测检验时，某产品出现了第1次不合格，则再次进口这类产品时，产品的监控检查的频度会提高到50%。如果在监控范围提高至50%后再次出现了违规情况，则厚生劳动省将发布检验令，启动第二水平的监测－指令性检验，即对连续两次以上产品检验不合格的生产企业或加工企业的产品实施批批抽样检验。当进口食品被高度怀疑可能含有或携带对人类健康具有严重危害的有害物质时，则一例违规即可启动指令性检验措施。只有当日本管理部门确信出口国或地区、制造商以及加工商采取了适当的预防措施，可避免再次不合格食品出口后，在实施指令性检验后，如果在最新检验的60个样品中，不合格率超过5%，则启动第三水平的措施——对该产品实施全面禁止进口和销售。

第三节 采用国际标准

采用国际标准是指将国际标准的内容，经过分析研究和试验验证，等同或修改转化为我国标准(包括国家标准、行业标准、地方标准和企业标准)，并按我国标准审批发布程序审批发布。

国际标准是指国际标准化组织(ISO)、国际电工委员会(IEC)和国际电信联盟(ITU)制定的标准，以及国际标准化组织确认并公布的其他国际组织制定的标准。

采用国际标准是消除贸易技术壁垒的重要基础之一，同时也是促进技术进步，提高产品质量，促使我国产品进入世界经济大循环的必由之路。

《中华人民共和国标准化法》中有“国家鼓励积极采用国际标准”的规定。2001年4月，我国首次发布GB/T20002.2 标准化工作指南 第2部分：采用国际标准；2009年6月进行了重新修订。国家质检总局2001年11月21日第二次修订并颁布了《采用国际标准管理办法》，为了鼓励企业积极采用国际标准，引导企业将产品推向国内外市场，还颁布了《采用国际标准产品标志管理办法(试行)》。国家经贸委、国家计委、国家科委和国家技术监督局于1993年联合颁布了《关于推进采用国际标准和国外先进标准若干规定》，对采用国际标准的企业推出了一系列鼓励和优惠政策。

一、采用国际标准的原则与措施

(一) 采用国际标准的原则

根据《采用国际标准管理办法》的规定，我国采用国际标准的原则是：

(1) 采用国际标准，应当符合我国有关法律、法规，遵循国际惯例，做到技术先进、经济合理、安全可靠。

(2) 制定(修订)我国标准应当以相应国际标准(包括即将制定完成的国际标准)为基础。

(3) 采用国际标准时，应当尽可能等同采用国际标准。

(4) 我国的一个标准应当尽可能采用一个国际标准。

(5) 采用国际标准制定我国标准，应当尽可能与相应国际标准的制定同步，并可以采用标准制定的快速程序。

(6) 采用国际标准，应当同我国的技术引进、企业的技术改造、新产品开发、老产品改进相结合。

(7) 采用国际标准的我国标准的制定、审批、编号、发布、出版、组织实施和监督，同我国其他标准一样，按我国有关法律、法规和规章规定执行。

(8) 企业为了提高产品质量和技术水平，提高产品在国际市场上的竞争力，对于贸易需要的产品标准，如果没有相应的国际标准或者国际标准不适用时，可以采用国外先进标准。

（二）促进采用国际标准的措施

（1）对于采用国际标准的重点产品，需要进行技术改造的，有关管理部门应当按国家技术改造的有关规定，优先纳入各级技术改造计划。

（2）在技术引进中，要优先引进有利于使产品质量和性能达到国际标准的技术设备及有关的技术文件。

（3）对于国家重点工程项目，在采购原材料、配套设备、备品备件时，应当优先采购采用国际标准的产品。

（4）各级标准化管理部门应当及时为企业采用国际标准提供标准资料和咨询服务。各级科技和标准情报部门应当积极搜集、提供国际标准化的信息及有关资料，并开展咨询服务，为企业提供最新的标准信息。

（5）对采用国际标准的产品，按照《采用国际标准产品标志管理办法》的规定实行标志制度。

二、采用国际标准的程度和编写方法

（一）采用国际标准的程度

我国标准采用国际标准的程度，分为等同、修改和非等效。

1. 等同

国家标准与相应国际标准的一致性程度为“等同”时，存在下述情况：国家标准与国际标准的技术内容和文本结构上相同，但可以包含以下最小程度的编辑性修改。

——用小数点符号“. ”代替符号“，”；

——改正印刷错误；

——删除多语种出版的国际标准版本中的一种或几种语言文本；

——纳入国际标准修正案或技术勘误的内容；

——改变标准名称以便与现有的标准系列一致；

——用“本标准”代替“本国际标准”；

——增加资料性要素(例如资料性附录，这样的附录不变更、不增加或不删除国际标准的规定)，通常的资料性要素包括对标准使用者的建议、培训指南或推荐的表格或报告；

——删除国际标准中资料性概述要素(包括封面、目次、前言和引言)；

——如果使用不同的计量单位制，为了提供参考，增加单位换算的内容。

“等同”条件下，“反之亦然原则”适用。

2. 修改

国家标准与相应国际标准的一致性程度为“修改”时，存在下述情况之一或二者兼有：

——技术性差异，并且这些差异及其产生的原因被清楚地说明；

——文本结构变化，但同时有清楚的比较。

一致性程度为“修改”时，国家标准还可包含编辑性修改。

一项国家标准应尽可能采用一项国际标准。个别情况下，只有当使用列表形式清楚地说明技术性差异及其原因并很容易与相应国际标准的结构进行比较时，才允许一项国家标准采用若干项国际标准。

“修改”可包括如下情况：

（1）国家标准的内容少于相应的国际标准：国家标准的要求少于国际标准的要求，仅采用国际标准中供选用的部分内容。

（2）国家标准的内容多于相应的国际标准：国家标准的要求多于国际标准的要求，增加了内容或种类，包括附加试验。

（3）国家标准更改了国际标准的一部分内容：国家标准与国际标准的部分内容相同，但都含有与对方不同的要求。

（4）国家标准增加了另一种供选择的方案：国家标准中增加了一个与相应的国际标准条款同等地位的条款，作为对该国际标准条款的另一种选择。

3. 非等效

国家标准与相应国际标准的一致性程度为“非等效”时，存在下述情况：国家标准与国际标准的技术内容和文本结构不同，同时这种差异在国家标准中没有被清楚地说明。“非等效”还包括在国家标准中只保留了少量或不重要的国际标准条款的情况。与国际标准一致性程度为“非等效”的国家标准，不属于采用国际标准。

（二）采用国际标准方法

1. 总则

（1）采用 ISO、IEC 以及 ISO 公布的其他国际标准化机构发布的标准或其他出版物，需关注 ISO、IEC 以及 ISO 公布的其他国际标准化机构有关其出版物版权、版权使用权和销售的政策文件的规定。

（2）对于国际标准化机构发布的包括国际标准在内的不同类型的文件，宜采用为与国际文件相似类型的我国文件。

（3）国家标准应尽可能等同采用国际标准。

（4）与国际标准有一致性对应关系的国家标准应按 GB/T 1.1 的规定编写。

（5）当采用国际标准时，应把已发布的该国际标准的全部修正案和技术勘误的内容纳入国家标准内。

（6）随着标准电子版本的发展，可能出现本部分未包括的新的采用国际标准的方法，或与现有方法相结合的新方法。

2. 翻译法

（1）翻译法指依据相应国际标准翻译成为国家标准，可做最小限度的编辑性修改。

（2）采用翻译法的国家标准可做最小限度的编辑性修改，如果需要增加资料性附录，应将这些附录置于国际标准的附录之后，并按条文中提及这些附录的先后次序编排附录的顺序。

3. 重新起草法

（1）重新起草法指在相应国际标准的基础上重新编写国家标准。

（2）采用重新起草法的国家标准如果需要增加附录，每个增加的附录应与其他附录一起按在标准条文中提及的先后顺序编号。

4. 采用国际标准方法的选择

等同采用国际标准时，应使用翻译法。修改采用国际标准时，应使用重新起草法。

三、技术性差异和编辑性修改的标示方法

（一）总则

（1）当技术性差异(及其原因)较少时，宜在国家标准前言中陈述。当技术性差异(及其原因)较多时，应在文中这些差异涉及的条款的外侧页边空白位置用垂直单线进行标示，并且宜编排一个附录将归纳所有差异及其原因的表格列在其中，同时在前言中指出该附录并说明在文中如何标示这些技术性差异。

（2）当结构调整较少时，宜在国家标准前言中陈述。当结构调整较多时，宜编排一个附录将国家标准与国际标准的章条编号对照表列在其中，同时在前言中指出该附录。

（3）当存在编辑性修改时，等同采用的国家标准在前言中仅陈述如下编辑性修改：

——纳入国际标准修正案或技术勘误的内容；

——改变标准名称；

——增加资料性附录；

——增加单位换算的内容。

修改采用的国家标准在前言中除了需要陈述上述四项最小限度的编辑性修改，还应陈述“1. 等同”所列最小限度的编辑性修改以外的其他编辑性修改，例如删除或修改国际标准的资料性附录。

（4）国际标准的修正案和(或)技术勘误应直接纳入国家标准的条款中，同时应在改动过的条款的外侧页边空白位置用垂直双线标示。

（二）采用的国际标准引用了其他国际文件

（1）等同采用国际标准的国家标准，对于国际标准注日期规范性引用的国际文件，可以用等同采用这些文件的我国文件代替，在此情况下，应在国家标准的“规范性引用文件”一章中列出这些代替的我国文件，并标示与相应国际文件的一致性程度标识。对于国际标准不注日期规范性引用的国际文件应全部保留引用，在此情况下，应在国家标准的“规范性引用文件”一章中列出这些保留的国际文件(如是标准，则包括国际标准编号、国际标准名称的中文译名及用括号括起的原文名称)，并在前言中列出与这些文件有一致性对应关系的我国文件，如果需要列出的我国文件较多，则宜编排一个资料

性附录列出。

（2）修改采用国际标准的国家标准，对于国际标准规范性引用的国际文件，可以用适用的我国文件代替。在此情况下，应在国家标准的“规范性引用文件”一章中列出这些适用的我国文件，对于其中与国际文件有一致性对应关系的我国文件，应标示与国际文件的一致性程度标识。

如果用非等效于国际文件的我国文件，或用与国际文件无一致性对应关系的我国文件代替国际标准规范性引用的国际文件，则国家标准在陈述技术性差异时，应简要说明非等效或无一致性对应关系的我国文件与相应国际文件之间在引用的相关内容方面的技术性差异。

对于保留引用的国际标准规范性引用的国际文件，应在国家标准的“规范性引用文件”一章中列出这些保留的国际文件(如是标准，则包括国际标准编号、国际标准名称的中文译名及用括号括起的原文名称)。

（3）非等效于国际标准的国家标准，对于国际标准规范性引用的国际文件，可以用适用的我国文件代替。在此情况下，应在国家标准的“规范性引用文件”一章中列出这些适用的我国文件，对于其中与国际文件有一致性对应关系的我国文件，可不标示与国际文件一致性程度标识，也可仅标示相应国际文件的代号和顺序号。

对于保留引用的国际标准规范性引用的国际文件，应在国家标准的“规范性引用文件”一章中列出这些保留的国际文件(如是标准，则包括国际标准编号、国际标准名称的中文译名及用括号括起的原文名称)。

（4）对于国际标准提及的参考文献，可以用适用的我国文件代替。在此情况下，可在国家标准的“参考文献”中列出这些适用的我国文件，对于其中与国际文件有一致性对应关系的我国文件，可不标示与国际文件一致性程度标识。对于保留的参考文献中的国际文件的名称，不必译成中文。

四、等同采用 ISO 标准或 IEC 标准的编号方法

1. 概述

当国家标准与 ISO 标准和(或)IEC 标准等同时，“等同”这一信息宜使读者在查阅内容之前清楚获悉，为此，使用下述编号方法。

2. 编号

国家标准等同采用 ISO 标准和(或)IEC 标准的编号方法是国家标准编号与 ISO 标准和(或)IEC 标准编号结合在一起的双编号方法。具体编号方法为将国家标准编号及 ISO 标准和(或)IEC 标准编号排为一行，两者之间用一斜线分开。

示例：GB/T 7939—2008/ISO 6605：2002

对于与 ISO 标准和(或)IEC 标准的一致性程度是修改和非等效的国家标准，只使用国家标准编号，不准许使用上述双编号方法。

双编号在国家标准中仅用于封面、页眉、封底和版权页上。

五、一致性程度的标示方法

1. 一致性程度标识

在采用国际标准时，应准确标示国家标准与国际标准的一致性程度。一致性程度标识包括国际标准编号、逗号和一致性程度代号。

2. 一致性程度及代号

IDT：等同；

MOD：修改；

NEQ：非等效。

3. 在国家标准中标示一致性程度

（1）与国际标准有一致性对应关系的国家标准，在标准封面上的国家标准英文译名下面的括号中标示一致性程度标识。如果国家标准的英文译名与被采用的国际标准名称不一致时，则在一致性程度标识中国际标准编号和一致性程度代号之间给出该国际标准英文名称。

（2）等同采用时，用注日期引用的等同采用相应国际文件的我国文件代替国际标准中注日期引用的国际文件，则在“规范性引用文件”一章的文件清单中相应的我国文件后的括号中标示一致性程度标识。

对于保留引用的国际文件，如果存在有一致性对应关系的我国文件，则在前言中列出这些我国文件并在其后标示一致性程度标识。其中，如果保留引用了国际文件的所有部分，仅列出我国文件的代号和顺序号及“（所有部分）”，并在文件名称之后的方括号中列出国际文件的代号和顺序号及“（所有部分）”，省略一致性程度代号。以附录形式列出较多的与国际文件有一致性对应关系的我国文件时，在前言中的说明。

（3）修改采用时，用与国际文件有一致性对应关系的我国文件代替国际标准中引用的国际文件，则在“规范性引用文件”一章的文件清单中相应的我国文件名称后的括号中标示一致性程度标识。

4. 在目录和其他媒介上标示一致性程度

在标准目录、年报、数据库和其他所有相关媒介上宜标示与国际标准的一致性程度标识。

在数据库中使用的一致性程度标识的格式还宜参考 ISONET2 手册的有关内容。

六、采用国际标准产品认可程序

企业产品采用了国际标准或国外先进标准的，鼓励申报办理采用国际标准产品认可（简称采标认可）和采用国际标准产品标志备案（简称采标标志备案），经采标认可的产品，可在相应的包装、标示、标签或产品说明书上印制采标标志图样。

(一) 申报条件

(1) 产品按照已采用国际标准或国外先进标准的我国标准(包括国家标准、行业标准、地方标准和企业标准)组织生产，或者产品质量达到国际同类先进产品实际水平的产品。

(2) 产品的各项质量要求稳定地达到所采用标准的规定，并具有批量生产的能力。

(二) 认可程序

1. 企业提出申请

企业申请，需提交以下申报资料(一式三份)：

(1) 采用国际标准产品认可申请书；

(2) 营业执照、组织机构代码证、执行标准登记证复印件；

(3) 产品标准文本和采用证明材料；

(4) 被采用的国际标准的原文本、译文本；

(5) 产品有关技术标准(包括基础标准，原辅材料、外购件标准，检验方法标准，安全、卫生、环保标准等)目录；

(6) 采用国际标准产品技术指标对比表；

(7) 按标准规定由市级以上法定检测机构近一年内连续三次产品的抽样检验合格报告或有效期内的型式检验合格报告复印件；

(8) 申报企业近期内连续三批产品的自检合格报告复印件。

2. 资料审查

对申请企业提供的申报资料进行审查。审查不符合的，由企业重新填报；审查符合的，安排现场评审。

3. 现场审核程序

①企业介绍公司情况；

②企业介绍采标情况；

③评审小组考察生产现场；

④评审小组考察检验和化验设施；

⑤抽查检验记录；

⑥抽查相关标准资料；

⑦评审小组讨论(企业人员回避)；

⑧评审组长宣布现场评审结论。

4. 上报审批

资料审查和现场审核通过的，申报资料和审核报告报省、自治区、直辖市标准主管部门审批。审批通过的，颁发《采用国际标准产品标志证书》。

复习思考题

1. ISO 和 CAC 在食品标准与法规中的作用和地位是什么？
2. 国际标准组织有哪些？
3. 通过美国、欧盟、日本等世界先进国家法律法规的学习有什么感想？
4. 采标的概念是什么？
5. 采用国际标准的一致性标示方法是什么？
6. 采用国际标准的产品认可程序是什么？
7. 简述国际标准的分类方法。
8. 采用国际标准的方法有哪些？

第六章　食品企业管理体系

（1）了解ISO 22000：2005的背景意义；掌握食品安全管理体系的要点

（2）熟悉GMP、SSOP、HACCP

（3）掌握认证和计量认证的基本概念，熟悉计量认证的内容、对象和依据

第一节　食品安全管理体系(ISO 22000：2005)

随着经济全球化的发展、社会文明程度的提高，人们越来越关注食品的安全问题，要求生产、操作和供应食品的组织，证明自己有能力控制食品安全危害和那些影响食品安全的因素。顾客的期望、社会的责任，使食品生产、操作和供应的组织逐渐认识到，应当有标准来指导操作、保障、评价食品安全管理，这种对标准的呼唤，促使ISO 22000：2005食品安全管理体系要求标准的产生。

ISO 22000：2005标准既是描述食品安全管理体系要求的使用指导标准，又是可供食品生产、操作和供应的组织认证和注册的依据。

ISO 22000：2005表达了食品安全管理中的共性要求，而不是针对食品链中任何一类组织的特定要求。该标准适用于在食品链中所有希望建立保证食品安全体系的组织，无论其规模、类型和其所提供的产品。它适用于农产品生产厂商、动物饲料生产厂商、食品生产厂商、批发商和零售商。它也适用于与食品有关的设备供应厂商、物流供应商、包装材料供应厂商、农业化学品和食品添加剂供应厂商，涉及食品的服务供应商和餐厅。

ISO 22000：2005采用了ISO 9000标准体系结构，将HACCP(Hazard Analysis and Critical Control Point，危害分析和临界控制点)原理作为方法应用于整个体系；明确了危害分析作为安全食品实现策划的核心，并将国际食品法典委员会(CAC)所制定的预备步骤中的产品特性、预期用途、流程图、加工步骤和控制措施和沟通作为危害分析及其更新的输入；同时将 HACCP 计划及其前提条件一前提方案动态、均衡的结合。本标准可以与其他管理标准相整合，如质量管理体系和环境体系标准等。

在不断出现食品安全问题的现状下，基于本标准建立食品安全管理体系的组织，可以通过对其有效性的自我声明和来自组织的评定结果，向社会证实其控制食品安全危害的能力，持续、稳定地提供符合食品安全要求的终产品，满足顾客对食品安全要求，使组织将其食品安全要求与其经营目的有机地统一。食品安全要求是第一位的，它不仅直接威胁到消费者，而且还直接或间接影响到食品生产、运输和销售组织或其他相关组织的商誉，甚至还影响到食品主管机构或政府的公信度。因此，本标准的推广，是具有重要作用和深远意义的。

一、ISO 22000：2005 食品安全管理体系建立的目的和适用范围

（1）规范食品安全管理体系认证工作，促进食品质量安全水平提高，根据《中华人民共和国认证认可条例》、《食品生产企业危害分析与关键控制点(HACCP)管理体系认证管理规定》(认监委 2002 年第 3 号公告)制定本规则。

（2）本规则规定了从事食品安全管理体系认证的认证机构(以下简称认证机构)实施食品安全管理体系认证的程序及管理的基本要求。

（3）ISO 22000：2005 食品安全管理体系的适用范围：本规则适用于食品、饲料生产，运输、仓储和销售，直至零售分包商和餐饮经营者，以及与其关联的组织，如设备、包装材料、清洁剂、添加剂和辅料的生产者。

（4）ISO 22000：2005 标准的开发主要是要达到以下目标：

①符合 CAC 的 HACCP 原理；

②提供一个用于审核(内审、第二方审核、第三方审核)的标准；

③构架与 ISO 9001：2000 和 ISO 14001：2004 相一致；

④提供一个关于 HACCP 概念的国际交流平台。

因此，ISO 22000：2005 不仅仅是通常意义上的食品加工规则和法规要求，而是寻求一个更为集中、一致和整合的食品安全体系，为构筑一个食品安全管理体系提供一个框架，并将其与其他管理活动相整合，如质量管理体系和环境管理体系等

（5）ISO 22000：2005 食品安全管理体系标准实施意义：增强顾客消费信心，更有效地维护消费者的利益；改善组织内部营运，降低产品损耗；将管理集中于关键点上，预防更为有效；出现问题容易追溯，分清责任，减少纠纷；增强组织的品牌优势，提高组织市场竞争力，达到或超越市场及政府的要求。

对危害的分类控制是食品安全管理体系的关键。ISO 22000：2005 标准在其“引言”中指出，危害分析是有效的食品安全管理体系的关键。标准要求通过编制加工流程图，对原料和终产品进行描述，分析并确定从原材料接收直到消费者使用全过程中所有可能发生的潜在危害，然后根据危害的严重性和危害出现的频率、危害发生的可能性等方面将危害划分为显著危害和非显著危害。对于不能通过本工序或以后的工序消除或

减少到可接受的水平的显著危害，则确定为关键控制点，并通过制订 HACCP 计划，对其进行控制，使危害消除或降低到可接受水平。

ISO 22000：2005 标准提出了“前提方案”的概念，替代了传统的 GMP(良好操作规范)和 SSOP(卫生操作程序)概念。“前提方案”包括基础设施、维护方案以及操作性前提方案，主要用于规范控制产品、产品加工环境和控制危害在产品、产品加工环境中污染或扩散的可能性。

系统管理和过程控制是食品安全管理体系的原则。过程控制、系统管理及持续改进是现代管理学理论的核心内容。在 ISO 22000：2005 标准中，要求提高组织的有效性和效率，包括改善产品的安全特性、提高过程有效性和效率所开展的所有活动。通过测量分析现状、建立目标、寻找解决办法、实施解决办法、测量实施结果、直至纳入文件等活动，实施不断的 PDCA(计划、实施、检查、改进)循环。系统管理和过程控制方法在 ISO 22000：2005 标准中主要体现在其以食品安全目标导向，对过程的识别和危害分析，通过体系的实施、运行和体系的监视、测量，以实现持续改进的目的。

二、ISO 22000：2005 食品安全管理体系标准

(一) 引言

食品安全与食品在消费环节(由消费者摄入)食源性危害的存在有关。由于在食品链的任何阶段都有可能引入食品安全危害，因此，必须对整个食品链进行充分的控制，食品安全是要通过食品链中所有参与方的共同努力来保证。

食品链内的各类组织包括饲料生产者、初级生产者，及食品制造者、运输和仓储经营者，直至零售分包商和餐饮经营者(包括与其内在关联的组织，如设备、包装材料、清洁剂、添加剂和辅料的生产者)，也包括服务提供商。

为了确保在食品链内、直至最终消费的食品安全，本准则规定了食品安全管理体系的要求，该要求纳入了下列公认的关键原则：相互沟通；体系管理；前提方案；HACCP 原理。

为了确保食品链每个环节中所有相关的食品危害均得到识别和充分控制，沿食品链进行的沟通必不可少。这意味着组织在食品链中的上游和下游的组织间均需要进行沟通。与顾客和供方关于确定的危害和控制措施的沟通将有助于澄清顾客和供方的要求(如在可行性、需求和对终产品的影响方面)。

认识组织在食品链中的作用和所处的位置是必要的，这可确保在整个食品链中进行有效地相互沟通，为最终消费者提供安全的食品。

最有效的食品安全体系在已构建的管理体系框架内建立、运行和更新，并将其纳入组织的整体管理活动中，这将为组织和相关方带来最大利益。本准则与 GB/T 19001—2000 相协调，以加强两者的兼容性。

本准则可以独立于其他管理体系标准单独使用，其实施可结合或整合组织已有的相关管理体系要求，同时组织也可利用现有的管理体系建立一个符合本准则要求的食品安全管理体系。

本准则整合了国际食品法典委员会（CAC）制定的危害分析和关键控制点（HACCP）体系和实施步骤，根据本准则中可审核的要求，将HACCP计划与前提方案结合，进行危害分析将有助于整合建立控制措施有效组合所需的知识。所以，它是有效的食品安全管理体系的关键。本准则要求对食品链内合理预期发生的所有危害，包括与各种过程和所用设施有关的危害进行识别和评价，因此，对已确定的危害，哪些需要由该组织控制而其他为什么不需要，本准则提供了确定并形成文件的方法。

在危害分析中，组织通过前提方案、操作性前提方案和HACCP计划的组合，确定采用的策略，以确保危害控制。

为促进本准则的应用，本准则已制定成为一个可用于审核的标准。但各组织可自由选择必要的方法和途径来满足本准则要求。

虽然本准则仅只对食品安全方面进行阐述，但本准则提供的方法同样可用于食品的其他特定方面，如风俗习惯、消费者意识等。

本准则允许组织（例如小型和/或欠发达组织）实施由外部制定的控制措施组合。

本准则旨在食品链内协调全球范围的食品安全管理经营上的要求，尤其适合于寻求更有重点、更和谐和更完整的食品安全管理体系组织使用，而不仅是通常上的法规要求。它要求组织通过食品安全管理体系，满足与食品安全相关的适用的法律法规。

（二）食品安全管理体系对整个食品链中组织的要求

1. 范围

本准则为食品链中需要证实有能力控制食品安全危害、确保食品人类消费安全的组织，规定了其食品安全管理体系的要求。

本准则适用于希望通过实施体系以稳定提供安全产品的所有组织，不论其涉及食品链中任何方面，也不论其规模大小。组织可以通过利用内部和/或外部资源来实现本准则的要求。

本准则规定了要求，使组织能够：

（1）策划、实施、运行、保持和更新食品安全管理体系，确保提供的产品按预期用途对消费者是安全的；证实其符合适用的食品安全法律法规要求；

（2）为增强顾客满意，评价和评估顾客要求，并证实其符合双方商定的、与食品安全有关的顾客要求；

（3）与供方、顾客及食品链中的其他相关方在食品安全方面进行有效沟通——确保符合其声明的食品安全方针；

（4）证实符合其他相关方的要求；

（5）为符合本准则，寻求由外部组织对其食品安全管理体系的认证或注册，或进行自我评价，自我声明。

本准则所有要求都是通用的，旨在适用于在食品链中的所有组织，无论其规模大小和复杂程度。直接介入食品链中的组织包括但不限于饲料加工者，收获者，农作物种植者，辅料生产者，食品生产者，零售商，食品服务商，配餐服务组织，提供清洁和消毒服务、运输、贮存和分销服务的组织；其他间接介入食品链的组织包括但不限于设备、清洁剂、包装材料以及其他与食品接触材料的供应商。

本准则允许组织，如小型和/或欠发达组织（如小农场、小分包商、小零售或食品服务商）实施外部开发的控制措施组合。

2. 规范性引用文件

下列文件中的条款通过本准则的引用而成为本准则的条款。凡是注日期的引用文件，其随后所有的修改单（不包括勘误的内容）或修订版均不适用于本准则。凡是不注日期的引用文件，其最新版本适用于本准则。

3. 术语和定义

GB/T 19000—2000 确立的以及下列术语和定义适用于本准则。为方便本准则的使用者，对引用 GB/T 19000—2000 的部分定义加以注释，但这些注释仅适用于特定用途。

（1）食品安全　指食品在按照预期用途进行制备或食用时不会伤害消费者的概念。

（2）食品链　指从初级生产直至消费的各环节和操作的顺序，涉及食品及其辅料的生产、加工、分销、贮存和处理。

（3）食品安全危害　指食品中所含有的对健康有潜在不良影响的生物、化学或物理因素或食品存在状况。

（4）食品安全方针　指由组织的最高管理者正式发布的该组织总的食品安全宗旨和方向。

（5）终产品　指组织不再进一步加工或转化的产品。

（6）流程图　指依据各步骤之间的顺序及相互作用以图解的方式进行系统性表达。

（7）控制措施　指食品安全，能够用于防止或消除食品安全危害或将其降低到可接受水平的行动或活动。

（8）前提方案　指食品安全在整个食品链中为保持卫生环境所必需的基本条件和活动，以适合生产、处置和提供安全终产品和人类消费的安全食品。

（9）操作性前提方案　指通过危害分析确定的、必需的前提方案，以控制食品安全危害引入的可能性或食品安全危害在产品或加工环境中污染或扩散的可能性。

（10）关键控制点　指食品安全能够施加控制，并且该控制对防止或消除食品安全危害或将其降低到可接受水平是所必需的某一步骤。

（11）关键限值　指区分可接受和不可接受的判定值。

（12）监视　指为评价控制措施是否按预期运行，对控制参数实施的一系列策划的观察或测量活动。

（13）纠正　为消除已发现的不合格所采取的措施。

（14）纠正措施　指为消除已发现的不合格或其他不期望情况的原因所采取的措施。

（15）确认　指食品安全获得通过 HACCP 计划管理的控制措施能够有效的证据。

（16）验证　指通过提供客观证据对规定要求已得到满足的认定。

（17）更新　指为确保应用最新信息而进行的即时或有计划的活动。

4. 食品安全管理体系

（1）总要求　组织应按本准则要求建立有效的食品安全管理体系，形成文件，加以实施和保持，并在必要时进行更新。

组织应确定食品安全管理体系的范围。该范围应规定食品安全管理体系中所涉及的产品或产品类别、过程和生产场地。

①组织应：确保在体系范围内合理预期发生的与产品相关的食品安全危害得以识别和评价，并以组织的产品不直接或间接伤害消费者的方式加以控制；

②在食品链范围内沟通与产品安全有关的适宜信息；

③在组织内就有关食品安全管理体系建立、实施和更新进行必要的信息沟通，以确保满足本准则要求的食品安全；

④对食品安全管理体系定期评价，必要时进行更新，确保体系反映组织的活动，并纳入有关需控制的食品安全危害的最新信息。

针对组织所选择的任何影响终产品符合性的源于外部的过程，组织应确保控制这些过程。对此类源于外部的过程控制应在食品安全管理体系中加以识别，并形成文件。

（2）文件要求

①总则。食品安全管理体系文件应包括：形成文件的食品安全方针和相关目标的声明。

本准则要求的形成文件的程序和记录组织为确保食品安全管理体系有效建立、实施和更新所需的文件。

②文件控制。食品安全管理体系所要求的文件应予以控制。记录是一种特殊类型的文件，应依据要求进行控制。这种控制应确保所有提出的更改在实施前加以评审，以确定其对食品安全的作用以及对食品安全管理体系的影响。应编制形成文件的程序，以规定以下方面所需的控制。

a. 文件发布前得到批准，以确保文件是充分适宜的。b. 必要时对文件进行评审与更新，并再次批准；c. 确保文件的更改和现行修订状态得到识别；d. 确保在使用处获得适用文件的有关版本；e. 确保文件保持清晰、易于识别；f. 确保相关的外来文件得到识别，并控制其分发；g. 防止作废文件的非预期使用，若因任何原因而保留作废文件时，确保对这些文件进行适当的标识。

③记录控制。应建立并保持记录，以提供符合要求和食品安全管理体系有效运行的证据。记录应保持清晰、易于识别和检索。应编制形成文件的程序，以规定记录的标识、贮存、保护、检索、保存期限和处理所需的控制。

5. 管理职责

（1）管理承诺。最高管理者应通过以下活动，对其建立、实施食品安全管理体系并持续改进其有效性的承诺提供证据：a. 表明组织的经营目标支持食品安全；b. 向组织传达满足与食品安全相关的法律法规、本准则以及顾客要求的重要性；c. 制订食品安全方针；d. 进行管理评审；e. 确保资源的获得。

（2）食品安全方针。最高管理者应制定食品安全方针，形成文件并对其进行沟通。最高管理者应确保食品安全方针：a. 与组织在食品链中的作用相适应；b. 符合与顾客商定的食品安全要求和法律法规要求；c. 在组织的各层次得以沟通、实施并保持；d. 在持续适宜性方面得到评审；e. 充分阐述沟通；f. 由可测量的目标来支持。

（3）食品安全管理体系策划。最高管理者应确保：对食品安全管理体系的策划，满足及支持食品安全的组织目标的要求；在对食品安全管理体系的变更进行策划和实施时，保持体系的完整性。

（4）职责和权限最高管理者。应确保规定各项职责和权限并在组织内进行沟通，以确保食品安全管理体系有效运行和保持。所有员工有责任向指定人员汇报与食品安全管理体系有关的问题。指定人员应有明确的职责和权限，以采取措施并予以记录。

（5）食品安全小组。组长组织的最高管理者应任命食品安全小组组长，无论其在其他方面的职责如何，应具有以下方面的职责和权限：a. 管理食品安全小组，并组织其工作；b. 确保食品安全小组成员的相关培训和教育；c. 确保建立、实施、保持和更新食品安全管理体系；d. 向组织的最高管理者报告食品安全管理体系的有效性和适宜性。

（6）沟通

①外部沟通。为确保在整个食品链中能够获得充分的食品安全方面的信息，组织应制定、实施和保持有效的措施，以便与下列各方进行沟通：a. 供方和分包商；b. 顾客或消费者，特别是在产品信息（包括有关预期用途、特定贮存要求以及适宜时含保质期的说明书）、问询、合同或订单处理及其修改，以及包括抱怨的顾客反馈；c. 主管部门；d. 对食品安全管理体系的有效性或更新产生影响，或将受其影响的其他组织。

这种沟通应提供组织的产品在食品安全方面的信息，这些信息可能与食品链中其他组织相关，特别是应用于那些需要由食品链中其他组织控制的已知的食品安全危害。应保持沟通记录。应获得来自顾客和主管部门的食品安全要求。指定人员应有规定的职责和权限，进行有关食品安全信息的对外沟通。通过外部沟通获得的信息应作为体系更新和管理评审的输入。

②内部沟通。组织应建立、实施和保持有效的安排，以便与有关的人员就影响食品安全的事项进行沟通。为保持食品安全管理体系的有效性，组织应确保食品安全小组及时获得变更的信息，如包括但不限于以下方面：a. 产品或新产品；b. 原料、辅料和服务；c. 生产系统和设备；d. 生产场所，设备位置，周边环境；e. 清洁和卫生方案；f. 包装、贮存和分销系统；g. 人员资格水平和（或）职责及权限分配；h. 法律法规要求；i. 与食品安全危害和控制措施有关的知识；j. 组织遵守的顾客、行业和其他要求；k. 来自外部相关方的有关问询；l. 表明与产品有关的食品安全危害的抱怨；m. 影响食品安全的其他条件。

食品安全小组应确保食品安全管理体系的更新包括上述信息。最高管理者应确保将相关信息作为管理评审的输入。

（7）应急准备和响应最高管理者应建立、实施并保持程序，以管理可能影响食品安全的潜在紧急情况和事故，并应与组织在食品链中的作用相适宜。

（8）管理评审

①总则。最高管理者应按策划的时间间隔评审食品安全管理体系，以确保其持续的适宜性、充分性和有效性。评审应包括评价食品安全管理体系改进的机会和变更的需求，包括食品安全方针。管理评审的记录应予以保持。

②评审输入。管理评审输入应包括但不限于以下信息：a. 以往管理评审的跟踪措施；b. 验证活动结果的分析；c. 可能影响食品安全的环境变化；d. 紧急情况、事故和撤回；e. 体系更新活动的评审结果；f. 包括顾客反馈的沟通活动的评审；g. 外部审核或检验。

③评审输出。管理评审输出应包括与如下方面有关的决定和措施：a. 食品安全保证；b. 食品安全管理体系有效性的改进；c. 资源需求；d. 组织食品安全方针和相关目标的修订。

6. 资源管理

（1）资源提供组织应提供充足资源，以建立、实施、保持和更新食品安全管理体系。

（2）人力资源

①总则。食品安全小组和其他从事影响食品安全活动的人员应是能够胜任的，并具有适当的教育、培训、技能和经验。当需要外部专家帮助建立、实施、运行或评价食品安全管理体系时，应在签订的协议或合同中对这些专家的职责和权限予以规定。

②能力、意识和培训。组织应：a. 识别从事影响食品安全活动的人员所必需的能力；b. 提供必要的培训或采取其他措施以确保人员具有这些必要的能力；c. 确保对食品安全管理体系负责监视、纠正、纠正措施的人员受到培训；d. 评价上述 a、b 和 c 的实施及其有效性；e. 确保这些人员认识到其活动对实现食品安全的相关性和重要性；f. 确保所有影响食品安全的人员能够理解有效沟通的要求；g. 保持培训和 b、c 中所述措施的适当记录。

③基础设施。组织应提供资源以建立和保持实现本准则要求所需的基础设施。

④工作环境。组织应提供资源以建立、管理和保持实现本准则要求所需的工作环境。

7. 安全产品的策划和实现

（1）总则。组织应策划和开发实现安全产品所需的过程。组织应实施、运行策划的活动及其更改，并确保有效；这些活动和更改包括前提方案以及操作性前提计划和（或）HACCP 计划。

（2）前提方案

①组织应建立、实施和保持前提方案，以助于控制：a. 食品安全危害通过工作环境进入产品的可能性；b. 产品的生物、化学和物理污染，包括产品之间的交叉污染；

c. 产品和产品加工环境的食品安全危害水平。

②前提方案应：a. 与组织在食品安全方面的需求相适宜；b. 与运行的规模和类型、制造和(或)处置的产品性质相适宜；c. 无论是普遍适用还是适用于特定产品或生产线，前提方案都应在整个生产系统中实施；d. 并获得食品安全小组的批准。组织应识别与以上相关的法律法规要求。

③当选择和(或)制订前提方案［PRP(s)］时，组织应考虑和利用适当信息(如法律法规要求、顾客要求、公认的指南、国际食品法典委员会的法典原则和操作规范，国家、国际或行业标准)。

当制定这些方案时，组织应考虑如下：a. 建筑物和相关设施的布局和建设；b. 包括工作空间和员工设施在内的厂房布局；c. 空气、水、能源和其他基础条件的提供；d. 包括废弃物和污水处理的支持性服务；e. 设备的适宜性，及其清洁、保养和预防性维护的可实现性；f. 对采购材料(如原料、辅料、化学品和包装材料)、供给(如水、空气、蒸汽、冰等)、清理(如废弃物和污水处理)和产品处置(如贮存和运输)的管理；g. 交叉污染的预防措施；h. 清洁和消毒；i. 虫害控制；j. 人员卫生；k. 其他适用的方面。

应对前提方案的验证进行策划，必要时应对前提方案进行更改。应保持验证和更改的记录。文件宜规定如何管理前提方案中包括的活动。

(3) 实施危害分析的预备步骤

①总则。应收集、保持和更新实施危害分析所需的所有相关信息，并形成文件。应保持记录。

②食品安全小组。应任命食品安全小组。食品安全小组应具备多学科的知识和建立与实施食品安全管理体系的经验。这些知识和经验包括但不限于组织的食品安全管理体系范围内的产品、过程、设备和食品安全危害。应保持记录，以证实食品安全小组具备所要求的知识和经验。

③产品特性。

A. 原料、辅料和与产品接触的材料。应在文件中对所有原料、辅料和与产品接触的材料予以描述，其详略程度为实施危害分析所需。适用时，包括以下方面：a. 化学、生物和物理特性；b. 配制辅料的组成，包括添加剂和加工助剂；c. 产地；d. 生产方法；e. 包装和交付方式；f. 贮存条件和保质期；g. 使用或生产前的预处理；h. 与采购材料和辅料预期用途相适宜的有关食品安全的接收准则或规范。组织应识别与以上方面有关的食品安全法律法规要求。上述描述应保持更新，包括需要时按照要求进行更新。

B. 终产品特性。终产品特性应在文件中予以描述，其详略程度为实施危害分析所需，适用时，包括以下方面的信息：a. 产品名称或类似标识；b. 成分；c. 与食品安全有关的化学、生物和物理特性；d. 预期的保质期和贮存条件；e. 包装；f. 与食品安全有关的标识和(或)处理、制备及使用的说明书；g. 分销方法。组织应识别与以上方面有关的食品安全法律法规的要求。上述描述应保持更新，包括需要时按照要求进行的更新。

④预期用途。

应考虑终产品的预期用途和合理的预期处理，以及非预期但可能发生的错误处置和误用，并应将其在文件中描述，其详略程度为实施危害分析所需。应识别每种产品的使用群体，适用时，应识别其消费群体；并应考虑对特定食品安全危害的易感消费群体。上述描述应保持更新，包括需要时按照要求进行更新。

⑤流程图、过程步骤和控制措施。

A. 流程图。应绘制食品安全管理体系所覆盖产品或过程类别的流程图。流程图应为评价食品安全危害可能的出现、增加或引入提供基础。流程图应清晰、准确和足够详尽。适宜时，流程图应包括：a. 操作中所有步骤的顺序和相互关系；b. 源于外部的过程和分包工作；c. 原料、辅料和中间产品投入点；d. 返工点和循环点；e. 终产品、中间产品和副产品放行点及废弃物的排放点。根据“验证的策划”要求，食品安全小组应通过现场核对来验证流程图的准确性。经过验证的流程图应作为记录予以保持。

B. 过程步骤和控制措施的描述。应描述现有的控制措施、过程参数及其实施的严格度，或影响食品安全的程序，其详略程度为实施危害分析所需。还应描述可能影响控制措施的选择及其严格程度的外部要求(如来自顾客或主管部门)。上述描述应根据要求进行更新。

(4) 危害分析

①总则。食品安全小组应实施危害分析，以确定需要控制的危害，确保食品安全所需的控制程度，以及所要求的控制措施组合。

②危害识别和可接受水平的确定。应识别并记录与产品类别、过程类别和实际生产设施相关的所有合理预期发生的食品安全危害。这种识别应基于以下方面：a. 根据收集的预备信息和数据；b. 经验；c. 外部信息，尽可能包括流行病学和其他历史数据；d. 来自食品链中，可能与终产品、中间产品和消费食品的安全相关的食品安全危害信息；应指出每个食品安全危害可能被引入的步骤(从原料、生产和分销)。

在识别危害时，应考虑：a. 特定操作的前后步骤；b. 生产设备、设施/服务和周边环境；c. 在食品链中的前后关联。

针对每个识别的食品安全危害，只要可能，应确定终产品中食品安全危害的可接受水平。确定的水平应考虑已发布的法律法规要求、顾客对食品安全的要求、顾客对产品的预期用途以及其他相关数据。确定的依据和结果应予以记录。

③危害评价。应对每种已识别的食品安全危害进行危害评价，以确定消除危害或将危害降至可接受水平是否是生产安全食品所必需的，以及是否需要控制危害以达到规定的可接受水平。应根据食品安全危害造成不良健康后果的严重性及其发生的可能性，对每种食品安全危害进行评价。应描述所采用的方法，并记录食品安全危害评价的结果。

④控制措施的选择和评价。基于危害评价，应选择适宜的控制措施组合，预防、消除或减少食品安全危害至规定的可接受水平。在选择的控制措施组合中，应根据描述，对每个控制措施控制确定的食品安全危害的有效性进行评审。应对所选择的控制措施进行分类，以决定其是否需要通过操作性前提方案或 HACCP 计划进行管理。选择和分类

应使用包括评价以下方面的逻辑方法：a. 相对于应用强度，控制措施控制食品安全危害的效果；b. 对该控制措施进行监视的可行性（如及时监视以便能立即纠正的能力）；c. 相对其他控制措施该控制措施在系统中的位置；d. 该控制措施作用失效或重大加工的不稳定性的可能性；e. 一旦该控制措施的作用失效，结果的严重程度；f. 控制措施是否有针对性地制订，并用于消除或将危害水平大幅度降低；g. 协同效应（即，两个或更多措施作用的组合效果优于每个措施单独效果的总和）。应在文件中描述所使用的分类方法和参数，并记录评价的结果。

（5）操作性前提方案的建立操作性前提方案［OPRP(s)］应形成文件，针对每个方案应包括如下信息：a. 由方案控制的食品安全危害；b. 控制措施；c. 有监视程序，以证实实施了操作性前提方案；d. 当监视显示操作性前提方案失控时，采取的纠正和纠正措施；e. 职责和权限；f. 监视的记录。

（6）HACCP 计划的建立

HACCP 计划应形成文件。针对每个已确定的关键控制点，应包括如下信息：a. 关键控制点所控制的食品安全危害；b. 控制措施；c. 关键限值；d. 监视程序；e. 关键限值超出时，应采取的纠正和纠正措施；f. 职责和权限；g. 监视的记录。

（7）预备信息的更新、描述前提方案和 HACCP 计划的文件的更新　制订操作性前提方案或 HACCP 计划后，必要时，组织应更新如下信息：a. 产品特性；b. 预期用途；c. 流程图；d. 过程步骤；e. 控制措施。必要时，应对 HACCP 计划以及描述前提方案的程序和指导书进行修改。

（8）验证的策划　验证策划应规定验证活动的目的、方法、频次和职责。验证活动应确保：a. 操作性前提方案得以实施；b. 危害分析的输入持续更新；c. HACCP 计划中的要素和操作性前提方案得以实施且有效；d. 危害水平在确定的可接受水平之内；e. 组织要求的其他程序得以实施，且有效。该策划的输出应采用适于组织运作的形式。应记录验证的结果，且传达到食品安全小组。应提供验证的结果以进行验证活动结果的分析。当体系验证是基于终产品的测试，且测试的样品不符合食品安全危害的可接受水平时，受影响批次的产品应按照“潜在不安全产品处置”的要求处理。

（9）可追溯性系统　组织应建立且实施可追溯性系统，以确保能够识别产品批次及其与原料批次、生产和交付记录的关系。可追溯性系统应能够识别直接供方的进料和终产品首次分销途径。应按规定的时间间隔保持可追溯性记录，足以进行体系评价，使潜在不安全产品如果发生撤回时能够进行处置。可追溯性记录应符合法律法规要求、顾客要求，例如可以是基于终产品的批次标识。

（10）不符合控制

①纠正。根据终产品的用途和放行要求，组织应确保关键控制点超出或操作性前提方案失控时，受影响的终产品得以识别和控制。应建立和保持形成文件的程序，规定：a. 识别和评价受影响的产品，以确定对它们进行适宜的处置；b. 评审所实施的纠正。在已经超出关键限值的条件下生产的产品是潜在不安全产品，应按要求进行处置。对不符合操作性前提方案条件下生产的产品，在评价时应考虑不符合原因和由此对食品安全

造成的后果，并在必要时，按潜在不安全产品处置的要求进行处置。评价应予记录。所有纠正应由负责人批准并予以记录，记录还应包括不符合的性质及其产生原因和后果以及不合格批次的可追溯性信息。

②纠正措施。操作性前提方案和关键控制点监视得到的数据应由具备足够知识和具有权限的指定人员进行评价，以启动纠正措施。当关键限值发生超出和不符合操作性前提方案时，应采取纠正措施。组织应建立和保持形成文件的程序，规定适宜的措施以识别和消除已发现的不符合的原因，防止其再次发生，并在不符合发生后，使相应的过程或体系恢复受控状态，这些措施包括：a. 评审不符合(包括顾客抱怨)；b. 对可能表明向失控发展的监视结果的趋势进行评审；c. 确定不符合的原因；d. 评价采取措施的需求以确保不符合不再发生；e. 确定和实施所需的措施；f. 记录所采取纠正措施的结果；g. 评审采取的纠正措施，以确保其有效。纠正措施应予以记录。

③潜在不安全产品的处置。

A. 总则。组织应采取措施处置所有不合格产品，以防止不合格产品进入食品链，除非可能确保：a. 相关的食品安全危害已降至规定的可接受水平；b. 相关的食品安全危害在产品进入食品链前将降至确定的可接受水平；c. 尽管不符合，但产品仍能满足相关食品安全危害规定的可接受水平。可能受不符合影响的所有批次产品应在评价前处于组织的控制之中。当产品在组织的控制之外，且被确定为不安全时，组织应通知相关方，采取撤回。

B. 放行的评价。受不符合影响的每批产品应在符合下列任一条件时，才可在分销前作为安全产品放行：a. 除监视系统外的其他证据证实控制措施有效；b. 证据表明，针对特定产品的控制措施的组合作用达到预期效果；c. 抽样、分析或其他验证活动证实受影响批次的产品符合相关食品安全危害确定的可接受水平。

C. 不合格品处置。评价后，当产品不能放行时，产品应按如下之一处理：a. 在组织内或组织外重新加工或进一步加工，以确保食品安全危害消除或降至可接受水平；b. 销毁或按废物处理。

④撤回。为能够并便于完全、及时地撤回确定为不安全的终产品批次：a. 最高管理者应指定有权启动撤回的人员和负责执行撤回的人员；b. 组织应建立、保持形成文件的程序，以通知相关方［如：主管部门、顾客和(或)消费者］处置撤回产品及库存中受影响的产品和采取措施的顺序。被撤回产品在被销毁、改变预期用途、确定按原有(或其他)预期用途使用是安全的或重新加工以确保安全之前，应在监督下予以保留。撤回的原因、范围和结果应予以记录，并向最高管理者报告，作为管理评审的输入。组织应通过使用适宜技术验证并记录撤回方案的有效性(例如模拟撤回或实际撤回)。

8. 食品安全管理体系的确认、验证和改进

(1) 总则食品安全小组应策划和实施对控制措施和控制措施组合进行确认所需的过程，并验证和改进食品安全管理体系。

(2) 控制措施组合的确认　在实施包含于操作性前提方案和 HACCP 计划的控制措施之前，及在变更后，组织应确认：a. 所选择的控制措施能使其针对的食品安全危害

实现预期控制；b. 控制措施或其组合时有效，能确保控制已确定的食品安全危害，并获得满足规定可接受水平的终产品。当确认结果表明不能满足一个或多个上述要素时，应对控制措施和(或)其组合进行修改和重新评价。修改可能包括控制措施(即生产参数、严格度或其组合)的变更，和(或)原料、生产技术、终产品特性、分销方式、终产品预期用途的变更。

(3) 监视和测量的控制组织应提供证据表明采用的监视、测量方法和设备是适宜的，以确保监视和测量的结果。为确保结果有效性，必要时，所使用的测量设备和方法应：a. 对照能溯源到国际或国家标准的测量标准，在规定的时间间隔或在使用前进行校准或检定。当不存在上述标准时，校准或检定的依据应予以记录；b. 进行调整或必要时再调整；c. 得到识别，以确定其校准状态；d. 防止可能使测量结果失效的调整；e. 防止损坏和失效。校准和验证结果记录应予保持。

此外，当发现设备或过程不符合要求时，组织应对以往测量结果的有效性进行评价。当测量设备不符合时，组织应对该设备以及任何受影响的产品采取适当的措施。这种评价和相应措施的记录应予保持。当计算机软件用于规定要求的监视和测量时，应确认其满足预期用途的能力。确认应在初次使用前进行。必要时，再确认。

(4) 食品安全管理体系的验证

①内部审核。组织应按照策划的时间间隔进行内部审核，以确定食品安全管理体系是否：a. 符合策划的安排、组织所建立的食品安全管理体系的要求和本准则的要求；b. 得到有效实施和更新。策划审核方案要考虑拟审核过程和区域的状况和重要性，以及以往审核和产生的更新措施。应规定审核的准则、范围、频次和方法。审核员的选择和审核的实施应确保审核过程的客观性和公正性。审核员不应审核自己的工作。应在形成文件的程序中规定策划和实施审核以及报告结果和保持记录的职责和要求。负责受审核区域的管理者应确保及时采取措施，以消除所发现的不符合情况及原因，不能不适当地延误。跟踪活动应包括对所采取措施的验证和验证结果的报告。

②单项验证结果的评价。食品安全小组应系统地评价所策划的验证的每个结果。当验证证实不符合策划的安排时，组织应采取措施达到规定的要求。该措施应包括但不限于评审以下方面：a. 现有的程序和沟通渠道；b. 危害分析的结论、已建立的操作性前提方案和 HACCP 计划；c. 人力资源管理和培训活动的有效性。

③验证活动结果的分析。食品安全小组应分析验证活动的结果，包括内部审核和外部审核的结果。应进行分析，以：a. 证实体系的整体运行满足策划的安排和本组织建立食品安全管理体系的要求；b. 识别食品安全管理体系改进或更新的需求；c. 识别表明潜在不安全产品高事故风险的趋势；d. 建立信息，便于策划与受审核区域状况和重要性有关的内部审核方案；e. 提供证据证明已采取纠正和纠正措施的有效性。分析的结果和由此产生的活动应予以记录，并以相关的形式向最高管理者报告，作为管理评审的输入，也应用作食品安全管理体系更新的输入。

(5) 改进

①持续改进。最高管理者应确保组织采用沟通、管理评审、内部审核、单项验证结

果的评价、验证活动结果的分析、控制措施组合的确认、纠正措施和食品安全管理体系更新，以持续改进食品安全管理体系的有效性。

②食品安全管理体系的更新。最高管理者应确保食品安全管理体系持续更新。为此，食品安全小组应按策划的时间间隔评价食品安全管理体系，继而应考虑评审危害分析、已建立的操作性前提方案和HACCP计划的必要性。评价和更新活动应基于：a. 来自“沟通”中所述的内部和外部沟通的输入；b. 来自有关食品安全管理体系适宜性、充分性和有效性的其他信息的输入；c. 验证活动结果分析的输出；d. 管理评审的输出。体系更新活动应予以记录，并以适当的形式报告，作为管理评审的输入。

第二节　食品良好操作规范(GMP)

“GMP”是英文 good manufacturing practice 的缩写，中文的意思是“良好作业规范”，或是“优良制造标准”，是一种特别注重在生产过程中实施对产品质量与卫生安全的自主性管理制度。它是一套适用于制药、食品等行业的强制性标准，要求企业从原料、人员、设施设备、生产过程、包装运输、质量控制等方面按国家有关法规达到卫生质量要求，形成一套可操作的作业规范，帮助企业改善卫生环境，及时发现生产过程中存在的问题并加以改善。简要地说，GMP要求食品生产企业应具备良好的生产设备，合理的生产过程，完善的质量管理和严格的检测系统，确保最终产品的质量(包括食品安全卫生)符合法规要求。

GMP所规定的内容，是食品加工企业必须达到的最基本条件。

1. 食品GMP的意义

食品GMP的意义为：为食品生产提供一套必须遵循的组合标准；使食品生产经营人员认识食品生产的特殊性，提供重要的教材，由此产生积极的工作态度，激发对食品质量高度负责的精神，消除生产上的不良习惯；使食品生产企业对原料、辅料、包装材料的要求更为严格；有助于食品生产企业采用新技术、新设备，从而保证食品质量；为卫生行政部门、食品卫生监督员提供监督检查的依据；为建立国际食品标准提供基础；便于食品的国际贸易。

2. 食品GMP的基本精神

食品GMP的基本精神是：降低食品生产过程中人为的错误；防止食品在生产过程中遭到污染或品质劣变；建立健全的自主性品质保证体系。

3. 推行食品GMP的主要目的

推行食品GMP的主要目的是：提高食品的品质与卫生安全；保障消费者与生产者的权益；强化食品生产者的自主管理体制；促进食品工业的健全发展。

4. 食品GMP的基本原则

食品GMP的推行是采用认证制度而且由从业者自愿参加的。食品GMP的通则适用于所有食品工厂，而专则依个别产品性质不同及实际需要予以制定。食品GMP有关产品的抽验方法，应遵从相关国家标准的规定，没有制定标准的就应当参照政府检验单位或学术研究机构认同的方法。

食品 GMP 的基本原则主要包括以下几个方面。

①明确各岗位人员的工作职责。

②在厂房、设施和设备的设计、建造过程中，充分考虑生产能力、产品质量和员工的身心健康。

③对厂房、设施和设备进行适当的维护，以保证始终处于良好的状态。

④将清洁工作作为日常的习惯，防止产品污染。

⑤开展验证工作，证明系统的有效性、正确性和可靠性。

⑥起草详细的规程，为取得始终如一的结果提供准确的行为指导。

⑦认真遵守批准的书面规程，防止污染、混淆和差错。

⑧对操作或工作及时、准确地记录归档，以保证可追溯性，符合 GMP 要求。

⑨通过控制与产品有关的各个阶段，将质量建立在产品生产过程中。

⑩定期进行有计划的自检。

5. GMP 体系的基本内容

GMP 根据 FDA 的法规，分为 4 个部分：总则；建筑物与设施；设备；生产和加工控制。GMP 是适用于所有食品企业的，是常识性的生产卫生要求，GMP 基本上涉及的是与食品卫生质量有关的硬件设施的维护和人员卫生管理。符合 GMP 的要求是控制食品安全的第一步，其强调食品的生产和贮运过程应避免微生物、化学性和物理性污染。我国食品卫生生产规范是在 GMP 的基础上建立起来的，并以强制性国家标准规定来实行，该规范适用于食品生产、加工的企业或工厂，并作为制定种类食品厂的专业卫生依据。

GMP 实际上是一种包括 4M 管理要素的质量保证制度，即选用规定要求的原料(material)，以合乎标准的厂房设备(machines)，由胜任的人员(man)，按照既定的方法(methods)，制造出品质既稳定又安全卫生的产品的一种质量保证制度。

第三节　卫生标准操作程序(SSOP)

一、SSOP 简介

SSOP(Sanitation Standard Operating Procedure)实际上是落实 GMP 卫生法规的具体程序。GMP 和 SSOP 共同作为 HACCP 体系的基础，保障了企业食品安全计划在食品生产加工过程中顺利实施，没有前期的管理规范措施，工厂不会成功地实施 HACCP。如金字塔的结构一样，仅有顶端的 HACCP 计划的执行文件是不够的，HACCP 体系必须建立在牢固的遵守现行的 GMP 和可接受的 SSOP 的基础上，具备这样牢固的基础才能使 HACCP 体系有效地运行。SSOP 规定了生产车间、设施设备、生产用水(冰)、与食品接触的表面卫生保持、雇员的健康与卫生控制以及虫害的防治等要求和措施。SSOP 的制定和有效执行是企业实施 GMP 法规的具体体现，并使 HACCP 计划在企业得以顺利实施。GMP 卫生法规是政府颁发的强制性法规，而企业的 SSOP 文本是由企业自己编写的卫生标准操作程序。企业通过实施自己的 SSOP 达到 GMP 的要求。SSOP 监控记录可以用来证明 SSOP 执行的情况，以及 SSOP 制定的目标和频率能否达到 GMP 的要求。在制定 SSOP 时应记录其操作方式、场所、由谁负责实施等。记录的格式应易于使用和遵守，不能过细，也不能过松。

1. SSOP 的定义范畴

SSOP 中文意思为“卫生标准操作程序”。SSOP 是食品加工厂为了保证达到 GMP 所规定要求，确保加工过程中消除不良因素，使其加工的食品符合卫生要求而制定的，用于指导食品生产加工过程中如何实施清洗、消毒和卫生保持的规定。SSOP 的正确制定和有效执行，对控制危害是非常有价值的。企业可根据法规和自身需要建立文件化的 SSOP。

2. SSOP 的主要内容

SSOP 主要包括：描述在工厂中使用的卫生程序；提供这些卫生程序的时间计划；提供一个支持日常监测计划的基础；鼓励提前做好计划，以保证必要时采取纠正措施；辨别趋势，防止同样问题再次发生；确保每个人，从管理层到生产工人都理解卫生；为雇员提供连续的培训；显示对买方和检查人员的承诺，以及引导厂内的卫生操作状况得以完善提高。

二、SSOP 的基本要求

食品卫生标准操作程序（SSOP）的基本要求至少要考虑以下几个方面内容。

与食品接触或与食品接触物表面接触的水（冰）的安全；与食品接触的表面（包括设备、手套、工作服）的清洁度；防止发生交叉污染；手的清洗与消毒，厕所设施的维护与卫生保持；防止食品被污染物污染；有毒化学物质的标记、储存和使用；雇员的健康与卫生控制；虫害的防治。

企业建立 SSOP 之后，必须制定监控程序，设定专人定期实施检查，对检查结果不合格的还必须采取措施进行纠正，对所有的监控行动、检查结果和纠正措施都要记录，通过这些记录说明企业不仅制定并实行了 SSOP，而且行之有效。食品加工企业日常的卫生监控记录是工厂重要的质量记录和管理资料，应使用统一的表格，归档保存。卫生监控记录表格基本要素有：被监控的某项具体卫生状况或操作，必要的纠正措施等。

三、SSOP 应用情况

SSOP 实际上是 GMP 中最关键的基本卫生条件。1996 年美国农业部发布的法规中，要求肉禽产品生产企业在执行 HACCP 时，发展和执行 SSOP，即把执行卫生操作规范作为改善其食品安全、执行 HACCP 的主要前提。

SSOP 强调对食品生产车间、环境、人员及与食品接触的器具、设备中可能存在危害的预防以及清洗(洁)的措施。SSOP 与 HACCP 的执行有着密切的关联，而 HACCP 体系是建立在已有效实施 GMP 和 SSOP 基础上的。我国食品安全法规标准及食品工厂的卫生规范都有类似国外 SSOP 和 CMP 的相关内容，如《食品企业通用卫生规范》(GB 14881—1994)、《罐头厂卫生规范》(GBT 89560—1988)和《糕点厂卫生规范》(GB 8957—1988)等都属于这一范畴内容，对 HACCP 体系在企业的实施起到积极推进作用。

第四节　危害分析与关键点控制(HACCP)

一、HACCP 的概念

HACCP 是对可能发生在食品加工环节中的危害进行评估，进而采取控制的一种预防性的食品安全控制体系。有别于传统的质量控制方法；HACCP 是对原料、各生产工序中影响产品安全的各种因素进行分析，确定加工过程中的关键环节，建立并完善监控程序和监控标准，采取有效的纠正措施，将危害预防、消除或降低到消费者可接受水平，以确保食品加工者能为消费者提供更安全的食品。

二、HACCP 的特点

(1) 针对性：针对性强，主要针对食品的安全卫生，是为了保证食品生产系统中任何可能出现的危害或有危害危险的地方得到控制。

(2) 预防性：是一种用于保护食品防止生物、化学和物理的危害的管理工具，它强调企业自身在生产全过程的控制作用，而不是最终的产品检测或者是政府部门的监管作用。

(3) 经济性：设立关键控制点控制食品的安全卫生，降低了食品安全卫生的检测成本，同以往的食品安全控制体系比较，具有较高的经济效益和社会效益。

(4) 实用性：已在世界范围得到了广泛的应用和发展。

(5) 强制性：被世界各国的官方所接受，并被用来强制执行。同时，也被联合国粮农组织和世界卫生组织联合食品法典委员会 CAC 认同。在我国出口企业中，罐头、水产品、肉及肉制品、速冻蔬菜、果蔬汁、速冻方便面 6 类产品出口必须实施通过 HACCP 验证。

(6) 动态性：HACCP 中的关键控制点随产品、生产条件等因素改变而改变，企业如果出现设备、检测仪器、人员等的变化，都可能导致 HACCP 计划的改变。

虽然 HACCP 是一个预防体系，但绝不是一个零风险体系。它是将危害降低到一个可接受的水平。如细菌含量新鲜肉 10^6 个、冻肉 5×10^5 个、熟制品是 5×10^4 个等。

三、HACCP 计划的前提条件

食品生产加工企业建立和实施 HACCP 体系应满足一定的前提条件，主要有：满足良好操作规范(GMP)的要求；建立并有效实施卫生标准操作程序(SSOP)；建立并有效实施产品的标识、追溯和回收计划；建立并有效实施加工设备与设施的预防性维护保养程序；建立并有效实施教育与培训计划；其他的前提条件还有实验室管理、文件资料的控制、加工工艺控制、产品品质控制程序等。

四、HACCP的7个基本原理

HACCP是对食品加工、运输以至销售整个过程中的各种危害进行分析和控制，从而保证食品达到安全水平。它是一个系统的、连续性的食品卫生预防和控制方法。以HACCP为基础的食品安全体系，是以HACCP的七个原理为基础的。HACCP理论是在不断发展和完善的。1999年食品法典委员会(CAC)在《食品卫生通则》附录《危害分析和关键控制点(HACCP)体系应用准则》中，将HACCP的7个原理确定如下。

原理1：危害分析(Hazard Anaylsis，HA)

危害分析与预防控制措施是HACCP原理的基础，也是建立HACCP计划的第一步。企业应根据所掌握的食品中存在的危害以及控制方法，结合工艺特点，进行详细的分析。

原理2：确定关键控制点(Critical Control Point. CCP)

关键控制点(CCP)是能进行有效控制危害的加工点、步骤或程序，通过有效的控制，防止发生、消除危害，使之降低到可接受水平。CCP或HACCP是产品加工过程的特异性决定的。如果出现工厂位置、配合、加工过程、仪器设备、配料供方、卫生控制和其他支持性计划以及用户的改变，CCP都可能改变。

原理3：确定与各CCP相关的关键限值(Critical Limit，CL)

关键限值是非常重要的，而且应该合理、适宜、可操作性强、符合实际和实用。如果关键限值过严，则即使没有发生影响到食品安全危害，也会要求去采取纠偏措施；如果过松，又会造成不安全的产品到了用户手中。

原理4：确立CCP的监控程序

应用监控结果来调整及保持生产受控，企业应制定监控程序并执行，以确定产品的性质或加工过程是否符合关键限值。

原理5：关键控制点失控时，应采取纠正措施(Corrective Actions，CA)

当监控表明偏离关键限值或不符合关键限值时采取的程序或行动。如有可能，纠正措施一般应是在HACCP计划中提前决定的。纠正措施一般包括两步：第一步，纠正或消除发生偏离CL的原因，重新加工控制；第二步，确定在偏离期间生产的产品，并决定如何处理。采取纠正措施包括产品的处理情况时应加以记录。

原理6：验证程序(Verification Procedures，VP)

用来确定HACCP体系是否按照HACCP，计划运转，或者计划是否需要修改，以及再被确认生效使用的方法、程序、检测及审核手段。

原理7：记录保持程序(Record—keeping Procedures，RP)

企业在实行HACCP体系的全过程中，须有大量的技术文件和日常的监测记录，这些记录应是全面的，记录应包括：体系文件，HACCP体系的记录，HACCP小组的活动记录，HACCP 前提条件的执行、监控、检查和纠正记录。

五、GMP、SSOP 与 HACCP 的关系

根据 CAC/RCP1—1969，Rev. 3 (1997) 附录《HACCP 体系和应用准则》和美国 FDA 的 HACCP 体系应用指南中的论述，GMP、SSOP 是制定和实施 HACCP 计划的基础和前提。没有 GMP、SSOP，实施 HACCP 计划将成为一句空话。SSOP 计划中的某些内容也可以列入 HACCP 计划内加以重点控制。

GMP、SSOP 控制的是一般的食品卫生方面的危害，HACCP 重点控制食品安全方面的显著性的危害。仅仅满足 GMP 和 SSOP 的要求，企业要靠繁杂的、低效率和不经济的最终产品检验来减少食品安全危害给消费者带来的健康伤害(即所谓的事后检验)；而企业在满足 GMP 和 SSOP 的基础上实施 HACCP 计划，可以将显著的食品安全危害控制和消灭在加工之前或加工过程中(即所谓的事先预防)。GMP、SSOP、HACCP 的最终目的都是为了使企业具有充分、可靠的食品安全卫生质量保证体系，生产加工出安全卫生的食品，保障食品消费者的食用安全和身体健康。

第五节　质量管理与质量保证体系(ISO 9000)

一、ISO 9000 的概述

“ISO 9000”不是指一个标准，而是一族标准的统称。根据 ISO 9000—1：1994 的定义：“‘ISO 9000 族’是由 ISO/TC 176 制定的所有国际标准。”TC 176 即 ISO 中第 176 个技术委员会，它成立于 1980 年，全称是“品质保证技术委员会”，1987 年又更名为“品质管理和品质保证技术委员会”。TC 176 专门负责制定品质管理和品质保证技术的标准。

TC 176 最早制定的一个标准是 ISO 8402：1986，名为《品质 - 术语》，于 1986 年 6 月 15 日正式发布。1987 年 3 月，ISO 又正式发布了 ISO 9000：1987、ISO 9001：1987、ISO 9002：1987、ISO 9003：1987、ISO 9004：1987 共 5 个国际标准，与 ISO 8402：1986 一起统称为“ISO 9000 系列标准”。

此后，TC 176 又于 1990 年发布了一个标准，1991 年发布了三个标准，1992 年发布了一个标准，1993 年发布了五个标准；1994 年没有另外发布标准，但是对前述“ISO 9000 系列标准”统一作了修改，分别改为 ISO 8402：1994、ISO 9000—1：1994、ISO 9001：1994、ISO 9002：1994、ISO 9003：1994、ISO 9004—1：1994，并把 TC 176 制定的标准定义为“ISO 9000 族”。1995 年，TC 176 又发布了一个标准，编号是 ISO 10013：1995。至今，ISO 9000 族一共有 17 个标准。

对于上述标准，作为专业人员应该通晓，作为企业，只需选用如下三个标准之一：ISO 9001：1994《品质体系设计、开发、生产、安装和服务的品质保证模式》；ISO 9002：1994《品质体系生产、安装和服务的品质保证模式》；ISO 9003：1994《品质体

系最终检验和试验的品质保证模式》。

二、ISO 9000 认证步骤

简单地说，推行 ISO 9000 有如下五个必不可少的过程：

①知识准备—立法—宣贯—执行—监督—改进；

②企业原有质量体系识别、诊断；

③任命管理者代表、组建 ISO 9000 推行组织；

④制定目标及激励措施；

⑤各级人员接受必要的管理意识和质量意识训练。

三、ISO 9000 标准的意义

ISO 9000 标准诞生于市场经济环境，总结了经济发达国家企业的先进管理经验，为广大企业完善管理、提高产品/服务质量提供了科学的指南，同时为企业走向国际市场找到了“共同语言”。ISO 9000 系列标准明确了市场经济条件下顾客对企业共同的基本要求。企业通过贯彻这一系列标准，实施质量体系认证，证实其能力满足顾客的要求，提供合格的产品/服务。这对规范企业的市场行为，保护消费者的合法权益发挥了积极作用。ISO 9000 系列标准是经济发达国家企业科学管理经验的总结，通过贯标与认证，企业能够找到一条加快经营机制转换、强化技术基础与完善内部管理的有效途径，主要体现于以下几个方面。

（1）企业的市场意识与质量意识得到增强。通过贯标与认证，引导企业树立“以满足顾客要求为经营宗旨，以产品/服务质量为本，以竞争为手段，向市场要效益”的经营理念。

（2）稳定和提高产品/服务质量。通过贯标与认证，企业对影响产品/服务的各种因素与各个环节进行持续有效的控制，稳定并提高了产品/服务的质量。

（3）提高整体的管理水平。通过贯标与认证，使企业全体员工的质量意识与管理意识得到增强；明确了各项管理职责和工作程序，各项工作有章可循；通过内部审核与管理评审，及时发现问题，加以改进，使企业建立自我完善与自我改进的机制。

（4）增强市场竞争能力。通过贯标与认证，企业一方面向市场证实自身有能力满足顾客的要求，提供合格的产品/服务，另一方面产品/服务的质量也确实能够得到稳定与提高，这就增强了企业的市场竞争能力。

（5）为实施全面的科学管理奠定基础。通过贯标与认证，员工的管理素质得到提高，企业规范管理的意识得到增强，并建立起自我发现问题、自我改进与自我完善的机制，为企业实施全面的科学管理（例如财务、行政、营销管理等）奠定基础。

ISO 9000 系列标准是由国际标准化组织（ISO）发布的国际标准，是百年工业化进程中质量管理经验的科学总结，已被世界各国广泛采用和认同。由第三方独立且公正的认证结构对企业实施质量体系认证，可以有效避免不同顾客对企业能力的重复评定，减轻了企业负担，提高了经济贸易效率，同时国内的企业贯彻 ISO 9000 标准，按照国际通行的原则和方式来经营与管理企业，这有助于树立国内企业“按规则办事，尤其是按国际规则办事”的形象，符合我国加入 WTO 的基本原则，为企业对外经济与技术合作的顺利进行，营造了一个良好的环境。我国关于成功运行 ISO 9000 系列标准的例子比比皆是，如天津塘沽阀门厂、青岛海尔集团等。

第六节 环境管理体系(ISO 14000)

针对一些现实问题，ISO 国际标准化组织在汲取世界发达国家多年环境管理经验的基础上制定并颁布 ISO 14000 环境管理系列标准。

一、ISO 14000 的特点

①注重体系的完整性，是一套科学的环境管理软件。

②强调对法律法规的符合性，但对环境行为不作具体规定。

③要求对组织的活动进行全过程控制。

④广泛适用于各类组织。

⑤与 ISO 9000 标准有很强的兼容性。

ISO 14000 标准与 ISO 9000 标准有以下异同点。

首先，两套标准都是 ISO 组织制订的针对管理方面的标准，都是国际贸易中消除贸易壁垒的有效手段。

其次，两套标准的要素有相同或相似之处。

再次，两套标准最大的区别在于面向的对象不同，ISO 9000 标准是对顾客承诺，ISO 14000 标准是对政府、社会和众多相关方(包括股东、贷款方、保险公司等)；ISO 9000 标准缺乏行之有效的外部监督机制，而实施 ISO 14000 标准的同时，就要接受政府、执法当局、社会公众和各相关方的监督。

最后，在体系中，两套标准部分内容和体系的思路上有着质的不同，包括环境因素识别、重要环境因素评价与控制。ISO 14000 适用环境法律、法规的识别、获取、遵循状况评价和跟踪最新法规，环境目标指标方案的制订和实施完成，以期达到预防污染、节能降耗、提高资源能源利用率，最终达到环境行为的持续改进目的。

二、实施 ISO 14000 的意义

①增强企业竞争力，扩大市场份额。

②树立优秀企业形象。

③改进产品性能，制造“绿色产品”。

④改革工艺设备，实现节能降耗。

⑤污染预防，环境保护。

⑥避免因环境问题所造成的经济损失。

⑦提高员工环保素质。

⑧提高企业内部管理水平。

⑨减少环境风险，实现企业永续经营。

三、我国实施 ISO 14000 系列标准应注意的问题

①实施 ISO 14000 系列标准，要以中国国家和地方环境保护法律法规、标准、规章制度以及各级行政管理部门有关环境保护的决定为依据。

②实施 ISO 14000 系列标准，要与全过程污染控制，清洁生产及企业管理相结合。在企业管理过程中体现防治污染。

③实施 ISO 14000 系列标准，要与现行的各项环境管理制度相结合，要把有关制度的基本要求纳入环境管理体系之中。从而使 ISO 14000 系列标准的实施更具有中国特色，符合中国国情。

④实施 ISO 14000 系列标准，认证机构、咨询机构应按有关规定和各自职能分别开展相应工作。

⑤要加强环境管理体系认证人员和咨询人员的培训，提高环境管理体系咨询，审核认证工作的质量，为改善中国环境管理状况，获得国际认可创造条件。

⑥加强对认证工作的监督。

第七节　认证与计量认证

一、认证、计量认证基础概念

1. 认证

“认证(certification)”一词的英文原意是指一种出具证明文件的行动。ISO/IEC 指南 2：1986 中“认证”的定义是：“由可以充分信任的第三方证实某一经鉴定的产品或服务符合特定标准或规范性文件的活动”。“第三方”指在涉及的问题上，公认的独立于有关各方的人或机构。例如对第一方(供方或卖方)生产的产品甲，第二方(需方或买方)无法判定其品质是否合格，而由第三方来判定。第三方既要对第一方负责，又要对第二方负责，不偏不倚，出具的证明要获得双方的信任，这样的活动就叫做“认证”。

2. 质量认证

质量认证又称合格认证(conformity certification)，国际标准化组织(ISO)在 ISO 导则 2—1991《标准化、认证与试验室认可的一般术语及其定义》中，将“合格认证”定义为：“第三方依据程序对产品、过程或服务符合规定的要求给予书面的保证(合格证书)”。

由上述定义可知，质量认证具有以下几点含义。

①认证的对象是产品和质量体系(过程或服务)，前者称产品认证，后者称体系认证。而产品认证又可分为安全认证和合格认证两种，安全认证是依据强制性标准实行强

制性认证；合格认证是依据产品技术条件等推荐性标准实行自愿性认证。

②认证的基础是“规定的要求”。“规定的要求”是指国家标准或行业标准。无论实行哪一种认证或对哪一类产品进行认证，都必须要有适用的标准。

③认证是第三方从事的活动。通常将产品的生产企业称作“第一方”，如食品、饲料、农产品等生产企业。将产品的购买使用者称为“第二方”，如广大食品或农产品消费者。在质量认证活动中，第三方是独立、公正的机构，与第一方、第二方在行政上无隶属关系，在经济上无利害关系。

④认证活动是依据程序而开展的，是一种科学、规范、正规的活动。从企业申请到认证机构受理，从对企业质量体系审核到对认证产品的型式检验，从认证的批准到认证后的监督，这中间的每一项活动如何开展，认证机构都有明确的要求和严格的规定。

⑤取得质量认证资格的证明方式是认证机构向企业颁发认证证书和认证标志。其中认证标志只有产品认证才有，认证标志可用于产品上，以便为认证产品做更广泛的宣传。

（1）产品认证。产品认证(product certification)也称为产品质量认证。《中华人民共和国产品质量认证管理条例》(1991年5月)第二条规定：“产品质量认证是根据产品标准和相应技术要求，经认证机构确定，并通过颁发认证证书和认证标志来证明某一产品符合相应标准和相应技术要求的活动”。

从上述的定义中，可将产品认证的内涵归纳为：

①产品认证的对象是产品。这里所指的产品可以指广义的产品，但一般是针对有形产品而言。

②产品认证的依据是产品标准。这里产品标准应是符合有关规范(如ISO/IEC指南7《关于制定用于合格评定标准的指南》)，由国际/国家标准化机构制订发布的，同时被认证机构采纳的产品标准、技术规范等。

③产品认证的主体是第三方。

④产品认证的获准表示是认证证书和认证标志。

在产品认证中，合格认证又称作自愿性产品认证，而安全认证又称作强制性认证。

①自愿性产品认证。企业根据自愿原则向国家认证认可监督管理部门批准的认证机构提出产品认证申请，由认证机构依据认证基本规范、认证规则和技术标准进行的合格评定。经认证合格的，由认证机构颁发产品认证证书，准许企业在产品或者其包装上使用产品认证标志。

自愿性产品认证的意义如下所述。

a. 获得自愿性产品认证证书，加贴自愿性产品认证标志的产品，意味着其安全性能和/或质量要求符合认证规则和技术标准的要求，其生产者已具备了持续生产符合规定要求产品的能力，并使产品具备了特定内涵。对提高企业形象，增强消费者和需方对该产品的信心，提升产品的竞争力，为企业创造更好的经济效益，均能产生积极影响。

b. 政府部门、需方采购招标时或保险机构受理产品保险时，自愿性产品认证的证书具有很强的竞争实力，因为证书的背后有专业审查和产品检验通过的支撑。

c. 自愿性的产品认证将有利于国内产品的出口，提高企业在国内和国际上的地位和形象，进一步增强竞争力。

d. 自愿性产品认证为企业适应国际贸易规则，为企业的产品在国际市场上公平、自由竞争创造了条件。

②强制性产品认证

a. 国家强制性产品认证的概念。强制性产品认证制度是各国政府为保护广大消费者人身安全，保护动植物生命安全，保护环境、保护国家安全，依照法律法规实施的一种产品合格评定制度。根据强制性产品认证的产品目录和实施强制性产品认证程序，对列入目录中的产品实施强制性的检测和审核。强制性产品认证中由国家公布统一的目录，确定统一使用的国家标准、技术规则和实施程序，制定统一的标志，规定统一的收费标准。凡列入目录内的产品，必须经国家指定的认证机构认证合格，取得相关证书并加施认证标志后，才能出厂、进口、销售和在经营服务场所使用。2001 年 12 月 3 日我国加入世贸组织前正式对外公布，国家强制性产品认证标志名称为“中国强制认证”(China Compulsory Certification)，简称“CCC”标志。

b. 国家建立强制性产品认证制度的法律依据《中华人民共和国产品质量法》《中华人民共和国进出口商品检验法》《中华人民共和国标准化法》《中华人民共和国进出口商品检验法实施条例》《中华人民共和国产品质量认证管理条例》等法律法规。

c. 国家对强制性产品认证制度的管理体制。国家认证认可监督管理委员会拟定、调整《强制性产品认证目录》并与国家质检总局共同对外发布；拟定和发布《目录》内产品认证实施规则；制定并发布认证标志，确定强制性产品认证证书的要求；指定承担认证任务的认证机构、检测机构和检查机构；指导地方质检机构对强制性产品认证违法行为的查处等。

强制性产品认证工作由国家认监委指定的认证机构负责认证的具体实施，并对认证结果负责；地方质检部门对列入强制性认证产品目录内的产品实施监督；生产者、销售者和进口商以及经营服务场所的使用者对生产、销售、进口、使用的产品负责；国家认监委指定的标志发放管理机构负责发放强制性认证标志。

（2）质量体系认证。质量体系认证(quality system certification)是指依据国际通用的“质量管理和质量保证”系列标准，经过认证机构对企业的质量体系进行审核，并以颁发认证证书的形式，证明企业的质量体系和质量保证能力符合相应要求的活动。诸如 ISO 9000 质量管理体系认证、ISO 14000 环境管理体系认证、OHSMS 职业健康安全管理体系认证、SA 8000 社会道德责任认证和 FSMS 食品安全管理体系认证等。

①质量体系认证的对象是企业。即企业质量体系中影响持续按需方要求提供产品或服务能力的某些要素。可以概括为企业质量保证体系的质量保证能力。

②质量体系认证的依据，是国际通用的质量管理标准——ISO 9000 系列国际标准。该标准已等同采用为我国国家标准《质量管理和质量保证》族标准 GB/T 19000—ISO 9000。

③质量体系认证是第三方从事的活动。即指由独立于第一方(供方)和第二方(需

方）之外的，与第一方、第二方既无行政上隶属关系，又无经济上利害关系的第三方实施认证活动。

④质量体系认证坚持企业自愿申请的原则。

二、计量认证

1. 计量

计量（metrology）在中华人民共和国计量技术规范《通用计量术语及定义》（JJF1001—1998）中将其定义为“实现单位统一、量值准确可靠的活动”，包括科学技术上的、法律法规上的和行政管理上的活动。

计量具有准确性、一致性、溯源性及法制性四个特点。

①准确性。是指测量结果与被测量真值的一致程度。由于实际上不存在完全准确无误的测量，因此在给出量值的同时，必须给出适应于应用目的或实际需要的不确定度或误差范围。否则所进行的测量的质量（品质）就无从判断，量值也就不具备充分的实用价值。所谓量值的准确，即是在一定的不确定度、误差极限或允许误差范围内的准确。

②一致性。是指在统一计量单位的基础上，无论在何时、何地，采用何种方法，使用何种计量器具以及由何人测量，只要符合有关的要求，其测量结果就应在给定的区间内一致。也就是说，测量结果应是可重复、可再现（复现）、可比较的。换言之，量值是确实可靠的，计量的核心实质上是对测量结果及其有效性、可靠性的确认，否则，计量就失去其社会意义。计量的一致性不仅限于国内，也适用于国际。

③溯源性。是指任何一个测量结果或计量标准的值，都能通过一条具有规定不确定度的连续比较链，与计量基准联系起来。这种特性使所有的同种量值，都可以按这条比较链通过校准向测量的源头追溯，也就是溯源到同一个计量基准（国家基准或国际基准），从而使准确性和一致性得到技术保证。否则，量值出于多源或多头，必然会在技术上和管理上造成混乱。所谓“量值溯源”是指自下而上通过不间断的校准而构成溯源体系；而“量值传递”则是自上而下通过逐级检定而构成检定系统。

④法制性。来自于计量的社会性，因为量值的准确可靠不仅依赖于科学技术手段，还要有相应的法律、法规和行政管理。特别是对国计民生有明显影响，涉及公众利益和可持续发展或需要特殊信任的领域，必须由政府主导建立起法制保障。否则，量值的准确性、一致性及溯源性就不可能实现，计量的作用也难以发挥。

计量不同于一般的测量，测量是为确定量值而进行的全部操作，一般不具备、也不必具备计量的四个特点。所以，计量属于测量而又严于一般的测量，在这个意义上可以狭义地认为，计量是与测量结果置信度有关的、与不确定度联系在一起的规范化的测量。随着科技、经济和社会的发展，对单位统一、量值准确可靠的要求越来越高，计量的作用也就愈显重要。

2. 计量认证

（1）计量认证的定义及性质。计量认证是指由政府计量行政部门对第三方产品合格认证机构或其他技术机构的检定、测试能力和可靠性的认证。我国的计量认证行政主管部门为国家质量技术监督局认证与实验室评审管理司。计量认证是依据《中华人民共和国计量法》，该法第二十二条规定“为社会提供公正数据的产品质量检验机构，必须经省级以上人民政府计量行政部门对其计量检定、测试的能力和可靠性考核合格”。在《中华人民共和国计量法实施细则》第三十二、三十三、三十四、三十五、三十六条中进一步明确规定计量认证是对检测机构的法制性强制考核，是政府权威部门对检测机构进行规定类型检测所给予的正式承认。由于在《中华人民共和国计量法实施细则》中将这种考核称为“计量认证”，于是“计量认证”的名称沿用至今。

计量检测机构所提供的计量检测数据准确可靠与否，不仅影响到国家和消费者的利益，对于食品来说，检验机构提供的数据，直接关系到消费者的健康与生命安全，而且在某种程度上关系到企业的生产方向和发展，甚至直接影响到我国对外贸易的信誉。

（2）CMA 计量认证。CMA 是“China Metrology Accreditation”的缩写；中文含义为“中国计量认证”。它是根据中华人民共和国计量法的规定，由省级以上人民政府计量行政部门对检测机构的检测能力及可靠性进行的一种全面的认证及评价。这种认证对象是所有对社会出具公正数据的产品质量监督检验机构及其他各类实验室，如各种产品质量监督检验站、环境检测站、疾病预防控制中心等。取得计量认证合格证书的检测机构，允许其在检验报告上使用 CMA 标记；有 CMA 标记的检验报告可用于产品质量评价、成果及司法鉴定，具有法律效力。

（3）计量认证的分级与实施。我国的计量认证分为两级实施。一级为国家级，国家认证认可监督管理委员会负责全国范围的计量认证/审查认可(验收)的组织实施；另一级为省级，省级质量技术监督部门负责本行政区域内的计量认证/审查认可(验收)的组织实施，具体工作由计量认证办公室(计量处)承办。不论是国家级还是省级认证，对通过认证的检测机构资格在全国均同样具有法定效力，不存在办理部门不同效力不同的差异。

（4）计量认证的特点。由于计量认证的目的是要监督考核质检机构的计量检测工作质量，促进质检机构提供准确可靠的检验数据，在全国范围内保证计量检测数据一致、准确，保护国家、消费者和生产厂的利益；同时有利于质检机构提高工作质量，树立其产品检验工作的信誉，为获得国际上承认的检测数据，促进商品出口创汇创造条件。因此计量认证有以下特点。

①是人民政府计量行政部门依法进行的考核，不同于其他行政管理范围内所进行的考核，其对象是为社会提供公证数据的产品质量检验机构。

②坚持专家评审，具有权威性。《计量认证管理办法》指出：“被认证的质检机构，其计量检测数据在贸易出证、产品质量评价、科学成果鉴定作为公证数据具有法律效力”。通过计量认证，可树立这些单位的权威地位。而这种地位的建立，不是通过行政授权而是由计量检测专家和本行业的产品质量检测专家共同组成的评审组进行评审考核，从技术上、管理上被承认，因此具有权威性。

③采取考核与帮、促相结合的工作方法。由于产品检测是计量技术的具体应用，因

此计量部门不仅要根据《计量法》从考核入手，考核其计量检测能力和可靠性，还应帮助申请认证单位解决如何达到计量认证合格标准，即在计量认证过程中，帮助其解决具体的技术问题。如“质量管理手册”的编写；计量检测仪器设备的检定溯源；指导专用仪器设备校验方法、检验规范的制定；从计量学角度考虑如何提高计量检测工作质量问题等。

④坚持程序管理和规范管理相结合的要求。计量认证从准备、申请、考核、发证及认证后的监督全过程都要按国家计量局制定的程序和规范要求进行，并且要按相应的规范要求达标。

⑤计量认证是技术考核和管理工作考核相结合。计量检测本身包括了技术和管理两个方面的工作内容，计量是基础，管理是手段。计量认证考核既包括了仪器设备，人员操作技能，工作环境等技术性考核，还包括了组织机构、质量保证体系、各项规章制度等管理性的考核。只有处理好管理和技术的辩证关系，才能保证其计量的准确、可靠、公正，达到计量认证的目的。

⑥计量认证是第三方认证，具有第三方公正性。计量认证考核是政府计量行政部门组织评审，即指定所属的计量检定技术机构或授权的技术机构或组织由评审员组成专家评审组进行。它们既不是这些质检机构的主管部门，又不是使用这些质检机构的单位。因此，是具有公正性的第三方认证。

（5）计量认证与国家实验室认可。计量认证是法制计量管理的重要工作内容之一。对检测机构来说，就是检测机构进入检测服务市场的强制性核准制度，只有具备计量认证资质、取得计量认证法定地位的机构，才能为社会提供检测服务。国家实验室认可是与国外实验室认可制度一致的，是自愿申请的能力认可活动。通过国家实验室认可的检测技术机构，证明其符合国际上通行的校准与检测实验室能力的通用要求。

三、计量认证的内容、对象和依据

（一）计量认证的内容

《计量法》从法律的角度对计量认证的内容进行了规定，第二十二条规定：“为社会提供公证数据的产品质量检验机构，必须经省级以上人民政府计量行政部门对其计量检定、测试的能力和可靠性考核合格。”以保证其给出的数据准确可靠，具有可比较性。

《实验室资质认定评审准则》中规定的评审内容包含管理要求和技术要求两个方面共 18 个要素。管理要求包括 10 个要素：①组织；②管理体系；③文件控制；④检测和/或校准分包；⑤服务和供应品的采购；⑥合同评审；⑦申诉和投诉；⑧纠正措施、预防措施及改进；⑨记录；⑩内部审核及管理评审。技术要求包括 8 个要素：①人员；②设施和环境条件；③检测和校准方法；④设备和标准物质；⑤量值溯源；⑥抽样和样品处置；⑦结果质量控制；⑧结果报告。

《中华人民共和国计量法实施细则》中计量认证的内容包括如下各项。

①计量检定测试设备的配备及其准确度、量程等技术指标，必须与检验的项目相适

应，其性能必须稳定可靠并经检定合格。

②计量检定测试设备的工作环境，包括温湿度控制、防尘、防腐、抗干扰的条件以及室内安装、环境卫生等均应适应其工作的需要并满足产品质量检验的要求。

③使用计量检定测试设备的人员，应具备必要的专业知识和实际经验，其操作技能必须考核合格。

④产品质量检验机构具有保证量值统一、准确的措施和检测数据公正、可靠的管理制度。

（二）计量认证的对象

根据《计量法》的规定，计量认证的对象是："为社会提供公证数据的产品质量检验机构"。计量认证的对象一般包括：

①各级质量技术监督行政部门依法设置或授权的产品质量检验机构。

②经各级人民政府有关行业主管部门批准，为社会提供公证数据的产品质量检验机构。

③已取得计量认证合格证书的产品质量检验机构。

④自愿申请为社会出具公证数据的各类科研、检测实验室。

检测机构存在的目的就是为社会提供准确可靠的检测数据和检测结果，检测机构出具的数据和结果主要用于以下方面：

①政府机构要依据有关检测结果来制定和实施各种方针、政策；

②科研部门利用检测数据来发现新现象、开发新技术、新产品；

③生产者利用检测数据来决定其生产活动；

④消费者利用检测结果来保护自己的利益；

⑤流通领域利用检测数据决定其购销活动。

（三）计量认证的依据

计量认证的依据主要如下述。

①《中华人民共和国计量法》；

②《中华人民共和国计量法实施细则》；

③《产品质量检验机构计量认证技术考核规范》；

④《产品质量检验机构计量认证/审查认可(验收)评审准则》；

⑤《实验室和检查机构资质认定管理办法》；

⑥《实验室资质认定评审准则》。

根据《中华人民共和国计量法》第二十二条、《中华人民共和国计量法实施细则》第七章和《实验室和检查机构资质认定管理办法》中的规定，为社会提供公证数据的产品质量检验机构或其他技术机构，必须经省级以上人民政府计量行政部门对其计量检定、测试能力和可靠性考核合格，取得计量认证合格证书。这里所称的"公证数据"，是指面向社会从事检测工作的技术机构为他人决定、仲裁、裁决所出具的可引起一定法律后果的数据，即除了具有真实性和科学性外，还具有合法性。

从计量认证的法律依据中可以看出：

①计量认证制度是我国现行认证工作中通过人大立法的认证制度，在国家法律、法规体系中占有相当重要的地位。

②计量认证工作是强制性的，未取得计量认证合格证书的，不得开展产品质量检验工作；

③计量认证机构定位在由省级以上政府计量行政部门考核合格，表明政府对这项工作行使的权限是严格控制的。

复习思考题

1. 简述 ISO 22000：2005 的适用范围。
2. GMP 体系的基本内容有哪些?
3. SSOP 的主要内容有哪些?
4. 简述 HACCP 的基本原理。
5. ISO 9000 的含义是什么?
6. 实施 ISO 14000 的意义。
7. 什么是计量认证?

第七章 食品产品认证

（1）了解食品认证的基础知识

（2）掌握我国食品认证的种类及其特点

（3）熟悉无公害农产品认证、绿色食品认证、有机食品认证、地理标志产品认证等食品认证体系

随着农业产业结构的调整和食品工业的发展，市场上食品的品种和数量都得到了快速的增长，而新技术的应用和食品新资源的开发使得食品无论在内在营养，还是在外在感官上都有了翻天覆地的变化，然而近几年来市场上掺杂使假和伪劣食品的出现，严重影响侵害消费者的权益、危害消费者的健康，日新月异的食品反而使消费者难辨真伪，这就需要食品产品认证为其提供选购的指导。食品产品认证是国际上通用的对食品进行评价的方法，同时它也是许多国家的政府和机构用来对食品产品质量和安全进行调控和管理的重要手段。

第一节 食品产品认证概述

一、认证认可的基本概念

认证制度起源于20世纪初的英国，1903年英国开始使用世界上的第一个认证标志，即“风筝”标志，开创了认证制度的先河，至今它在国际上仍享有较高的声誉。20世纪30年代起，产品质量认证得到了较快的发展，在后来的20年中，工业发达的国家已经基本普及。20世纪70年代起发展中国家开始逐步实行产品质量认证制度。我国的认证工作始于20世纪70年代末80年代初，是伴随着我国改革开放而发展起来的。首先从电工产品和电子元器件产品认证开始，逐步扩大到其他的产品和领域。1991年5

月，国务院颁发了《中华人民共和国产品质量认证管理条例》，标志着我国产品质量认证工作步入了法制轨道。1993 年我国正式由等效采用改为等同采用 ISO9000 系列标准，建立了符合国际惯例的认证制度，质量认证工作取得长足的发展。随后国家对涉及安全、卫生、环境保护的产品实施了强制性产品认证制度。2001 年 8 月，国务院组建中华人民共和国国家认证认可监督管理委员会(以下简称“国家认监委”)授权其统一管理、监督和综合协调全国认证认可工作。为了规范认证认可活动，提高产品、服务的质量和管理水平，促进经济和社会的发展，2003 年 9 月公布了《中华人民共和国认证认可条例》(以下简称“《认证认可条例》”)自 2003 年 11 月 1 日起正式实施，在我国境内从事认证认可活动，都应当遵守这一条例。同时，国家鼓励平等互利地开展认证认可国际互认活动。《认证认可条例》的公布实施，我为我国适应加入世界贸易组织的需要，规范认证认可活动，进一步提高产品竞争力、服务质量和管理水平以及促进经济和社会的发展都将起到重要作用，这一条例的公布实施标志着我国的认证认可事业进入了一个新的发展阶段，揭开了我国认证认可的新篇章。

认证认可是社会经济、科技和文化进步的产物。在发展先进生产力的过程中，产品、服务质量以及管理水平是不可忽视的重要因素。实践证明，认证认可工作开展以来，极大地促进了我国产品、服务质量和管理水平的提高。但是，以发展的眼光来看，国际认证认可制度在不断完善，产品、服务质量和管理等领域的国际标准在不断提高，我国经济和社会的发展正在呈现出注重增长质量、注重改善管理、注重可持续发展等特点，因此，《认证认可条例》在吸纳国际认证认可活动有益做法的基础上，充分考虑了我国经济建设和认证认可领域的实际情况，围绕如何根据我国经济和社会发展的需要，提高产品、服务和管理体系的质量，设定了基本的原则、制度和规则。《认证认可条例》的公布，将会进一步增强我国参与经济全球化的实力，推动我国经济和社会质量型、效益型和可持续发展型转变的进程。当前我国的认证工作已经涵盖了产品认证、管理体系认证、食品企业卫生注册以及实验室认可和认证人员注册等多个认证与认可领域。

根据 ISO/IEC 指南 2《标准化及相关活动 - 通用术语》中的定义，“认证”是指由第三方对产品、过程或服务满足规定要求给出书面证明的程序。《认证认可条例》规定：认证是由认证机构证明产品、服务、管理体系符合相关技术规范、相关技术规范的强制性要求或者标准的合格评定活动。根据认证的定义，认证的实施主体是第三方，也就是认证机构，它既要对第一方(通常意义上的供方)负责，又要对第二方(通常意义上的需方)负责；必须做到认证行为公开、公平、公正，不偏不倚；必须独立于第一方和第二方；有义务维护供需双方的利益；与双方没有任何经济上的利害关系。认证的对象是产品、过程、服务和管理体系，而认证的依据是相关技术规范、相关技术规范的强制性要求或者标准。相关技术规范是指与认证认可有关的、经公认机构批准的，规定非强制执行的，供通用或重复使用的产品或相关工艺和生产方法的规则、方针或特性的文件。认证活动主要包括体系认证和产品认证两种。

根据认证的定义，认证的表现形式是按程序进行的活动。“程序”在质量管理体系中的定义就是规定的途径，也就是规定如何进行认证。这些程序对外主要是指认证机构的公开文件，包括认证制度、认证申请指南，认证流程、认证证书及标志的管理，申诉和投诉制度，认证管理委员会章程、认证监督和维持、认证范围的扩大和缩小等。对内主要是指认证机构自身建立的质量管理体系文件，这些文件既要满足认可机构对认证机构的要求，又要符合认证机构的实际情况。所有的内部和外部程序，都在于对相关各方提供一种信任，证明其认证活动的规范性和权威性。认证的结果是出具书面证明。这种书面证明是一种许可证，它通常以合格证书的形式出现，用以证明某个特定产品、过程或服务符合特定的标准或其他规范性文件。无论是体系认证机构还是产品认证机构，都会向通过其认证的产品、过程、服务或管理体系出具一份书面证明，且大多数以“认证证书”形式出现。

根据 ISO/IEC 指南 2《标准化及相关活动 - 通用术语》中的定义，“认可”是指权威机构对有能力执行特定任务的机构或个人给予正式承认的过程。认可的对象是认证机构、检查机构、实验室以及从事评审、审核等认证活动人员、《认证认可条例》规定：认可是由认可机构对认证机构、检查机构、实验室以及从事审核、评审等认证活动人员的能力和执业资格予以承认的合格评定活动。因此，认可是由认可机构进行的一种合格评定活动。认可机构由国务院认证认可监督管理部门确定，除经确定的认可机构外，其他任何单位不得直接或者变相从事认可活动。在我国，定义中的“权威机构”目前是指“中国合格评定国家认可中心”，该中心由三个委员会组成，即中国认证人员与培训机构国家认可委员会(CNAT)，该委员会主要是对满足注册要求的是审核员、评审员等认证机构和认可机构服务的合格评定人员的资格的认可，以及对实施与认证和认可有关的课程进行培训的机构满足要求的承认；中国认证机构国家认可委员会(CNAB)该委员会主要负责对质量体系认证机构和产品认证机构向社会实施认证的能力的认可；中国实验室国家认可委员会(CNAL)主要是对检测和校准实验室能力水平的认可。

二、认证机构

认证机构是指对产品、服务、管理体系按照相关技术法规、相关技术规范的强制性要求或标准进行合格评定活动的机构。在我国境内从事与认证有关的经营性活动的机构必须经过国家认监委的批准，并取得法人资格之后，方可从事批准范围内的认证活动。未经批准，任何单位和个人不得从事认证活动。认证机构可分为分支机构、分包认证机构和办事机构三种类型。分支机构是指认证机构在其法人登记住所之外设立的从事认证经营活动的机构，分支机构不具有独特法人资格。分包认证机构是指分包其他认证机构认证业务的机构，分包认证机构应具有独特法人资格，外商透支的认证机构属于此类。办事机构是指认证机构在其法人登记住所之外设立的从事经营范围内的业务联络和介绍、市场调研、技术交流等业务活动的机构，办事机构不得从事认证经营性活动，境外认证机构在华设立的代表机构属于此类。

在《认证认可条例》中明确规定，认证机构应当有固定的办公场所、必要的设施和一定的注册资本、有符合认证认可要求的管理制度、有一定数量的相应领域的专职认证人员，不同认证领域对认证人员的要求不同。认证机构从事认证活动，应当完成认证基本规范，认证规则规定的程序，确保认证、检查、检测的完整、客观、真实，不得增加、减少、遗漏程序。认证机构及其认证人员对认证结果负责。

三、食品产品认证的种类

食品产品认证是指由第三方证实某一食品或食品原料符合规定的技术要在和质量标准的评定活动。认证合格的产品，由授权的认证部门授予认证证书，并准许在产品或包装上按规定的方法使用规定的认证标志。食品产品认证是一种产品品质认证，是国际上通用的对食品进行评价的有效方法，已经成为许多国家的政府和机构用来保证食品产品质量和安全的重要调控和管理手段，有时它也是国际间食品贸易各有关方面共同认可的技术标准。

除了贸易上的特殊规定外，食品产品认证多为自愿性的认证。食品产品认证是为了满足市场经济活动有关方面的需求，委托人自愿委托第三方认证机构开展的合格评定活动，范围比较宽泛。国内已经开展的自愿性食品产品认证包括国家推行的绿色食品认证、有机食品认证、无公害农产品认证等。另外，还有一些认证机构自行推行的认证形式。如安全饮品认证、葡萄酒认证，以及与食品有关的食品包装/容器类产品认证等。实行产品认证后，凡是认证合格的食品都带有特定的认证标志，这就向消费者提供了一种质量信息，即带有认证标志的食品是经过公正的第三方认证机构对其进行了审核和评价，证明其质量符合国家规定的标准或特殊要求，对消费者选购食品起到指导作用。同时，食品产品认证还可以促进企业的产品质量改进，提高产品市场竞争力。针对我国的食品安全现状，食品的生产管理体系认证和食品的产品认证都是顺应趋势而又行之有效的良好途径。开展和建立健全优质农产品和食品的产品认证和标志制度，是采取市场经济办法发展优质农产品的重要措施。发达国家都把对优质农产品进行认证和加贴相关标志作为质量管理的重要手段。

第二节　无公害农产品认证

一、无公害农产品的概念及产品分类

（一）概念

无公害农产品是指产地环境、生产过程和产品质量符合国家有关标准和规范的要求，经认证合格获得认证证书并允许使用无公害农产品标志的未经加工或者初加工的食用农产品。包括各省市根据自身实际所发展起来的“安全食用农产品”、“放心菜”、“放心肉”、“无污染农产品”等。它是由政府推动，并实行产地认定或产品认证等工作模式。

无公害食品，是指产地生态环境质量符合标准，采用安全生产技术生产，经省农业行政主管部门依据农业部“无公害食品”行业标准认定的安全、优质农产品及其初级

加工品。

在第二次世界大战结束以后，美国、日本和欧洲的一些发达国家先后实现了大规模的农业机械化，并在农业生产中大量使用化肥、农药、除草剂等化学药剂，对粮食的增产增收起到了很大的作用。而过多化学物质的投入，也带来了一系列问题：土壤中的有机质减少，恶化了土壤的理化性质，导致土壤板结、沙化，农用化学物质通过在土壤和水体中的残留，造成有毒物质富积，并通过生物循环进入农作物和牲畜体内、严重地威胁着人类健康。在此情况下食用安全无污染、高品质的食品已成为人们的共识，由此，无公害食品应运而生。1972 年国际有机农业运动联盟(IFOAM)成立之初，就是以推动无公害健康食品的生产和监测为宗旨，并指出：有机农业的主要目标之一是和自然体系协作，保证有足够数量的有机质返回土壤，以促进农业生态系统中的生物循环，达到保持和增强土壤长期肥力及其生物活性的目的。随后，欧共体、日本等国政府也都积极倡导以有机农业生产无公害的农产品，并制定了法律条例促进和保护各国发展无公害食品，无公害的食品加工，已成为农业和食品业发展的潮流。

我国，化学肥料的推广对农业的增产和农民的增收起到了关键作用，然而，由于长期施用化学肥料，有机肥使用不足，土壤中各类养分比例失调，致使农田生态环境、土壤理化性状和土壤微生物区系受到不同程度的破坏，还在一定程度上影响到农产品的品质。随着人民生活水平不断提高，温饱问题基本解决后，高产优质农产品和卫生健康食品已成为当前社会和农业生产中的迫切需求。为此，农业部于 1990 年召开了绿色食品工作会议，旨在推动无公害健康食品的开发生产。进入新世纪以后，为适应新时期农业和农村经济结构调整和加入世界贸易组织的需要，全面提高我国农产品质量安全水平和市场竞争力，经国务院同意，农业部于 2001 年 4 月启动了“无公害食品行动计划”，对食用农产品实施从“农田到餐桌”的全过程监管，以逐步实行农产品的无公害生产、加工和消费。首先决定在北京、天津、上海和深圳等四个城市实施试点，2002 年在全国范围内全面启动，以期在较短的时间内，基本实现食用农产品的无公害生产。而施行无公害农产品认证，是“无公害食品行动计划”的重要内容。

为加强对无公害农产品的管理、维护消费者权益、提高农产品质量、保护农业生态环境和促进农业的可持续发展，农业部和国家质量监督检验检疫总局于 2002 年 4 月共同发布了《无公害农产品管理办法》，实行由政府推动、产地认定和产品认证的工作模式，明确指出由农业部门、国家质量监督检验检疫部门和国家认证认可监督管理委员会三方共同负责全国的无公害农产品管理及质量监督工作，并且按照“三定”方案赋予的职责和国务院的有关规定分工负责。鼓励各级农业行政主管部门和质量监督检验检疫部门在政策、资金、技术等方面扶持无公害农产品的发展，组织无公害农产品新技术的研究、开发和推广，同时国家鼓励生产单位和个人申请无公害农产品产地认定和产品认证，并且指出，因家将在适当的时候推行强制性无公害农产品认证制度。2003 年 4 月，农业部和国家认证认可监督管理委员会共同发布了《无公害农产品产地认证程序》和《无公害农产品认证程序》，进一步规范和推进了无公害农产品的产地认定和产品认证。目前，由农业部农产品质量安全中心负责组织实施无公害农产品的认证工作，该中心还在各省级农业行政主管部门设立无公害农产品认证省级承办机构，这些机构依据认证认可规则和程序，按照无公害农产品质量安全标准，对未经加工或初加工的食用农产品产地环境、农业投入品、生产过程和产品质量等环节进行审查验证，向经评定合格的农产品颁发无公害农产品认证证书和无公害农产品标志的使用许可。

（二）无公害农产品分类

我国把无公害农产品分为种植业产品、养殖业产品和渔业产品三个大类，其次按各行业的习惯分为23个类别，再按产品特性和安全指标相似的分为小类和种类，其中种植业大类计44个小类和5个种类；畜牧业大类计9个小类；渔业大类计32个小类和10个种类(见表7－1、表7－2、表7－3)，小类中再具体到产品，如种植业大类粮食作物类的玉米小类中包括玉米、鲜食玉米和糯玉米等。

表7－1　无公害农产品——种植业产品大类

序号	类别	小类或种类
1	粮食作物类	稻米小类、玉米小类、麦粉小类、食用豆小类、薯小类、杂粮小类
2	油料作物类	食用植物油小类、其他油料作物小类、花生种类、大豆种类、菜籽油种类
3	蔬菜类	根菜小类、白菜小类、甘蓝小类、芥菜小类、茄果小类、豆小类、瓜小类、葱蒜小类、叶菜小类、薯芋小类、水生蔬菜小类、多年生蔬菜小类、芽生蔬菜小类、野生蔬菜小类、食用菌小类
4	果品类	仁果小类、落叶核果类小类、落叶坚果类小类、落叶浆果类小类、柿枣小类、柑果类小类、常绿浆果小类、荔枝类小类、常绿核果小类、常绿坚(壳)果小类、荚果小类、聚复果类小类、多年生草本小类、藤本(蔓生果树)小类、西甜瓜小类、瓜子小类
5	茶叶类	茶叶小类
6	特种作物类	香料小类、枸杞小类、参小类
7	糖料作物类	甘蔗种类、甜菜种类

表7－2　无公害农产品——畜牧业产品大类

序号	类别	小类或种类
1	畜类产品类	猪等食品动物及其副产品小类、牛羊等食品动物及其副产品小类
2	禽类产品类	禽及其副产品小类
3	禽蛋产品类	禽蛋小类
4	乳产品类	液态奶小类、酸奶小类
5	蜂产品类	蜂蜜小类、蜂王浆小类、蜂副产品小类

表7-3　无公害农产品——渔业产品大类

序号	类别	小类或种类
1	海水鱼类	石首鱼科小类、鲈形目鱼小类、石斑鱼小类、海马小类
2	海水虾类	海水虾小类
3	海水蟹类	海水蟹小类、锯缘青蟹种类
4	海水贝类	扇贝小类、蛤小类、海水螺小类、鲍鱼小类
5	海水养殖藻类	海水养殖藻小类
6	其他海水养殖动物类	养殖棘皮动物小类、养殖腔肠动物小类
7	淡水鱼类	普通淡水鱼小类、鲤鱼小类、鲫鱼小类、冷水鱼小类、黄鳝小类
8	淡水虾类	青虾小类、罗氏沼泽虾种类、克氏螯虾种类
9	淡水蟹类	淡水蟹小类
10	淡水贝类	蚌小类、淡水螺小类
11	其他淡水养殖动物类	龟鳖小类、蛙小类

二、无公害农产品(食品)标志

无公害农产品标志图案(图7-1)由麦穗、对勾和无公害农产品字样组成。标志整体为绿色，其中麦穗和对勾是金色。麦穗代表农产品，对勾表示合格，金色寓意成熟和丰收，绿色象征环保和安全。标志图案直观、简介、易于识别，涵义通俗易懂。其意义如下：

(1) 该标志是由农业部和国家认证认可监督管理委员会联合制定并发布的，是加施于获得全国统一无公害农产品认证的产品或产品包装上的证明性标识，而印制在标签、广告、说明书上的无公害农产品标志图案，不能作为无公害农产品标志使用。

图7-1　无公害农产品(食品)标志

(2) 该标志的使用设计政府对无公害农产品质量的保证和生产者、经营者及消费者合法权益的维护，是国家有关部门对无公害农产品进行有效监督和管理的重要手段。因此，要求所有获证产品以“无公害农产品”称谓进入市场流通，均需在产品或产品包装上加贴标志。

(3) 该标志除采用多种传统静态防伪技术外，还具有防伪数码查询功能的动态防伪技术。因此，使用该标志是无公害农产品高度防伪的重要措施。

为了加强对无公害农产品标志的管理，2003 年 5 月，农业部和国家认证认可监督管理委员会联合制定了《无公害农产品标志管理办法》。

三、无公害农产品的标准体系

无公害农产品标准包括无公害农产品的行业标准和农产品安全质量的国家标准。无公害农产品的行业标准由农业部组织制定并发布，是无公害农产品认证的主要依据。农产品安全质量的国家标准由国家质量技术监督检验检疫总局制定并发布。这些标志既是无公害农产品的全程质量控制的重要技术依据，也是农产品标志化建设的一个亮点，完善其标准体系建设是支撑无公害农产品发展的一项基础性工作。

无公害农产品标志体系包括产地环境质量标准、污染物排放标准、农药和兽药施用原则以及肥料和饲料的合理使用规程、农业生产资料标准、种子(种畜)标准、种植(养殖)操作技术规程、农产品质量标准、农药和兽药残留限制标准以及标志、包装、运输、贮藏等相关标准。

(一) 无公害农产品的行业标准

建立和完善无公害农产品标准体系，是全面推进“无公害食品行动计划”的重要内容，也是开展无公害农产品开发、管理工作的前提条件。无公害农产品标准的内容包括产地环境标准、产品标准、生产技术规范和检验检测方法等，标准涉及种植业产品、畜牧业产品和渔业产品三大类近 140 个(类)农产品品种，大多为蔬菜、水果、茶叶、肉、蛋、奶、鱼等关系城乡居民日常生活的“菜篮子”产品。截至 2007 年，农业部共制定无公害食品标准 386 个，使用 277 个：产品标准 127 个，产地环境标准 20 个，投入品使用标准 7 个，生产管理技术规程标准 117 个，认证管理技术规范类标准 6 个。

无公害农产品标准体系的构架体现了“从农田到餐桌”全程质量控制的要求，以产品标准为主线，产品标准的范围为农产品及其初加加工产品(即经脱壳、干燥、磨碎、冷冻、分割、杀灭菌等初级加工工艺。基本不改变化学组分，仅改变物理性状的加工产品)或简单加工品(如豆腐、粉丝、腌制品、糖渍品等)。有毒、有害物质限量指标已分别体现在各产品标准中，构架内不再单独制定限量标准。无公害农产品标志以全程质量控制为核心，主要包括产地环境质量标准、生产技术标准和产品标准三个方面，主要参考了绿色食品标准的框架制定，而与之又有区别：

1. 无公害农产品产地环境质量标准

无公害农产品的生产首先受地域环境质量的制约，即只有在生态环境良好的农业生产区域内才能生产出优质、安全的无公害农产品。因此，无公害农产品产地环境质量标准对产地的空气、农田灌溉水质、渔业水质、畜禽养殖用水和土壤等的各项指标以及浓度限值做出规定。其目的，一是强调无公害农产品必须产自良好的生态环境地域，以保证无公害农产品最终产品的无污染、安全性，二是促进对无公害农产品产地环境的保护和改善。

无公害农产品产地环境质量标准与绿色食品产地环境质量标准的主要区别是：无公害农产品同一类产品不同品种制定了不同的环境标准，而这些环境标准之间没有或只有很小的差异，其指标主要参考了绿色食品产地环境质量标准；绿色食品是同一类产品制定一个通用的环境标准，可操作性更强。

2. 无公害农产品产品标准

无公害农产品的产品标准是衡量无公害农产品最终产品质量的指标尺度。它虽然跟普通食品的国家标准一样，规定了食品的外观品质和卫生指标等内容，但其卫生指标不高于国家标准，重点突出了安全指标，安全指标的制定与当前生产实际紧密结合。无公害农产品产品标准反映了无公害农产品生产、管理和控制的水平，突出了无公害农产品无污染、食用安全的特性。

无公害农产品产品标准与绿色食品产品标准的主要区别是：两者卫生指标差异很大，绿色食品产品卫生指标明显严于无公害农产品的产品卫生指标。以黄瓜为例：无公害食品黄瓜卫生指标 11 项，绿色食品黄瓜卫生指标有 18 项；无公害食品黄瓜卫生要求敌敌畏≤0. 2mg/kg，绿色食品黄瓜卫生要求敌敌畏≤0. 1mg/kg。另外，绿色食品蔬菜还规定了感官和营养指标的具体要求，而无公害蔬菜对此未作规定。绿色食品有包装通用准则，无公害农产品却为制定相应的包装规范。

3. 无公害农产品生产技术规范和检验检测方法

无公害农产品生产过程的控制是无公害农产品质量控制的关键环节，无公害农产品生产技术操作规程按作物种类、畜禽种类等和不同农业区域的生产特性分别制订，用于指导无公害农产品生产活动，规范无公害农产品生产，包括农产品种植、畜禽饲养、水产养殖和食品加工等技术操作规程。

从事无公害农产品生产的单位或者个人，应当严格按规定使用农业投入品，禁止使用国家禁用、淘汰的农业投入品。

无公害农产品技术标准与绿色食品生产技术标准的主要区别是：无公害农产品生产技术标准主要是无公害农产品生产技术规程标准，只有部分产品有生产资料使用准则，其生产技术规程标准在产品认证时供参考用。绿色食品生产技术标准包括了绿色食品生产资料使用准则和绿色食品生产技术规程两部分，这是绿色食品的核心标准，绿色食品认证和管理重点坚持绿色食品生产技术标准到位，以此保证绿色食品的质量。

按照国家法律法规规定和食品对人体健康、环境影响的程度，无公害农产品的产地环境标准和产品标准为强制性标准，生产技术规范为推荐性标准。

（二）农产品安全质量的国家标准

为了提高蔬菜、水果的食用安全性，保证产品的质量，保护人体健康，发展无公害农产品，促进农业和农村经济可持续发展，国家质量监督检验检疫总局制定了“农产品安全质量 GB18406—2001 和 GB/T18407—2001”两个标准系列，以提供无公害农产品产地环境和产品质量国家标准。农产品安全质量分为两部分，即无公害农产品产地环境要求和无公害农产品产品安全要求：

1. 无公害农产品产地环境要求

《农产品安全质量》产地环境要求(GB/T18407—2001）分为以下四个部分：

(1)《农产品安全质量　无公害蔬菜产地环境要求》(GB/T18407.1—2001)：该标准对影响无公害蔬菜生产的水、空气、土壤等环境条件按照现行国家标准的有关要求，结合无公害蔬菜生产的实际做出了规定，为无公害蔬菜产地的选择提供了环境质量依据。

(2)《农产品安全质量　无公害水果产地环境要求》(GB/T18407.2—2001)：该标准对影响无公害水果生产的水、空气、土壤等环境条件按照现行国家标准的有关要求，结合无公害水果生产的实际做出了规定，为无公害水果产地的选择提供了环境质量依据。

(3)《农产品安全质量　无公害畜禽肉产地环境要求》(GB/T18407.3—2001)：该标准对影响畜禽生产的养殖场、屠宰和畜禽类产品加工的选址和设施，生产的畜禽饮用水、环境空气质量、畜禽场空气环境质量及加工水质指标及相应的试验方法，防疫制度及消毒措施按照现行标准的有关要求，结合无公害畜禽生产的实际做出了规定。从而促进我国畜禽产品质量的提高，加强产品安全质量管理，规范市场，促进农产品贸易的发展，保障人民身体健康，维护生产者、经营者和消费者的合法权益。

(4)《农产品安全质量　无公害水产品产地环境要求》(GB/T18407.4—2001)：该标准对影响水产品生产的养殖场、水质和底质的指标及相应的试验方法按照现行标准的有关要求，结合无公害水产品生产的实际做出了规定。从而规范我国无公害水产品的生产环境，保证无公害水产品正常的生长和水产品的安全质量，促进我国无公害水产品生产。

2. 无公害农产品产品安全要求

《农产品安全质量》产品安全要求(GB18406—2001)分为以下四个部分：

(1)《农产品安全质量　无公害蔬菜安全要求》(GB18406.1—2001)：该标准对无公害蔬菜中重金属、硝酸盐、亚硝酸盐和农药残留给出了限量要求和检验方法，这些限量要求和试验方法采用了现行的国家标准，同时也对各地开展农药残留监督管理而开发的农药残留且简易测定给出了方法原理，旨在推动农药残留简易测定法的探索与完善。

(2)《农产品安全质量　无公害水果安全要求》(GB18406.2—2001)：该标准对无公害水果中重金属、硝酸盐、亚硝酸盐和农药残留给出了限量要求和检验方法，这些限量要求和试验方法采用了现行的国家标准。

(3)《农产品安全质量　无公害畜禽肉安全要求》(GB18406.3—2001)：该标准对无公害畜禽肉产品中重金属、硝酸盐、亚硝酸盐和农药残留给出了限量要求和检验方法，并对畜禽肉产品微生物指标做出了要求，并对这些有毒有害物质限量要求、微生物指标和试验方法采用采用了现行的国家标准和相关的行业标准。

（4）《农产品安全质量　无公害水产品安全要求》（GB18406.4—2001）：该标准对无公害水产品中感官、鲜度及微生物指标做了要求，并给出了相应的检验方法，这些要求和试验方法采用了现行的国家标准相关的行业标准。

四、无公害农产品（食品）认证

无公害农产品认证是依据国家认证认可制度和相关政策法规、程序，按照无公害农产品标准，对未经加工或初加工食用农产品的产地环境、农业投入品、生产过程和产品质量进行全程审查验证，向评定合格的生产单位或个人颁发无公害农产品产地和产品认证证书，并允许使用全国统一的无公害农产品标志的活动。

无公害农产品认证采取了产地认定和产品认证两个方面结合的模式。产地认定是产品认证的前提和必要条件，是由省级农业行政主管部门组织实施，认定结果报农业部农产品质量安全中心备案、编号；产品认证是在产地认定的基础上对产品生产全过程的一种综合考核评价，由农业部农产品质量安全中心统一组织实施，认证结果报农业部和国家认证认可监督管理委员会公告。省级农业行政主管部门负责组织实施本辖区内无公害农产品产地的认定工作。无公害农产品认证的申请人必须具备有效的企业营业执照、产品注册商标、法人代码、卫生许可证和工商税务登记证。

（一）无公害农产品的产地认证

省级农业行政主管部门根据《无公害农产品管理办法》和《无公害农产品产地认定程序》的规定负责组织实施本辖区内无公害农产品产地的认定工作。

1. 申请者须提交的材料

申请无公害农产品产地认定的单位或个人（以下简称申请人），应当向县级农业行政主管部门提交书面申请，书面申请包括以下几个方面的内容：

（1）《无公害农产品产地认定申请书》。

（2）产地的区域范围、生产规模。

（3）产地环境状况说明。

（4）无公害农产品生产计划。

（5）无公害农产品质量控制措施。

（6）专业技术人员的资历证明。

（7）保证执行无公害农产品标准和规范的声明。

（8）要求提交的其他有关材料。

2. 无公害农产品产地认定程序

（1）申请者向县级农业行政主管部门提出申请，并提交上述材料。

（2）县级农业行政主管部门自收到申请之日起，负责对申请材料进行形式审查，符合要求的，提出推荐意见，连同产地认定申请材料上报省级农业行政主管部门；不符合要求的，应当书面通知申请人。

（3）省级农业行政主管部门应当自收到推荐意见和产地认定申请材料之日起 30 日

内，组织有资质的检查员对产地认定材料进行审查。查了审查不符合要求，应当书面通知申请人。符合要求的，则组织有关人员对产地环境、区域范围、生产规模、质量控制措施、生产计划等项目进行现场检查。现场检查不符合要求的，书面通知申请人。

(4) 现场检验符合要求的，通知申请人委托具有资质资格的检测机构，对产地环境进行抽样检测，并出具产地环境检测报告。

(5) 省级农业行政主管部门对材料审核、现场检查和产地环境检测结果符合要求的申请人颁发无公害农产品产地认定证书，并报送农业部和国家认证认可监督管理委员会备案。

(6) 无公害农产品产地认定证书的有效期为 3 年。期满后需要继续使用的，证书持有人应当在有效期满前 90 日内按照本程序重新办理。

(二) 无公害农产品的产品认证

从事无公害农产品认证的认证机构，必须获得国家认证认可监督管理委员会的审批，并获得国家认证认可监督管理委员会授权的认可机构的资格认可，方可从事无公害农产品认证活动。

1. 申请者须提交的材料

申请无公害产品认证的单位或个人(以下简称申请人)应当向认证机构提交书面申请，书面申请包括以下几个方面的内容:

(1)《无公害农产品认证申请书》。

(2)《无公害农产品产地认定证书》(复印件)。

(3) 产地《环境检验报告》和《环境评价报告》

(4) 产地区域范围、生产规模

(5) 无公害农产品的生产计划

(6) 无公害农产品质量控制措施。

(7) 无公害农产品生产操作规程。

(8) 专业技术人员的资质证明

(9) 保证执行无公害农产品标准和规范的声明

(10) 无公害农产品有关培训情况和计划。

(11) 申请认证产品的生产过程记录档案。

(12)“公司加农户”形式的申请人应当提供公司和农户签订的购销合同范本、农户名单以及管理措施。

(13) 要求提交的其他材料。

2. 无公害农产品认证程序

(1) 申请者向认证机构提出申请，并提交上述材料。

(2) 认证机构自收到无公害农产品认证申请之日起，15 个工作日内完成对申请材料的审核。材料审核不符合要求的，书面通知申请人。

(3) 符合要求的，认证机构需在 10 个工作日内派人员对产地环境、区域范围、生产规模、质量控制措施、生产计划、标准和规范的执行情况等进行现场检查。现场检查不符合要求的，书面通知申请人。

（4）材料审核符合要求的、或者材料审核和现场检查符合要求的(限于需要对现场进行检查时)，认证机构应当通知申请人委托具有资质资格的检测机构对产品进行检测。承担产品检测任务的机构，根据检测结果出具产品检测报告。

（5）认证机构对材料审查、现场检查(限于需要对现场进行检查时)和产品检测结果符合要求的，应当在自收到现场检查报告和产品检测报告之日起，15 个工作日内颁发无公害农产品认证证书。无公害农产品产地认定证书、产品认证证书格式由农业部、国家认证认可监督管理委员会规定。不符合规定的，书面通知申请人。

（6）无公害农产品认证证书的有效期为 3 年。期满后需要继续使用的，证书持有人应当在有效期满前 90 天内按照本程序重新办理。在有效期内生产无公害农产品认证证书以外的产品品种的，应当向原无公害农产品认证机构办理认证证书的变更手续。

五、无公害农产品的监督管理

农业部、国家质量监督检验检疫总局、国家认证认可监督管理委员会和国务院有关部门根据职责分工依法组织对无公害农产品生产、销售和无公害农产品标志使用等活动进行监督管理，而认证机构则对获得认证的产品进行跟踪检查，受理有关的投诉、申诉工作。对无公害农产品的监督管理包括以下几个方面：

（1）查阅或者要求生产者、销售者提供有关材料。

（2）对无公害农产品产地认定工作进行监督。

（3）对无公害农产品认证机构的认证工作进行监督。

（4）对无公害农产品的检测机构的检测工作进行检查。

（5）对使用无公害农产品标志的产品进行检查、检验和鉴定。

（6）必要时对无公害农产品经营场所进行检查。

第三节 绿色食品认证

一、绿色食品的发展背景

20 世纪 80 年代末，随着我国农业和农村经济的发展，种植业的结构得到了进一步的优化，农副产品的品种和产量得到了迅猛的发展。但是，在追求高质量的同时，越来越多的使用化肥和杀虫剂也使得农副产品的质量存在着越来越大的隐患。同时，我国出口农副产品由于农药残留超标而遭遇退货或索赔的事件也时有发生，成为当时改革开放、扩大出口大环境中不和谐的音符。因此，各级政府逐步认识到规范农产品生产的迫切性和必要性。1989 年农业部农垦司在制定农垦系统的发展规划时，为了提高本系统企业的经济效益，提出了“拳头产品、重点企业、配套攻关技术”三项措施。考虑到当时农垦系统的农业生产基地大多处于偏远地区，有着良好的生态环境，确定把无公害食品作为农垦系统的拳头产品来加以大力发展，并称之为“绿色食品”。因此，我国的绿色食品最初是从发展“部门经济”的角度而提出的。1990年5月15日，农业部在北京召开了第一次绿色食品工作会议，并成立了绿色食品开发办公室，号召在全行业内大力开发绿色食品，这标志着我国绿色食品工程的真正起步。1992年绿色食品开发办公室改为绿色食品发展中心，负责我国绿色食品的认证推广工作，使我国成为第一个以政府部门倡导开发绿色食品的国家。1991年5月24日农业部制定颁布了《绿色食品标志暂行管理办法》，成为我国实施绿色食品战略的第一部规范性文件，1993年修改为《绿色食品标志管理办法》。

1990~1993年绿色食品发展最初的三年间，完成了一系列基础建设工作，主要包括：在农业部设立绿色食品专门机构，并在全国省级农垦管理部门成立了相应的机构；以农垦系统产品质量监测机构为依托，建立起绿色食品产品质量监测系统；制订了一系列技术标准；制订并颁布了《绿色食品标志管理办法》等有关管理规定；对绿色食品标志进行商标注册；加入了“有机农业运动国际联盟”组织。与此同时，绿色食品开发也在一些农场快速起步，并不断取得进展。1990年绿色食品工程实施的当年，全国就有127个产品获得绿色食品标志商标使用权。1993年全国绿色食品发展出现第一个高峰，当年新增产品数量达到217个。

1994~1996年向全社会推进的加速发展阶段，产品数量连续两年高增长。1995年新增产品达到263个，超过1993年最高水平1.07倍；1996年继续保持快速增长势头，新增产品289个，增长9.9%。农业种植规模迅速扩大。1995年绿色食品农业种植面积达到1700万亩，比1994年扩大3.6倍，1996年扩大到3200万亩，增长88.2%。产量增长超过产品个数增长。1995年主要产品产量达到210万吨，比上年增加203.8%，超过产品个数增长率4.9个百分点；1996年达到360万吨，增长71.4%，超过产品个数增长率61.5个百分点，表明绿色食品企业规模在不断扩大。产品结构趋向居民日常消费结构。与1995年相比，1996年粮油类产品比重上升53.3%，水产类产品上升35.3%，饮料类产品上升20.8%，畜禽蛋奶类产品上升12.4%。县域开发逐步展开。全国许多县(市)依托本地资源，在全县范围内组织绿色食品开发和建立绿色食品生产基地，使绿色食品开发成为县域经济发展富有特色和活力的增长点。

1997年以来向社会化、市场化、国际化全面推进阶段绿色食品社会化进程加快主要表现在：中国许多地方的政府和部门进一步重视绿色食品的发展；广大消费者对绿色食品认知程度越来越高；新闻媒体主动宣传、报道绿色食品；理论界和学术界也日益重视对绿色食品的探讨。

近年来，在市场需求的拉动下，我国绿色食品产品开发以年均37%的速度递增，1999年产品总数1360个，2000年产品总数为1831个，2007年达到15238个。截至2011年，全年共认证绿色食品企业2683家，产品6538个，同口径分别比去年增长19.4%和21.7%。全国累计有效使用绿色食品标志的企业总数为6622家，产品总数为16825个，同口径分别比去年增长8.3%和7.3%。在绿色食品产品结构中，农林及加工产品占70%，畜禽产品占7.3%，水产品占3.9%，饮料类产品占10.2%，其他类产品占8.6%。2011年，绿色食品粮油、蔬菜、水果、茶叶、畜禽、水产等主要产品产量占全国同类产品总量的比重继续稳步提高。

现已开发的绿色食品产品涵盖了中国农产品分类标准中的7大类、29个分类，包括粮油、果品、蔬菜、畜禽蛋奶、水海产品、酒类、饮料类等，其中初级产品占37.24%。目前北京、上海、天津、哈尔滨、南京、西安、深圳等国内大中城市相继组建了绿色食品专业营销网点和流通渠道，绿色食品以其鲜明的形象、过硬的质量、合理的价位赢得了广大消费者的好评，相当一部分已成功进入了日本、美国、欧洲、中东等国家和地区，展示了绿色食品的广阔前景。2011年，绿色食品产品国内年销售额达到3134.5亿元，比2010年增长11%，出口额为23亿美元。绿色食品产地环境监测的农田、果园、茶园、草原、林地、水域面积达到2.4亿亩，其中，农作物种植业面积达到1.9亿亩。

二、绿色食品的概念及分级

（一）绿色食品的概念

绿色食品是指遵循可持续发展原则、在无污染的生态环境中种植及全过程标准化生产或加工的农产品，严格控制其有毒有害物质含量，使之符合国家健康安全食品标准，并经专门机构认定，许可使用绿色食品商标的无污染的安全优质营养类食品。

绿色食品具备条件：

（1）产品或产品原料产地必须农业部制定的绿色食品生态环境质量标准。

（2）农作物种植、畜禽饲养、水产养殖及食品加工必须符合农业部制定的绿色食品生产操作规程。

（3）产品必须符合农业部制定的绿色食品质量和卫生标准。

（4）产品外包装必须符合国家食品标签通用标准，符合绿色食品特定的包装、装潢和标签规定。

（二）绿色食品的分级

我国将绿色食品标准分为两个技术等级，即AA级绿色食品标准和A级绿色食品标准。AA级绿色食品标准要求：生产地的环境质量符合《绿色食品产地环境质量标准》，生产过程中不使用化学合成的农药、肥料、食品添加剂、饲料添加剂、兽药及有害于环境和人体健康的生产资料，而是通过使用有机肥、种植绿肥、作物轮作、生物或物理方法等技术，培肥土壤、控制病虫草害、保护或提高产品品质，从而保证产品质量符合绿色食品产品标准要求。A级绿色食品标准要求：生产地的环境质量符合《绿色食品产地环境质量标准》，生产过程中严格按绿色食品生产资料使用准则和生产操作规程要求，限量使用限定的化学合成生产资料，并积极采用生物学技术和物理方法，保证产品质量符合绿色食品产品标准要求。

三、绿色食品标志

绿色食品标志是由中国绿色食品发展中心在国家工商行政管理局商标局正式注册的

质量证明商标，用于证明绿色食品无污染、安全、优质的品质特征。绿色食品标志作为一种特定的产品质量的证明商标，其商标专用权受《中华人民共和国商标法》保护。

绿色食品标志图形(图7-2)由三部分构成：上方的太阳、下方的叶片和中间的蓓蕾，象征自然生态。标志图形为正圆形，意为保护、安全。颜色为绿色，象征着生命、农业、环保。整个图形描绘了一幅明媚阳光照耀下的和谐生机，告诉人们绿色食品是出自纯净、良好生态环境的安全、无污染食品，能给人们带来蓬勃的生命力。绿色食品标志还提醒人们要保护环境和防止污染，通过改善人与环境的关系，创造自然界新的和谐。

AA级绿色食品标志与字体为绿色，底色为白色；A级绿色食品标志与字体为白色，底色为绿色(如图7-3)。

图7-2　绿色食品标志

A级绿色食品标志(左);
AA级绿色食品标志(右);

图7-3　A级和AA级绿色食品标志

(一) 绿色食品标志的作用

1. 区分作用

绿色食品标志最直接的作用是用于区分绿色食品与非绿色食品。绿色食品标志是绿色食品产品的身份证，其集中反映了生产者和产品的相关信息，如标志使用者所在的地区、产品类别和被许可的年度等信息，给执法部门的监管和消费者的监督带来了方便。

2. 提示作用

产品上的绿色食品标志直接向消费者传达了绿色食品的概念和绿色食品标志的形象，因此，绿色食品标志即成为安全优质的图形符号和绿色食品概念的直观诠释。

3. 承诺作用

一方面是生产者向消费者的承诺，该产品是遵循可持续发展理念，按照绿色食品标准生产的。另一方面，是标志商标的持有人——中国绿色食品发展中心向社会的承诺：

该企业的标志使用是经过注册人许可的，即其生产的全过程经过该中心检查符合绿色食品的相关标准。

绿色食品标志属于证明商标，一经注册，其法律地位即被确定。确定绿色食品标志的法律地位，不仅可以增强生产企业的法律意识，在生产的全过程中严格执行绿色食品标准，履行相关的义务，而且使标志注册人、被许可使用人和消费者得合法权益也得到法律的保护。另一方面，对维护市场上的绿色食品流通秩序，打击假冒伪劣等不法行为也具有深远的意义。

（二）绿色食品标志的使用

（1）绿色食品标志在产品上的使用范围仅限于由国家工商管理行政管理局认定的《绿色食品标志商品涵盖范围》。

（2）绿色食品标志在产品上使用时，须严格按照《绿色食品标志设计标准手册》中的规范要求正确设计，并在中国绿色食品发展中心认定的单位印制。

（3）使用绿色食品标志的单位和个人须严格履行“绿色食品标志使用协议”。

（4）使用绿色食品标志的企业，改变其生产条件、工艺、产品标准及注册商标前，都必须上报并经过中国绿色食品管理机构，暂时丧失绿色食品生产条件，生产者应在一个月内报告省、部两级绿色食品管理机构，暂时中止使用绿色食品标志，待条件恢复后，经中国绿色食品发展中心审核批准，方可恢复使用。

（5）绿色食品标志编号的使用权，以核准使用的产品为限。

（6）未经中国绿色食品发展中心批准，不得将绿色食品标志及其编号转让给其他单位或个人。

（7）绿色食品标志使用权自批准之日起三年有效。要求继续使用绿色食品标志的，须在有效期满前90天内重新申报，未重新申报的，视为自动放弃其使用权。

（8）使用绿色食品标志的单位和个人，在有效的使用期限内，应接受中国绿色发展中心指定的环保、食品监测部门对其使用标志的产品及生态环境进行抽样，抽样不合格的，撤销标志使用权，在使用期限内，不再受理其申请。

（9）对侵犯标志商标专用权的，被侵权人可以依据《中华人民共和国商标法》向侵权人所在地的县级以上工商行政管理部门要求处理，也可以直接向人民法院起诉。

绿色食品标志的使用许可证可同样受到《中华人民共和国商标法》的调整，使用者与中国绿色食品发展中心签订商标许可合同，明确双方在绿色食品标志使用权上的法律关系。凡是违反上述规定的，由农业部撤销其绿色食品标志的使用权，并收回绿色食品标志使用＝证书及编号，造成损失的，则其赔偿损失。自动放弃绿色食品标志使用权或使用权被撤销的，由中国绿色发展中心公告。

四、绿色食品的标准体系

历经近20年的发展，绿色食品已在我国建立了一套良好的组织管理、生产开发和质量保证体系，即绿色食品标准体系。它主要包括四个方面：绿色食品产地环境质量标准，绿色食品生产技术标准，绿色食品产品标准，绿色食品包装、标签、贮运标准。以上四个方面的标准全面的规定了绿色食品产前、产中和产后全程质量控制技术和指标，构建了一个定位准确、科学合理和较为完善的技术标准体系。

（一）绿色食品产地环境质量标准

制定这项标准的目的，一是强调绿色食品必须产自良好的生态环境地域，以保证绿色食品最终产品的无污染、安全性；二是促进对绿色食品产地环境的保护和改善。

绿色食品产地环境质量标准规定了产地的空气质量标准、农田灌溉水质标准、渔业水质标准、畜禽养殖用水标准和土壤环境质量标准的各项指标以及浓度限值、监测和评价方法。提出了绿色食品产地土壤肥力分级和土壤质量综合评价方法。

（二）绿色食品生产技术标准

绿色食品生产技术标准是绿色食品标准体系的核心，它包括绿色食品生产资料使用准则和绿色食品生产技术操作规程两个部分。绿色食品生产资料使用准则是对生产绿色食品过程中物质投入的一个原则性规定，它包括生产绿色食品的农药、肥料、食品添加剂、饲料添加剂、兽药和水产养殖药的使用准则，对允许、限制和禁止使用的生产资料及其使用方法、使用剂量等做出了明确规定。绿色食品生产技术操作规程是以上述准则为依据，按作为种类、畜牧种类和不同农业区域的生产特性分别制定的，用于指导绿色食品生产活动，规范绿色食品生产技术的技术规定，包括农产品种植、畜禽饲养、水产养殖等技术操作规程。

（三）绿色食品产品标准

此项标准是衡量绿色食品最终产品质量的指标尺度。其卫生品质要求高于国家现行标准，主要表现在对农药残留和重金属的检测项目种类多、指标严。而且，使用的主要原料必须是来自绿色食品产地的、按绿色食品生产技术操作规程生产出来的产品。

（四）绿色食品包装标签标准

此项标准规定了进行绿色食品产品包装时应遵循的原则，包装材料选用的范围、种类，包装上的标识内容等。要求产品包装从原料、产品制造、使用、回收和废弃的整个过程都应有利于食品安全和环境保护，包括包装材料的安全、牢固性，节省资源、能源，减少或避免废弃物产生，易回收循环利用，可降解等具体要求和内容。绿色食品产品标签，除要求符合国家《食品标签通用标准》外，还要求符合《中国绿色食品商标标志设计使用规范手册》规定，该《手册》对绿色食品的标准图形、标准字形、图形和字体的规范组合、标准色、广告用语以及在产品包装标签上的规范应用均作了具体规定。

五、绿色食品标准的作用和意义

（一）绿色食品标准是绿色食品认证工作的技术基础

绿色食品认证实行产前、产中、产后全过程质量监控，同时包括了质量认证和质量体系认证内容。因此，无论是绿色食品质量认证还是质量体系认证都必须有适宜的标准做依据，否则开展认证工作的基本条件就不充分。

（二）绿色食品标准是进行绿色食品生产活动的技术和行为规范

绿色食品标准不仅是对绿色食品产品质量、产地环境质量、生产资料毒负效应的指标规定，更重要的是对绿色食品生产者、管理者行为的规范，是评定、监督和纠正绿色食品生产者、管理者技术行为的尺度，具有规范绿色食品生产活动的功能。

（三）绿色食品标准是指导农业及食品加工业提高生产水平的技术文件

绿色食品生产标准设置的质量安全标准比较严格，绿色食品标准体系则为企业如何生产符合要求的产品提供了先进的生产方式、工艺和生产技术指导。例如，在农作物生产方面，为代替或减少化肥用量、保证产量，绿色食品标准提供了一套根据土壤肥力状况，将有机肥、微生物肥、无机肥和其他肥料配合施用的方法；为保证无污染、安全的卫生品质、绿色食品标准提供了一套经济、有效的杀灭致病菌、降解硝酸盐的有机肥处理方法；为减少喷施化学农药，绿色食品标准提供了一套从事保护整体生态系统出发的病虫草害综合防治技术；在食品加工工程方面，为了避免二次污染，绿色食品标准提出了一套非化学方式控制害虫的方法和食品添加剂使用准则，从而促使绿色食品生产者采用先进加工工艺、提高技术水平。

（四）绿色食品标准是维护绿色食品生产者和消费者利益的技术和法律依据

绿色食品标准作为认证和管理的依据，对接受认证的生产企业属强制执行标准，企业采用的生产技术及生产出的产品都必须符合绿色食品标准的要求。国家有关行政主管部门对绿色食品实行监督抽查、打击假冒产品的行动时，绿色食品标准就是保护生产者和消费者利益的技术和法律依据。

（五）绿色食品标准是提高我国农产品和食品质量，促进出口创汇的技术手段

绿色食品标准是以我国国家标准为基础，参照国际先进标准制定的，既符合我国国情，又具有国际先进水平的标准。企业通过实施绿色食品标准，能够有效地促使技术改造，加强生产过程的质量控制，改善经营管理，提高员工素质。绿色食品标准也为我国加入 WTO 后，开展可持续农产品及有机农产品平等贸易提供了技术保障，为我国农业，特别是生态农业、可持续发展农业在对外开放过程中提高自我保护，自我发展能力创造了条件。

六、绿色食品的认证

我国绿色食品自 1990 年开展以来，绿色食品借鉴国际经验并结合中国国情，创建了“以技术标准为基础，质量认证为形式，商标管理为手段”的认证管理模式及质量认证与商标管理相结合的基本制度。绿色食品认证程序及相关制度的制定则是紧紧围绕这个认证管理模式和基本制度而设计的。

（一）绿色食品认证程序

绿色食品标志申请认证程序(如图 7－4 所示)：

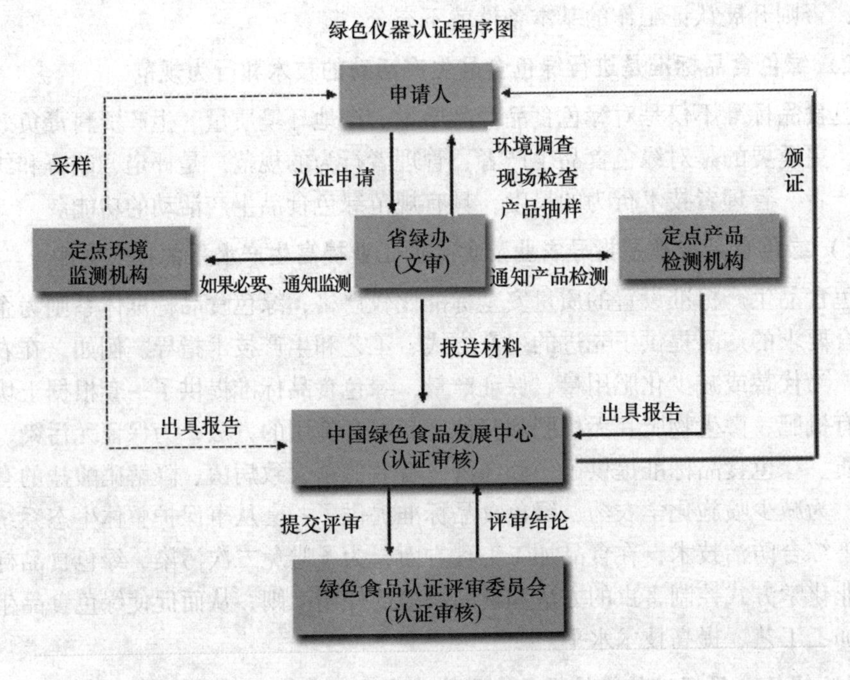

图 7-4　绿色食品认证程序

（1）申请认证企业向市、县（市、区）绿色食品办公室（以下简称绿办），或向省绿色食品办公室索取并下载《绿色食品申请表》。

（2）市、县（市、区）绿办指导企业做好申请认证的前期准备工作，并对申请认证企业进行现场考察和指导，明确申请认证程序及材料编制要求，并写出考察报告报省绿办。省绿办酌情派员参加。

（3）企业按照要求准备申请材料，根据《绿色食品现场检查项目及评估报告》自查、草填，并整改，完善申请认证材料；市、县（市、区）绿办对材料审核，并签署意见后报省绿办。

（4）省绿办收到市、县（市、区）的考察报告、审核表及企业申请材料后，审核定稿。企业完成 5 套申请认证材料（企业自留 1 套复印件，报市、县绿办各 1 套复印件，省绿办 1 套复印件，中国绿色食品发展中心 1 套原件）和文字材料软盘，报省绿办。

（5）省绿办收到申请材料后，登记、编号，在 5 个工作日内完成审核，下发《文审意见通知单》（附 6）同时抄传中心认证处，说明需补报的材料，明确现场检查和环境质量现状调查计划。企业在 10 个工作日内提交补充材料。

（6）现场检查计划经企业确认后，省绿办派 2 名或 2 名以上检查员在 5 个工作日内完成现场检查和环境质量现状调查，并在完成后 5 个工作日内向省绿办提交《绿色食品现场检查项目及评估报告》、《绿色食品环境质量现状调查报告》。

（7）检查员在现场检查过程中同时进行产品抽检和环境监测安排，产品检测报告、环境质量监测和评价报告由产品检测和环境监测单位直接寄送中国绿色食品发展中心同时抄送省绿办。对能提供由定点监测机构出具的一年内有效的产品检测报告的企业，免做产品认证检测；对能提供有效环境质量证明的申请单位，可免做或部分免做环境监测。

（8）省绿办将企业申请认证材料（含《绿色食品标志使用申请书》、《企业及生产情况调查表》及有关材料）、《绿色食品现场检查项目及评估报告》、《绿色食品环境质量现状调查报告》、《省绿办绿色食品认证情况表》报送中心认证处；申请认证企业将《申请绿色食品认证基本情况调查表》报送中心认证处。中心对申请认证材料做出："合格"、"材料不完整或需补充说明"、"有疑问，需现场检查"、"不合格"的审核结论，书面通知申请人，同时抄传省绿办。省绿办根据中心要求指导企业对申请认证材料进行补充。

（9）对认证终审结论为"认证合格"的申请企业，中心书面通知申请认证企业在60个工作日内与中心签订《绿色食品标志商标使用许可合同》，同时抄传省绿办。

（10）申请认证企业领取绿色食品证书。

（二）绿色食品标志使用权限

取得绿色食品标志使用权的申请者，须严格执行"绿色食品标准使用协议"，包装按标准生产。如要改变其生产条件、产品标准、生产规程，须再报以上级主管机构批准。

绿色食品标志使用权，以核准使用的产品为限，不得扩大，不得转让。标志使用权有效期为3年，期间监测机构进行年检，并可随时抽检。如发现质量不符合标准，可先给予警告并要求限期整改，逾期未改正的，即取消商标使用权。三年期满后，要继续使用绿色食品标志，必须于期满前三个月内重新申请。否则，即视作自动放弃使用权。

七、绿色食品的管理体系

（一）检查监督体系

中国绿色食品发展中心在全国各省区共委托了40多专家检查机构进行检查监督，所有的专职检验人员均经过培训，考核并持证上岗，这些检验人员都精通质量认证的知识，熟悉绿色食品标准要求，对绿色食品标志管理体系建设的目的和意义有着深刻的理解，同时又具备相关专业的技术职称。检查人员会随时定期不定期地深入使用绿色食品标志的生产企业实施检查，对照企业的各种质量保证制度和工艺手册，逐步检查其落实情况。检验人员的报告将成为中国绿色食品发展中心是否许可生产企业继续使用标志的重要依据。同时，检查人员的行为是否符合规则，也接受中心专门机构的考评。

（二）监督检查测试体系

有11家国家级食品检测中心和50多家环境检测中心组成的监测体系，将随时掌握绿色食品及其原料的生态环境及最终产品质量的动态变化。通过量化的数据报告，及时向有质量隐患的生产企业发出预警，对出现了严重问题的企业则由中心及时发出停产整改通知，或取消其绿色食品使用权。监测体系是检查监督体系的完善和补充，通过这两套体系的协调运行，可以通过逆向溯源程序及时找出影响质量的突发因素及标准体系，标志许可体系中的薄弱环节，从而不断地完善体系的建设。

（三）市场监管体系

市场监管体系部分由各地的绿色食品标志专职管理部门组成，主要指那些地方立法比较快的省份，已有相应的法律法规保障绿色食品专管机构的执法主体地位。更多的地方需要依靠国家的专业执法部门，他们根据绿色食品标志的注册商标特点，主动清理和打击市场上的各种侵犯绿色食品标志合法权益的行为，从而为绿色食品市场的健康发育创造了良好的环境条件。市场监管体系保证了企业使用绿色食品标志的合法性、规范性、真实性和公平性，进而使绿色食品标志越来越具备权威性。

第四节　有机食品认证

一、有机食品概述

20 世纪 20 年代首次提出“有机农业”的概念。20 世纪 70 年代的石油危机，以及与之相关的农业和生态环境问题，促使人们对现代农业进行了反思，探索出新的出路。以合理利用资源、有效保护环境和改善食品安全为宗旨的生产模式逐渐受到政府的重视，包括有机农业、有机生物农业、生物动力农业的生产系统。英国“土壤协会”在国际上率先创立了有机产品标识、认证和质量控制体系。1972 年，国际上最大的有机农业民间机构——国家农业生物技术运动联盟(IFOAM)宣布成立。其他一些主要有机农业协会和研究机构，如法国的“国家农业生物技术联合会”和瑞士的“有机农业研究所”也都相继成立，这些组织和机构在规范有机农业生产和市场，推进有机农业研究和普及上起到了积极的作用。

20 世纪 80 年代后期，国际有机农业进入增长期，其标志是有机产品贸易机构的成立，颁布有机农业法律，政府与民间机构共同推动有机农业的发展。1987 年，国际有机物改良协会(OCIA)在美国成立，旨在为广大会员提供有机农业和有机食品方面的研究，教育和认证服务。1990 年，在德国成立了世界上最大的有机贸易机构——“生物行业商品交易会”，美国联邦也在这个时期颁布了《有机食品生产条例》。欧共体 1991 年通过欧盟有农业法案，1993 年成为欧盟法律，在欧盟 15 个国家统一实施。北美、澳大利亚、日本等主要有机农产品生产国，也相继颁布和实施了有机农业法规。1999 年，国际有机农业运动联盟(IFOAM)与联合国粮农组织(FAO)共同制定了《有机农产品生产、加工、标识和销售准则》，对促进有机农业的国际标准化生产产生了积极的意义。政府通过立法规范有机农业生产，公众对生态、环境和健康意识的增强，扩大了对有机产品的需求规模，有机农业在研究、生产和贸易上都获得了前所未有的发展。

我国有机食品的生产最早于 1990 年的有机茶叶生产，是应国外贸易商的要求而产生的。由于当时我国有机食品的组织管理体系和标准体系还不健全，国内有机食品的认证必须与国外有机食品认证组织合作完成。1994 年，国际有机作物改良协会(OCIA)在中国设立可分会，对我国有机认证的发展起到了巨大的推动作用。由于我国幅员辽阔，南北气候差异很大，在很多山区和边远地区很少使用或不使用化肥和农药，有生产有机食品的潜在优势，而且我国生态农业迅速发展，特别是绿色食品已经形成了“从土地到餐桌”的全程质量控制体系，这些都为有机食品的开发提供了一定的发展基础。为了加快我国有机食品的开发和加强有机食品的开发和加强有机食品的管理，国家环保总局于1994年成立有机食品发展中心(OFDC)，负责全国有机食品发展工作的统一质量监督管理。1995年国家环境保护总局发布的《有机(天然)食品标志管理章程》(试行)，成为我国首部规范有机食品的认证认可工作，受理认证申请和审查、颁证检查和颁证以及标志的使用和监管。2000年4月，我国经OFDC认证的有机食品开始得到欧盟有机食品管理机构的承认，使我国自己机构认证的有机 食品顺利地进入了欧盟市场。2001年6月19日国家环境保护总局以总局第10号令的形式颁布实施了《有机食品认证管理办法》，同时废止了原《有机(天然)食品标志管理章程(试行)》，进一步规范了有机食品的认证管理，促进了有机食品的健康。有序发展。2003年OFDC正式获得国际有机农业运动联盟(IFOAM)的国际认可，成为中国第一家同时获得国内和国外认可的有机认证机构，缩小了我国与发达国家在有机食品认证管理的差距。2004年3月以后，国家环境保护总局将有机食品的认证认可管理工作交由国家认证认可监督管理委员会统一管理。

我国的有机食品正处在快速发展时期，但主要用于出口。因为有机食品在国际市场上大热，出口利润也相对较高，许多生产企业更倾向于出口。2005年，中国有机食品行业经中绿华夏认证的企业数量达416个，产品种类数量为1249个；产品国内销售额为37.1亿元，出口1.36亿美元；总认证面积达165.5万公顷，其中认证面积最高的是野生采集，69.59万公顷，其次是加工业63.82万公顷，渔业16.74万公顷，畜牧业9.07万公顷，种植业6.28万公顷。到2006年年底，中绿华夏认证的企业数已达到601家(含转换期)，产品数2647个，认证的面积共计264万公顷，产品实物总量211万吨，产品销售额61.7亿元，出口额1.6亿美元。认证企业数、认证面积、产品总量分别占全国的26%、50%、56%，发展速度和总量规模已位于国内有机认证行业之首。

二、有机食品的基本概念

有机食品指来自有机农业生产体系，根据有机农业生产的规范生产加工，并经独立的认证机构认证的一切农副产品，如粮食、蔬菜、水果、奶制品、畜禽产品、水产品、蜂产品及调料等。除了有机食品外，还有有机化妆品、纺织品、林产品、生物农药、有机肥料等，他们被统称为有机产品。

有机产品特别注重产品的自然加工过程及其管理，有机产品生产的原则是：

(1) 鼓励微生物、植物和动物间的生物循环。

(2) 采取可持续发展的生产方式，保护和保持不可再生资源和资源。

(3) 广泛和合理地使用肥料和植物下脚料，通过加强管理来提高土壤的肥力，以此降低对人工合成化合物的需要。

(4) 采用适当的种植技术。

(5) 禁用农用化学物，不施用人工合成的肥料，杀虫剂和除草剂等。

(6) 动物管理的方式应符合动物习性和动物健康的要求，畜禽产品在养殖过程中不使用人工合成饲料和农药，给予动物良好的待遇。

(7) 生产加工过程中不使用人工合成的化学添加剂。

目前，国内市场的有机食品已涉及粮食、蔬菜、鲜果、肉类、饮料、乳制品、土特产、茶、谷物、蜂蜜、海产品和各种加工食品。

三、有机食品标志

中国有机产品标志(图7－5)释义“中国有机产品标志”的主要图案由三部分组成，即外围的圆形、中间的种子图形及其周围的环形线条。标志外围的圆形形似地球，象征和谐、安全，圆形中的“中国有机产品”字样为中英文结合方式。既表示中国有机产品与世界同行，也有利于国内外消费者识别。标志中间类似于种子的图形代表生命萌发之际的勃勃生机，象征了有机产品是从种子开始的全过程认证，同时昭示出有机产品就如同刚刚萌发的种子，正在中国大地上茁壮成长。种子图形周围圆润自如的线条象征环形道路，与种子图形合并构成汉字“中”，体现出有机产品植根中国，有机之路越走越宽广。同时，处于平面的环形又是英文字母“C”的变体，种子形状也是“O”的变形，意为“China Organic”。绿色代表环保、健康，表示有机产品给人类的生态环境带来完美与协调。橘红色代表旺盛的生命力，表示有机产品对可持续发展的作用。

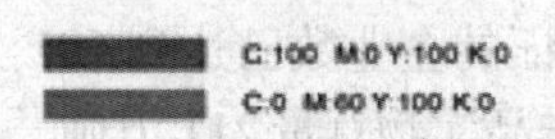

图7－5 有机食品标志

2012年3月1日起有机产品将加唯一编号标志，旧标志7月1日前有效。国家认监委日前透露，随着国家有机产品认证标志备案管理系统的开通使用，今后市场上销售的有机产品将加施带有唯一编号(有机码)、认证机构名称或其标识的有机产品认证标志，2012年7月1日前旧认证标志使用完毕。

四、有机食品认证的分类和范围

根据国家质量监督检验检疫总局《有机食品认证管理办理》中的规定，有机食品的认证可以分成三大类。

(一) 有机食品生产基地认证及范围

申请认证动物土地应该是完整的农场。如果农场既有有机生产又有常规生产，则农场经营者应单独管理和经营用于有机生产的土地。同时，要制订计划将原有的常规生产土地逐步转换成有机生产，并将计划上报有机食品认证认可机构备案。

受理认证的农场范围有以下四种：

(1) 国有或集体有机农场，土地的所有权和使用权归国家或集体所有，在有机食品生产中明确的土地边界范围。

（2）个人承租的有机农场，土地是由个人或家庭向当地人民政府承租的，并已制定了比较详细的有机转换计划。

（3）公司承租的有机农场，土地是由公司向当地人民政府承租的。如果公司雇佣当地的农民耕种土地，只要公司与农民之间没有产品买卖关系，那么被该公司雇佣的农民在其他地方拥有的常规农田不被当作平行生产，如果这些农民虽然要按照公司的要求耕种公司租用的土地，但公司不支付工资，只是订购他们的产品，那么这些农民在其他地方种植的与常规地块相同的作物被看作是平行生产。

（4）农民团体有机农场，在一定区域内连成片得土地分别由各个农户经营，但这些农户都愿意从事有机生产，并且建立了严密的组织管理体系，包括跟踪审查体系，那么该区域内的土地可以被看作是独立的有机农场。

（二）有机食品加工认证

有机食品加工除了要符合常规食品加工的一般要求，如卫生许可证，企业工商营业执照和相关的质量管理体系，还必须符合以下条件：

（1）原料必须来自获得有机颁证的农产品或经认证的野生天然产品。

（2）已获得有机认证的原料在终产品中所占的比例不得少于95%。

（3）可使天然的调料、色素、香料等辅助原料，禁止使用《有机食品认证管理办法》附件C和附件D中的物质以外的其他化学合成的添加剂。

（4）禁止使用基因工程生物及其产物。

（5）尽可能使用可回收利用或来自可再生资源的包装材料。

（6）不得在同一工厂同时加工相同品种的有机产品和常规产品，除非工厂能采取切实可行的保障措施，明确区分相同品种的有机和常规产品。

（7）有机食品在生产、加工、贮存和运输的过程中必须杜绝化学物质污染。

（8）加工厂在原料采购、生产、加工、包装、储存和运输等过程中必须有完整的档案记录，包括相应的票据，并且建立跟踪审查体系。

（三）有机食品贸易认证

有机食品贸易企业除要求符合常规食品贸易企业的一般要求，如卫生许可证、企业工商营业执照和相关的质量管理体系，还必须符合以下条件：

（1）从事有机食品的国内销售和进出口贸易的单位必须具有相应的资质证明。在国内销售有机食品的公司应具有有机产品经营许可证，从事进出口贸易的，需有自营进出口权及自理报关证明材料。

（2）贸易者不能同时经营相同品种的有机产品和常规产品，除非贸易单位在贸易过程中采取切实可行的保障措施，明确区分相同品种的有机产品和常规产品。

（3）贸易者应确保有机食品在贸易过程中（储存、运输和销售）不受有毒有害化学物质的污染，并且保持完整的跟踪档案记录，包括相应的票据。

五、有机食品的认证程序

有机食品的认证，主要是认证组织通过派遣检查员对有机食品生产基地、加工场所和销售过程中的每一个环节进行全面检查和审核，以及必要的样品分析完成之后，对符合认证标准的产品颁发证明的过程。未经过有机认证的食品，不能称为有机食品，也不得使用有机食品标志。只有获得认证的食品方可粘贴认证机构的有机标志，所以当消费者看到贴着有机标志的食品时，就可以知道该食品确实是有机食品，而且从标志上可以看出由哪家认证机构认证的。因此认证本身就是一个质量控制的过程，而且是其中关键的一环。在我国所从事有机食品种植、加工的农场，企业、销售部门，进出口贸易公司等均可自愿申请有机的认证，认证的一般程序为：

（一）申请

（1）申请人向分中心提出正式申请，领取《有机食品认证申请表》和交纳申请费。

（2）申请人填写《有机食品认证申请表》，同时领取《有机食品认证调查表》和《有机食品认证书面资料清单》等文件。

（3）分中心要求申请人按本标准的要求，建立本企业的质量管理体系、质量保证体系的技术措施和质量信息追踪及处理体系。

（二）预审并制定检查计划

（1）分中心对申请人预审。预审合格，分中心将有关材料拷贝给认证中心。

（2）认证中心根据分中心提供的项目情况，估算检查时间(一般需要2次检查：生产过程一次、加工一次)。

（3）认证中心根据检查时间和认证收费管理细则，制定初步检查计划和估算认证费用。

（4）认证中心向企业寄发《受理通知书》、《有机食品认证检查合同》（简称《检查合同》)并同时通知分中心。

（三）签订认证检查合同

（1）申请人确认《受理通知书》后，与认证中心签订《检查合同》。

（2）根据《检查合同》的要求，申请人交纳相关费用的50%，以保证认证前期工作的正常开展。

（3）申请人委派内部检查员(生产、加工各1人)配合认证工作，并进一步准备相关材料。

（4）所有材料均使用书面文件和电子文件各一份，拷贝给分中心。

（四）审查

（1）分中心对申请人及其材料进行综合审查。

（2）分中心将审核意见和申请人的全部材料拷贝给认证中心。

（3）认证中心审查并做出“何时”进行检查的决定。

（4）当审查不合格时，认证中心通知申请人且当年不再受理其申请。

（五）实地检查评估

（1）全部材料审查合格以后，认证中心派出有资质的检查员；

（2）检查员应从认证中心或分中心处取得申请人相关资料，依据本准则的要求，对申请人的质量管理体系、生产过程控制体系、追踪体系以及产地、生产、加工、仓储、运输、贸易等进行实地检查评估。

（3）必要时，检查员需对土壤、产品抽样，由申请人将样品送指定的质检机构检测。

（六）编写检查报告

（1）检查员完成检查后，按认证中心要求编写检查报告。

（2）检查员在检查完成后两周内将检查报告送达认证中心。

（七）综合审查评估意见

（1）认证中心根据申请人提供的申请表、调查表等相关材料以及检查员的检查报告和样品检验报告等进行综合审查评估，编制颁证评估表。

（2）提出评估意见并报技术委员会审议。

（八）认证决定人员决议

认证决定人员对申请人的基本情况调查表、检查员的检查报告和认证中心的评估意见等材料进行全面审查，做出同意颁证、有条件颁证、有机转换颁证或拒绝颁证的决定。证书有效期为一年。

当申请项目较为复杂（如养殖、渔业、加工等项目）时，或在一段时间内（如6个月），召开技术委员会工作会议，对相应项目作出认证决定。认证决定人员/技术委员会成员与申请人如有直接或间接经济利益关系，应回避。

（1）同意颁证。申请内容完全符合有机食品标准，颁发有机食品证书。

（2）有条件颁证。申请内容基本符合有机食品标准，但某些方面尚需改进，在申请人书面承诺按要求进行改进以后，亦可颁发有机食品证书。

（3）有机转换颁证。申请人的基地进入转换期一年以上，并继续实施有机转换计划，颁发有机转换基地证书。从有机转换基地收获的产品，按照有机方式加工，可作为有机转换产品，即“转换期有机食品”销售。

（4）拒绝颁证。申请内容达不到有机食品标准要求，技术委员会拒绝颁证，并说明理由。

（九）标志的使用

根据证书和《有机食品标志使用管理规则》的要求，签订《有机食品标志使用许可合同》，并办理有机食品商标的使用手续。

六、有机食品的检查

有机食品的认证检查是有机食品认证的基础性工作，与普通产品质量的监督管理相比，有机食品的认证检查主要有以下三个特征：

（1）普通产品的质量评价通常是通过对最终产品的检验来实现的，不考虑或很少考虑生产加工的过程，而有机食品的质量评价不仅仅要对最终产品进行检验，更重要的是检查产品在生产、加工、贮藏和运输过程中是否可能受到有害的污染。

(2) 普通产品在种植和加工过程中，通常只考虑农用化学品和化学助剂对人体健康产生的影响和经济效益，很少考虑其对环境造成的污染危害或生态的影响，而有机食品在种植和加工过程中绝对禁止使用任何农用化学品和所有人工合成的制剂，不仅保护了农田生态环境，而且丰富了生物的多样性，使得环境、生物和人类三者能够和谐共处。

(3) 消费者从市场上购买的有机食品如果发现有质量问题，可以通过有机食品的质量跟踪记录档案，追查到全过程的某个环节(农田和农户)，这是普通食品所不可能具备的。

由此可见有机食品认证检查的重要性，在有机食品申请认证和保持认证的程序中，认证检查的时间通常被安排在作物的收获前进行，对一年收获一茬作物的农场，每年需至少进行一次认证检查；对一年收获多茬作物的农场，则每年格进行多次检查，检查次数由有机食品认证中心的认可委员会视具体情况而定。认证检查的内容有：

①检查有机种植、加工和贸易过程的质量保证体系是否健全，并有效运转。

②检查有机种植、养殖生产过程是否实行了有机农业措施与管理。

③检查有机种植、养殖、加工和贸易过程是否利用了基因工程产品。

④对申请人提供的申请有机食品认证的材料进行是否符合《有机产品认证标准》的审核，提出初步审查意见。

七、有机食品的生产技术规范

以生态友好和环境友好技术为主要特征的有机农业，已经被很多国家作为解决食品安全、保护生物多样件、进行可持续发展等一系列问题的一条可实践途径。以有机农业方式生产的安全、优质、环保的有机食品和其他有机产品，越来越受到各国消费者的欢迎。为推动和加快我国有机产业的发展，保证有机产品生产和加工的质量，满足国内外市场对有机产品日益增长的需求，减少和防止农药、化肥等农用化学物质和农业废弃物对环境的污染，促进社会、经济和环境的持续发展，中国认证机构国家认可委员会根据联合国食品法典委员会(CAC)的《有机食品生产、加工、标识及销售指南》(GL32—1999，Rev. 1—2001)和国际有机农业运动联盟(IFOAM)有机生产和加工的基本规范，并参照欧盟和其他国家的相关协会和组织的标准和规定，结合我国农业生产和食品行业的行关标准，以国家环境保护总局有机产品认证中心(OFDC)发布的《OFDC 有机认证标准》为基础，制定了《有机产品生产和加工认证规范》(CNAB—SI21：2003)。这一规范是对有机食品生产、加工和贸易的基本要求，也是有机食品认证机构颁发有机食品证书的重要依据。而国家环境保护总局于 2001 年 12 月发布的行业标准《有机食品技术规范》(HJ/T80—2001)，以及国家质量监督检验检疫总局和国家标准化管理委员会于 2005 年 1 月共同发布的国家标准《有机食品　第 1 部分：生产》(GB/T19630. 1—2005)、《有机食品　第 2 部分：加工》(GB/T—19630. 2—2005)、《有机食品　第 3 部分：标识与销售》(GB/T19630. 3—2005)和《有机食品　第 4 部分：管理》(GB/T 19630. 4—2005)则是目前我国有机食品生产和加工的主要参照标准。

八、绿色食品、有机食品和无公害农产品的比较

从三者的相互关系来看，它们的共同之处都是经过认证的安全农产品，都注重生产过程的管理。绿色食品和无公害农产品侧重对影响产品质量的诸因素的控制，而有机食品侧重对影响环境质量因素的控制。无公害农产品是绿色食品和有机食品发展的基础，绿色食品和有机食品是在无公害农产品基础上进一步提高。它们的不同之处有：

（一）标准的不同

我国的绿色食品标准是由中国绿色食品发展中心组织制定的统一标准，其标准分为A级和AA级。A级的标准是参照发达国家食品卫生标准和联合国食品法典委员会(CAC)的标准制定的；AA级的标准是根据国际有机农业运动联盟(IFOAM)有机产品的基本原则，参照有关国家有机食品认证机构的标准，再结合我国的实际情况而制定的。就有机食品而言，其认证标准是由国家环境保护总局有机食品发展中心制定的。无公害农产品在我国是指产地环境、生产过程和最终产品符合无公害农产品的标准和规范，包括这类产品中允许限量、限品种、限时间地使用人工合成化学农药、兽药、鱼药、肥料、饲料添加剂等。

（二）级别的不同

绿色食品分A级和AA级两个级别，A级绿色食品产地环境质量要求评价项目的综合污染指数不超过1，在生产加工过程中，允许限量、限品种、限时间的使用安全的人工合成农药、兽药、鱼药、肥料、饲料及食品添加剂。AA级绿色食品产地环境质量要求评价项目的单项污染指数不得超过1，生产过程中不得使用任何人工合成的化学物质，且产品需要一定的过渡期。有机食品无级别之分，有机食品在生产过程不允许使用任何人工合成的化学物质，而且需要一定的过渡期，过渡期生产的产品为“有机转换期”产品。无公害农产品也不分级别，在生产过程中允许使用限品种、限数量、限时间的安全的人工合成化学物质。

（三）认证机构的不同

我国绿色食品的认证机构是中国绿色食品发展中心，该中心负责全国绿色食品的统一认证和最终审批。有机食品的认证机构是国家环境保护总局有机食品发展中心，它是目前国内有机食品综合认证的权威机构，另外还有一些国外有机食品认证机构在我国发展有机食品的认证工作。农业部农产品质量安全中心负责组织实施无公害农产品(食品)的认证工作，该中心还在各省级农业行政主管部门设立无公害农产品认证省级承办机构，目前有许多地区的农业主管部门也都在进行无公害农产品的认证工作。但只有在国家工商局正式注册标识商标或颁发了省级法规的前提下，其认证才有法律效应。

（四）认证方法的不同

AA级绿色食品和有机食品的认证实行检查员制度，在认证方法上是以实地检查认证为主，检测认证为辅。A级绿色食品和无公害农产品的认证按照检查认证和检测认证并重的原则，同时强调从“田地到餐桌”的全程质量控制，在环境技术条件的评价方

法上，采用了调查评价与检测认证相结合的方式。有机食品的认证重点是农事操作的真实记录和生产资料购买及应用记录等。

（五）运作方式的不同

绿色食品是以政府推动、市场运作、质量认证与商标转让相结合的运作方式；有机食品是以社会化的经营性认证为主、因地制宜的市场运作方式；无公害农产品是政府运作，公益性认证，认证标志、程序、产品目录等由政府统一发布；产地认定与产品认证相结合的方式。

第五节　地理标志产品保护

一、地理标志产品概述

（一）历史概述

我国是一个历史悠久且多民族的国家，其中，以地理环境、自然条件、人文因素、传统饮食习惯、传统技艺等形成的产品很多。在中华民族几千年的发展历史中。人们培育出众多具有典型地理标志特征的产品，这些产品代表着特定地区的文化特色，影响着该地区的经济文化发展，有些产品已成为该地区的支柱产业。为了保护和发扬光大这些带有地域特征的产品，原国家质量技术监督局根据《中华人民共和国产品质量法》，在借鉴国外经验的基础上，于 1999 年 8 月发布了《原产地域产品保护规定》，并成为我国第一部专门规定原产地地域产品保护制度的部门规章。同时公布了用于原产地域产品保护的专用标志(图 8－5)。这一规定的发布，明确了中国原产地域产品保护的法律地位，标志着有中国特色的原产地域产品保护制度的初步确立。

加入世界贸易组织后，我国为了适应 WTO/TRIP 协议的要求，促进对外贸易的发展，于 2001 年 3 月由原国家出入境检验检疫局依据《中华人民共和国对外贸易法》、《中华人民共和国出口商品检验法》《商检法实施条例》《中华人民共和国出口货物原产地规则》以及 WTO/TRIP 等国际条约和协议，发布了《原产地标记管理规定》及其实施办法，并于 2001 年 4 月 1 日起实施。在《原产地标记管理规定》的第四条中首次明确了“地理标志”的概念。把中国的地理标志保护纳入了法制化管理的轨道。2005 年 7 月，国家质量监督检验检疫总局发布生效《地理标志产品保护规定》（同时废止了《原产地域产品保护规定》），将《原产地域产品保护规定》和《原产地标记管理规定》的地理标志管理合二为一，使我国的地理标志产品保护工作进入了一个新的阶段。实施地理标志注册保护制度，对于保护民族精品和文化遗产，提高中国地理标志产品的附加值和在国外的知名度，扶持和培育民族品牌，保护资源和环境，促进地理标志产品的可持续发展，增强中国地理标志产品的国际竞争力都具有重要意义。

从《原产地域产品保护规定》《原产地标记管理规定》及其实施办法颁布以后，国家质检总局已对包括茅台酒、五粮液、泸州老窖、剑南春、绍兴酒、龙井茶、安溪铁观音等300多个原产地域产品进行了注册认定。

（二）地理标志产品概念

地理标志保护产品是指产自特定地域，所具有的质量、声誉或其他特性本质上取决于该产地的自然因素和人文因素，经国家质量监督检验检疫总局审核批准，以地理名称进行命名的产品。

地理标志保护产品包括：

（1）来自本地区的种植、养殖产品。

（2）原材料全部来自本地区或部分来自其他地区，并在水地区按照特定工艺生产和加工的产品。

地理标志产品保护制度在国际上亦称原产地命名制度或地理标志，它作为世贸组织成员间通行的规则，是针对具有鲜明地域特色的名、优、特产品所采取的一项特殊的产品质量监控制度和知识产权保护制度。其中的“原产地”，是指在一国境内某种特殊产品的特定生长或生产地域，该特定地域的水土、气候、生产历史等地理人文特征直接决定或影响该产品的质量、特色或者声誉，并且以该特定地域的名称对该产品进行命名。

二、实施地理标志产品保护的意义

（一）保护民族精品和文化遗产，培育世界名牌，促进经济发展

地理标志不仅是产品原产地的一种简单的识别标识，它已逐渐形成一种质量和信誉标准，是产品独特性、历史性与灿烂的民族文化相结合的产物，是质量保证的一种象征。推出中国地理标志产品，其实也是在向国内外的广大消费者推崇中国悠久的民族传统文化和历史文明。另一方面，通过地理标志产品的生产，还可以促进产地文化的发展，丰富企业文化的内涵，保证和提高产品质量，促进企业持续、健康、快速发展。通过实施地理标志注册保护，可以把企业和地方共同拥有的知识产权保护起来，使之区别于其他同类产品，并同企业的商标一起构成完整的市场品牌和规范的营销战略手段。

（二）立足中国大农业的实际，为解决“三农”问题做贡献

在WTO/TRIPs与贸易有关的知识产权协议中，地理标志的知识产权保护在农产品国际贸易中具有特别重要的地位。中国是农业大国，农民人口占全国总人口的80%，农业与农村经济发展，是中国现代化建设的首要问题。农民增收问题不仅影响农民的生活水平和农村经济的发展，而且影响社会稳定和社会进步。目前，全国上下都在积极努力地探索和思考“农民、农村、农业”问题，也就是如何应用科学的发展观，稳步实现农业结构的调整，改善和提高农民生活水平，使我国农村经济走可持续的发展道路。

在中华五千年的发展进程中，形成了一大批各具特色的地理标志农产品，包括各种具有地方特色的食品。这些农产品具有浓厚的地理标志特征，品质稳定、加工工艺独特，在市场上享有较高声誉，具有非常好的市场发展前景。保护好这些地理标志，将对中国特色农业的发展起到积极的促进作用。实施地理标志保护制度，对提高我国农产品在国际贸易中的竞争力，以及发展和推动我国农村经济，都具有深远的现实意义。

对农产品实施地理标志保护有利于保护中国的特色文化品牌，有利于保护中国农村的自然资源，有利于我国农产品的规范生产，有利于规范农产品市场、增加农民收入，有利于扩大农业生产规模、开拓农产品市场，扩大农产品出口。

目前，经国家质量监督检验检疫总局注册保护的地理标志已达300多个，其中农产品所占比例约为80%。保护好地理标志农产品，对于落实促进农民增收、推进我国特色农业的发展乃至社会的稳定起到了十分积极的作用。从各地多年来的实施情况看，已获得地理标志注册的农产品价格普遍上涨，地理标志产品注册保护使广大农民得到了实惠。例如，河南杞县大蒜在获得地理标志注册后，增强了全县人民把大蒜作为名牌产品进行种植的责任心和使命感。县政府及时调整产业结构，把种植大蒜作为引导农民致富的有效手段。2003年全县种植大蒜45万亩，年产大蒜50万吨，畅销国内市场，远销东南亚和东欧市场，全县大蒜年收入7亿多元，创历史最高纪录。

（三）树立了产品的原产地形象，有效地保护了消费者的合法权益，为消费者提供了消费指南，企业的经济效益明显提高。

由于受到国家的专门保护，打击了假冒原产地行为，提高了地理标志产品的知名度和无形资产价值，消费者购买放心，假冒产品横行的势头得到遏制，企业生产销量、出口量大幅度提高。具有地方特色的绍兴古越龙山酒厂外销日本的绍兴酒在通过地理标志产品保护后，产销量逐年增长；无锡阳山水蜜桃在通过地理标志保护后，价格连年攀升，市场供不应求，且全球麦德龙超市指定进入超市的阳水蜜桃必须加贴地理标志。

（四）增强了产品在国际市场的竞争力，拓展了国内外市场

由于地理标志产品与质量有密切联系，消费者购买信心增强，尤其是在国外市场，由于地理标志产品保护制度受到WTO/TRIPs的认同，符合国际惯例。例如日本某零售商曾明确提出要采购加贴了地理标志的磐安香菇，否则不下订单。阳澄湖大闸蟹原来主要销往香港、韩国和日本，现在国外的客户也发生了变化，加拿大等华人比较集中的地区也开始有客户来洽谈业务。

（五）促进企业进一步加强管理、不断提高产品质量

申请地理标志注册的企业经过组织力量、开展培训、制定严格的规章制度、完善传统工艺、强化质量意识和质量管理，以及对产品生产的各道工序采取了相应措施，为进一步完善制度和提高产品质量提供了可靠的保证。例如苏州太湖水产有限公司利用地理标志注册的机会，加大了区域内环境的整治力度，从源头抓起，确保了养殖用水水质，使太湖大闸蟹的质量与知名度得到了提高，出口销量从2001年的33吨，陡增到了2003年的200吨。同时由于产品质量的提高，产品的销售价格也得到了提高，国外的客户也增加了。

三、申报地理标志产品保护的程序

（一）申报地理标志产品保护的条件

申报地理标志产品保护的产品应该具备以下条件：

（1）产品是具有鲜明地域特色的名、优、特产品。

（2）产品的原材料具有天然的地域属性。

（3）产品在特定地城内加工、生产。

（4）产品具有较悠久的生产加工历史或天然历史。

（5）产品具有稳定的质量。

（二）申报地理标志产品保护的程序

国家质量监督检验检疫总局统一管理全国的地理标志产品保护工作，各地出入境检验检疫局和质量技术监督局依照各自的职能开展地理标志产品保护工作。地理标志产品保护遵循申请自愿，受理及批准公开的原则申请地理标志保护的产品应当符合安全、卫生、环保的要求，对环境、生态、资源可能产生危害产品，将不予受理和保护。

地理标志产品保护申请，必须由当地县级以上人民政府指定的地理标志产品保护申请机构或人民政府认定的协会和企业(以下简称申请人)提出，并征求相关部门的意见。申请保护的产品在县域范围内的，由县级人民政府提出产地范围的建议；跨县域范围的，由地市级人民政府提出产地范围的建议；跨地市范围的，由省级人民政府提出产地范围的建议。申报地理标志产品保护由经省级地理标志产品保护工作的主管部门(质量技术监督行政管理部门)向国家质量监督检验检疫总局地理标志产品保护办公室提出申请，申请时应提交以下的材料：

（1）有关地方政府关于划定地理标志产品产地范围的建议。

（2）有关地方政府成立申请机构或认定协会、企业作为申请人的文件。

（3）地理标志产品的证明材料，包括：

①地理标志产品保护申请书。

②产品名称、类别、产地范围及地理特征的说明。

③产品的理化、感官等质量特色及其与产地的自然因素和人文因素之间关系的说明。

④产品生产技术规范(包括产品加工工艺、安全卫生要求、加工设备的技术要求等)。

⑤产品的知名度，产品生产、销售情况从历史渊源的说明。

（4）拟申请的地理标志产品的技术标准：

出口企业可以向本辖区内的出入境检验检疫部门提出地理标志产品的保护申请，按地域提出的地理标志产品的保护申请和其他地理标志产品的保护申请向当地(县级或县级以上)质量技术监督部门提出。

国家质量监督检验检疫总局对申请进行形式审查，对审查合格的申请向社会发布受理公告。有关单位和个人申请有异议的，可在公告后的2个月内提出异议。国家质量监督检验检疫总局组织专家审查委员会对没有异议或者有异议但被驳回的申请进行技术审核，审查合格的，由国家质检总局发布批准该产品获得地理标志产品保护的公告。

四、标准的制订和标志的使用

受到保护的地理标志产品，应根据产品的类别、范围、知名度、产品的生产销售等方面的因素，分别制订相应的国家标准、地方标准或管理规范。国家标准化行政主管部门组织草拟并发布地理标志保护产品的国家标准，省级地方人民政府标准化行政主管部门组织草拟并发布地理标志保护产品的地方标准。地理标志保护产品的质检检验由省级质量技术监督部门、直属出入境检验检疫部门指定的检验机构承担。

凡地理标志产品产地范围内的生产者可以向当地的质量技术监督局或出入境检验检疫局提出地理标志产品专用标志的使用申请，申请时应提交以下资料：

（1）地理标志产品专用标志使用申请书。

（2）由当地政府主管部门出具的产品产自特定地域的证明。

（3）有关产品质量检验机构出具的检验报告。

使用地理标志产品专用标志的申请经省级质量技术监督局或直属出入境检验检疫局审核，并经国家质检总局审查合格注册登记后，发布公告，生产者即可在其产品上使用地理标志产品专用标志，获得地理标志产品的保护。

对于擅自使用或伪造地理标志名称及专用标志的；不符合地理标志产品标准和管理规范要求而使用该地理标志产品的名称的；使用与专用标志相近、易产生误解的名称或标识及可能误导消费者的文字或图案标志，使消费者将该产品误认为地理标志保护产品的行为，质量技术监督部门和出入境检验检疫部门将依法进行查处。获准使用地理标志产品专用标志资格的生产者，未按相应标准和管理规范组织生产的，或者在两年内未在受保护的地理标志产品上使用专用标志的，国家质检总局将注销其地理标志产品专用标志使用注册登记，停止其使用地理标志产品专用标志并对外公告。

五、地理标志的保护

在我国，地理标志所使用的产品涉及农产品、食品、中药材、手工艺品、工业品等多种产品、而其中农产品和食品是最受到农民和各地政府重视的一个类别，《中华人民共和国农业法》第二十三条规定：“符合规定产地及生产规范要求的农产品可以依照有关法律法规的规定申请使用农产品地理标志”。

我国是一个有着悠久历史的农业大国，长期以来，形成了一大批各具特色的地理标志农产品和食品，具有地方特色的食品是所谓“土特产”的主要产品类别，大多是以产地的地名进行命名，如金华火腿、南京板鸭、德州扒鸡、泸州老窖等。因此，这些土特产品成为实施地理标志保护的主要产品，申请作为商标注册的也越来越多。

地理标志越来越受到各地方政府的重视，已经成为地方经济发展的一个新的增长点，为壮大地域经济、调整产业结构、增加农民收入全面建设小康社会做出了一定的贡献。地理标志也是一个巨大的无形资产，还成为许多，市县的形象名片。比如，绍兴市——绍兴黄酒，余华市——金华火腿，烟台市——烟台苹果。在我国，地理标志有证明商标和集体商标、原产地域产品、原产地标记三种类型，可同时以其中的两种或三种类型注册。根据我国的法律规定，保护地理标志的最好方式是将其注册为证明商标或者集体商标。将地理标志作为集体商标或者证明商标申请注册的，除满足一般商标申请注册基本要求外，还应当符合以下要求：

（1）将地理标志作为集体商标申请注册的，申请人应当是团体、协会或者其他组织，而不是通常的生产者或经营者，并应当由来自该地理标志标示的地区范围内的成员组成。申请人应当附送主体资格证明文件，并应当详细说明其所具有的或者其委托的机构具有的专业技术人员、专业检测设备等情况，以表明其具有监督使用该地理标志的特定品质的能力。申请人还应当附送集体商标使用管理规则，并包括使用集体商标的宗旨、商品的品质、使用的手续、使用人的权利和义务、法律责任和检验监督制度等内容。

（2）将地理标志作为证明商标申请注册的，申请人应当附送主体资格证明文件，并应当详细说明其所具有的或者其委托的机构具有的专业技术人员、检测设备等情况，以表明其具有监督该证明商标所证明的特定商品品质的能力。申请人还应当附送证明商标的使用管理规则，并包括使用证明商标的宗旨、商品的特定品质、使用该证明商标的条件、手续、使用人的权利和义务、法律责任和检验监督制度等内容。

（3）申请以地理标志作为集体商标、证明商标注册的，还应当在申请文件中说明该地理标志所标示的商品的特定质量、信誉或者其他特征，该商品的特定质量、信誉或者其他特征与该地理标志所标示的地区的自然因素和人文因素的关系，以及该地理标志所标示的地区范围。

申请地理标志注册时，地理标志所适用的地域范围的划分非常重要。这里的地域无需与该地域所在地区的现行行政区划的名称、范围完全一致。划定地域范围要非常慎重，应当尊重传统，尊重历史，并应当尊重当地人民政府或者行业主管部门的意见。

商标一旦获准注册后，注册人享有该商标的专用权，他人未经许可不得使用，否则构成侵权，并将受到法律的惩罚。按照我国《商标法》的规定，发生侵权时，权利人可以向人民法院起诉，也可以向侵权人所在地或者侵权行为地的工商行政管理机关投诉。经工商行政管理机关认定侵权的，将责令停止侵权行为，没收侵权商品，并对侵权人处以罚款。权利人还可以向侵权人要求经济赔偿。

复习思考题

1. 什么是认证？什么是认可？什么是认证机构？
2. 获得国家免检产品认证需要具备哪些条件？
3. 什么是绿色食品、有机食品和无公害农产品？它们有什么异同？
4. 绿色食品应该具备哪些条件？
5. 绿色食品的标准体系是怎样的？
6. 有机食品的生产原则是什么？
7. 有机食品认证有哪些类型？
8. 无公害农产品的产地条件和生产管理条件包括哪些内容？
9. 无公害农产品的标准包括哪些方面？
10. 地理标志保护包括哪些产品？需要具备什么样的条件？

第八章　食品生产许可证和食品市场准入制度

了解我国现行的食品生产许可制度、食品市场准入制度

第一节　食品生产许可证

一、食品生产许可证制度

（一）概述

食品生产许可证是工业产品许可证制度的一个组成部分，是为保证食品的质量安全，由国家主管食品生产领域质量监督工作的行政部门制定并实施的一项旨在控制食品生产加工企业生产条件的监控制度。在新颁布的《食品安全法》的第九章“法律责任”的第一条就明确规定：违反本规定，未经许可从事食品生产经营活动，或者未经许可生产食品添加剂的，由有关主管部门按照各自职责分工，没收违法所得、违法生产经营的食品、食品添加剂和用于违法生产经营的工具、设备、原料等物品；违法生产经营的食品、食品添加剂货值金额不足一万元的，并处二千元以上五万元以下罚款；货值金额一万元以上的，并处货值金额五倍以上十倍以下罚款。

（二）QS 标志及简介

根据2010年4月21日《国家质量监督检验检疫总局关于修改〈中华人民共和国工业产品生产许可证管理条例实施办法〉的决定》的规定，将第八十六条第一款修改为：工业产品生产许可证标志由“企业产品生产许可”拼音 Qiyechanpin Shengchanxuke 的缩写“QS”和“生产许可”中文字样组成。标志主色调为蓝色，字母“Q”与“生产许可”四个中文字样为蓝色，字母“S”为白色。将中文字样由“质量安全”修改为

“生产许可”。QS 标志由企业自行印(贴)。可以按照规定放大或者缩小。

工业产品生产许可证编号采用大写汉语拼音 XK 加十位阿拉伯数字编码组成：XK ××－×××－×××××。其中，XK 代表许可，前两位(××)代表行业编号，中间三位(×××)代表产品编号，后五位(×××××)代表企业生产许可证编号。企业必须在其产品或者包装、说明书上标注生产许可证标志和编号。根据产品特点难以标注的裸装产品，可以不标注生产许可证标志和编号。

二、食品生产许可证内容

(一) 封面

封面包括，产品类别、产品名称、企业名称、联系电话、联系人、申请类别、申请日期。产品类别：填写列入食品生产许可证产品目录的产品名称。产品名称：填写实施细则的食品生产许可证产品名称。企业名称：填写企业营业执照上的注册名称，并加盖公章。联系电话：填写有效的企业联系电话。联系人：填写企业负责办理食品生产许可证工作的人员姓名。申请类别：根据企业申请的情况分别在发证、迁址、增项、其他后面的“□”中打“√”，集团公司增加所属单位在“增项”后的“□”打“√”。申请日期：填写企业的实际申请时间，用大写数字填写，如：“二〇〇五年七月十五日”。

(二) 申请企业基本情况

企业名称、住所、经济类型等：填写企业营业执照上的注册名称、住所、经济类型等。

生产地址：填写申请企业的实际生产场地的详细地址，要注明省(自治区、直辖市)、市(地)、区(县)、路(街道、社区、乡、镇)、号(村)等。

年总产值、年销售额、年缴税金额、年利润：填写企业上一年度实际完成情况，新投产、实际生产期未满一年的企业，该四项指标可不填写。

(三) 申报产品基本情况

涉及国家产业政策的情况：对照国家产业政策的要求，按企业实际情况填写。

产品单元、产品品种、规格型号：按照产品《实施细则》或《远诚咨询在线》咨询了解填写情况。

一次申报产品数量多的申请企业可附页，附页注明“申报产品基本情况附页”。

(四) 集团公司所属单位明细

本表适用于集团公司取证的情况。集团公司和其所属单位一起申请食品生产许可证的，由集团公司填写与其一起申请的所属单位的情况。非集团公司企业此表可不填。

与集团公司关系：填写子公司、分公司、生产基地及其他情况。一页不够，可以增加页数，附页注明“集团公司所属单位明细附页”。

注：正式使用文书时不显示填写说明

(五) 所需提供书面文件

按照规定要求填写《食品生产许可证申请书》[到所在市(地)质量技术监督部门领

取］两份；企业营业执照、食品卫生许可证、企业代码证（复印件）一份；不需办理代码证书的，提供企业负责人身份证复印件一份；企业生产场所布局图一份；生产企业工艺流程图（标注有关键设备和参数）一份；

企业质量管理文件一份；如产品执行企业标准，还应提供经质量技术监督部门备案的企业产品标准一份；申请表中规定应当提供的其他资料。

需要特别注意的是，《食品生产许可证申请书》封面应当加盖企业公章，复印的印章无效。

三、食品生产许可受理条件

（一）食品生产许可

根据《中华人民共和国食品安全法》第二十七条、《食品生产许可管理办法》第八条，取得食品生产许可，应当符合食品安全标准，并符合下列要求：

（1）具有与申请生产许可的食品品种、数量相适应的食品原料处理和食品加工、包装、贮存等场所，保持该场所环境整洁，并与有毒、有害场所以及其他污染源保持规定的距离；

（2）具有与申请生产许可的食品品种、数量相适应的生产设备或者设施，有相应的消毒、更衣、盥洗、采光、照明、通风、防腐、防尘、防蝇、防鼠、防虫、洗涤以及处理废水、存放垃圾和废弃物的设备或者设施；

（3）具有与申请生产许可的食品品种、数量相适应的合理的设备布局、工艺流程，防止待加工食品与直接入口食品、原料与成品交叉污染，避免食品接触有毒物、不洁物；

（4）具有与申请生产许可的食品品种、数量相适应的食品安全专业技术人员和管理人员；

（5）具有与申请生产许可的食品品种、数量相适应的保证食品安全的培训、从业人员健康检查和健康档案等健康管理、进货查验记录、出厂检验记录、原料验收、生产过程等食品安全管理制度。

法律法规和国家产业政策对生产食品有其他要求的，应当符合该要求。

（二）食品添加剂、食品相关产品、化妆品许可条件

根据《中华人民共和国工业产品生产许可证管理条例》第九条的规定，申请工业产品生产许可证的企业应具备的条件是：

（1）有营业执照；

（2）有与所生产产品相适应的专业技术人员；

（3）有与所生产产品相适应的生产条件和检验检疫手段；

（4）有与所生产产品相适应的技术文件和工艺文件；

（5）有健全有效的质量管理制度和责任制度；

（6）产品符合有关国家标准、行业标准以及保障人体健康和人身、财产安全的

要求；

（7）符合国家产业政策的规定，不存在国家明令淘汰和禁止投资建设的落后工艺、高耗能、污染环境、浪费资源的情况。

（8）法律、行政法规有其他规定的，还应当符合其规定。

四、食品生产许可证办理依据

（1）国务院《工业产品生产许可证试行条例》（国发［1984］54号）；

（2）国家质检总局《工业产品生产许可证管理办法》（2002年第19号）；

（3）国家质检总局《关于进一步加强食品质量安全监督管理工作的通知》（国质检监函［2002］282号）；

（4）国家质检总局《关于印发〈加强食品质量安全监督管理工作实施意见〉的通知》（国质检监［2002］185号）；

（5）国家质检总局《食品生产加工企业质量安全监督管理办法》（2003年7月18日国家质量监督检验检疫总局第52号令）。

（6）《行政许可法》。

五、食品生产许可证办理程序

（一）企业申请

1. 领申请书

企业持工商营业执照（副本）到各市县食品科领取《食品生产许可证申请书》，工作人员向企业了解有关情况，向申请企业宣贯食品生产许可证有关规定和要求。

2. 企业申请《食品生产许可证》需提供的书面材料

到所在市（地）质量技术监督部门领取《食品生产许可证申请书》；按照规定要求填写的《食品生产许可证申请书》（一式两份）；企业营业执照、食品卫生许可证、企业代码证（复印件）两份；企业生产场所布局图两份；企业生产工艺流程图（标注有关键设备和参数）两份；企业质量管理文件两份；如产品执行企业标准，还应提供经质量技术监督部门备案的企业产品标准两份；申请表中规定应当提供的其他材料。

《食品生产许可证申请书》封面应当加盖企业公章，复印的印章无效。

（二）材料审查

企业递交《食品生产许可证申请书》及有关材料初审，市质监局监督收到企业申请材料后，应当立即检查申请材料是否齐全，齐全的予以登记；材料不全的，应明确告知企业所缺材料，退回企业补充，不予登记。质监局在接到申请材料后五个工作日内将材料送交受理部门。受理部门对收到的企业申请，应当在15个工作日内组织审查组对申请材料进行书面审查。书面材料审查符合要求的，发给企业《食品生产许可证受理通知书》；书面审查不符合要求的，办理部门应当通知企业在20个工作日内补正，逾期未补正的，视为撤回申请。

（三）现场审查、抽样和检验

对书面材料审查符合要求的企业，办理部门安排审查组对企业的生产条件和检验能力进行现场审查。现场审查合格的，由审查组对其生产的食品按规定进行抽样，交由符合条件的检验机构进行检验；现场审查存在问题或不合格的，企业可以采取纠正措施或整改，经确认或复审符合规定要求的，对其生产的食品按规定进行抽样，交由符合条件的检验机构进行检验。现场审查、抽样和检验工作应当在70个工作日内完成。

审查组开展现场审查工作主要包括以下5个基本程序：

1. 召开首次会议

会议由审查组全体人员及被审查企业的领导和有关人员参加。会议由审查组组长主持，介绍审查组成员，说明审查的内容，审查计划，并要求企业进行必要的协助。说明审查组的工作纪律，将“企业生产必备条件审查工作廉洁信息反馈表”交企业负责人，明确企业有权对审查工作组的廉洁性和公正性进行监督。企业领导介绍企业情况。

2. 现场审查

食品生产企业生产必备条件审查内容及要求表中的内容进行审查。审查组成员按照分工同时开展工作，将审查结果记录在“食品生产企业生产必备条件审查内容及要求”表中。表达方式为“符合”、“基本符合”、“不合格”、“暂不考核”4种。如果有的项目审查结果是“基本符合”或“不合格”，就要填写“食品生产企业必备条件现场审查不符合报告”表，在表中写清楚是什么项目不符合或有不足，并由企业负责人签字认可。同时要提出对不符合或有不足项的纠正措施以及要求完成纠正措施的时间。

3. 产品抽样

产品应按审核单元进行抽样，每个审核单元均要抽取样品。抽取的样品应是企业的待销产品，一般在成品库内进行。样品抽样方法、数量等要求应按各类食品生产许可证实施细则中的规定进行。填写产品抽样单，样品封好后，由企业在规定时间内安全送到指定的质检机构。

4. 审查组会议

确认审查记录，核对审查记录的完整性、对分歧意见的讨论和处理；草拟审查报告和审查结论；通过审查报告和审查结论。

5. 末次会议

现场具体审查工作完成以后，召开末次会议。会议由审查组全体人员及被审查企业的领导和有关人员参加。会议由审查组组长主持，与企业就审查情况进行沟通，指出不符合或有不足的项目，向企业提出改进建议。

（四）审核、汇总、上报、发证、统一公告

审查组完成审查工作后，应当尽快将审查情况报办理部门，办理部门应当在10个工作日内将具备保证产品质量基本条件并产品发证检验合格的企业名单及有关材料上报省局质监处(自身不具备检验能力的，必须与检验机构签订委托出厂检验合同)。应当

上报如下书面材料：符合《食品生产许可证》发证条件的企业情况汇总表；《食品生产许可证申请书》；《企业生产必备条件审查内容及要求表》；《企业生产必备条件现场审查结论汇总表》；《食品生产许可证现场审查报告》；工商营业执照、食品卫生许可证复印件；企业代码证书复印件。

审查组作出不符合必备条件结论，或产品质量检验不合格且企业没有提出异议的，办理部门应当在20个工作日内对审查报告进行审核，确认不符合发证条件的，应当向企业下发《食品生产许可证审查不合格通知书》，同时收回《食品生产许可证受理通知书》。企业自接到《食品生产许可证审查不合格通知书》之日起，应当认真整改，两个月后方可再提出取证申请。省局质监处审核上报的材料后，统一汇总符合发证条件企业的材料上报国家质检总局审批，国家质检总局核准批复符合发证条件。

《加强食品质量安全监督管理工作实施意见》规定，如果企业各方面的条件均符合要求，一般情况下可在接到《食品生产许可证受理通知书》后的120个工作日(即6个月)内取得《食品生产许可证》。

这120个工作日包括：

（1）质量技术监督部门在签发《食品生产许可证受理通知书》后的70个工作日内，应当组织审查组和检验机构完成企业生产条件现场审查和产品抽样检验。

（2）质量技术监督部门应当在10个工作日内，对现场审查报告和产品检验报告进行审核。

（3）省级质量技术监督部门应当在15个工作日内，统一汇总材料上报国家质检总局。

（4）国家质检总局在10个工作日内，核准批复符合发证条件的企业名单。

（5）省级质量技术监督部门自国家质检总局批复之日起，应当在15个工作日内向企业颁发《食品生产许可证》。

上述时限是最长工作期限要求，各级质量技术监督部门在实际工作中应当提高工作效率，尽量缩短工作时间，为企业提供方便。

第二节　食品市场准入制度

一、食品质量安全市场准入制度

（一）概述

市场准入也叫市场准入管制，是指为了防止资源配置低效或过度竞争，确保规模经济效益、范围经济效益和提高经济效益，政府职能部门通过批准和注册，对企业的市场准入进行管理。市场准入制度是关于市场主体和交易对象进入市场的有关准则和法规，是政府对市场管理和经济发展的一种制度安排。它具体通过政府有关部门对市场主体的登记、发放许可证、执照等方式来体现。

对于产品的市场准入，一般的理解是，允许市场的主体(产品的生产者与销售者)

和客体（产品）进入市场的程度。食品市场准入制度也称食品质量安全市场准入制度，是指为保证食品的质量安全，具备规定条件的生产者才允许进行生产经营活动，具备规定条件的食品才允许生产销售的监管制度。因此，实行食品质量安全市场准入制度是一种政府行为，是一项行政许可制度。

国家质量监督检验检疫总局发布的《食品加工企业质量安全监督管理实施细则（试行）》第五条规定：国家实行食品质量安全市场准入制度。从事食品生产加工的企业，必须具备保证食品质量安全必备的生产条件，按规定程序获取工业产品生产许可证，所生产的食品必须经检验合格并加印（贴）食品质量安全市场准入制度标志后，方可出厂销售。未经检验合格、未加印（贴）食品质量安全市场准入制度标志的食品不得出厂销售。

（二）食品质量安全市场准入制度的内容

食品质量安全市场准入制度包括三项具体内容：

1. 对食品生产加工企业实施生产许可证制度

实行生产许可证管理是指对食品生产加工企业的环境条件、生产设备、加工工艺过程、原材料把关、执行产品标准、人员资质、储运条件、检测能力、质量管理制度和包装要求等条件进行审查，并对其产品进行抽样检验。对符合条件且产品经全部项目检验合格的企业，颁发食品质量安全生产许可证，允许其从事食品生产加工。未取得《食品生产许可证》的企业不准生产食品。从生产条件上保证了企业能生产出符合质量安全的产品。

2. 对企业生产的食品实施强制检验制度

对食品出厂实行强制检验。其具体要求有两个：一是那些取得食品质量安全生产许可证并经质量技术监督部门核准，具有产品出厂检验能力的企业，可以实施自行检验其出厂的食品。实行自行检验的企业，应当定期将样品送到指定的法定检验机构进行定期检验；二是已经取得食品质量安全生产许可证，但不具备产品出厂检验能力的企业，按照就近就便的原则，委托指定的法定检验机构进行食品出厂检验；三是承担食品检验工作的检验机构，必须具备法定资格和条件，经省级以上（含省级）质量技术监督部门审查核准，由国家质检总局统一公布承担食品检验工作的检验机构名录。未经检验或经检验不合格的食品不准出厂销售。这样可以有效地把住产品出厂安全质量关。

3. 实施食品质量安全市场准入标志管理

获得食品质量安全生产许可证的企业，其生产加工的食品经出厂检验合格的，在出厂销售之前，必须在最小销售单元的食品包装上标注由国家统一制定的食品质量安全生产许可证编号并加印或者加贴食品质量安全市场准入标志，加贴 QS 标志便于消费者的识别和监督，也便于有关行政执法部门监督检查，同时，还有利于促进生产企业提高对食品质量安全的责任感。

二、食品质量安全市场准入制度的意义

（一）提高食品质量、保证消费者安全健康

实行食品质量安全市场准入制度是提高食品质量、保证消费者安全健康的需要。食品是一种特殊商品，它最直接地关系到每一个消费者的身体健康和生命安全。近年来，在人民群众生活水平不断提高的同时，食品质量安全问题也日益突出。食品生产工艺水平较低，产品抽样合格率不高，假冒伪劣产品屡禁不止，因食品质量安全问题造成的中毒及伤亡事故屡有发生，已经影响到人民群众的安全和健康，也引起了党中央、国务院的高度重视。为从食品生产加工的源头上确保食品质量安全，必须制定一套符合社会主义市场经济要求、运行有效、与国际通行做法一致的食品质量安全监督制度。

（二）制定生产标准、强化食品生产法制管理

实行食品质量安全市场准入制度是保证食品生产加工企业的基本条件，强化食品生产法制管理的需要。我国食品工业的生产技术水平总体上同国际先进水平还有较大差距。许多食品生产加工企业规模极小，加工设备简陋，环境条件很差，技术力量薄弱，质量意识淡薄，难以保证食品的质量安全。2001 年，国家质检总局对全国米、面、油、酱油、醋 5 类产品的生产加工企业进行了专项调查，结果显示，半数以上的生产企业不具备产品检验能力。产品出厂不检验；很多企业管理混乱，不按标准组织生产。企业是保证和提高产品质量的主体，为保证食品的质量安全，必须加强食品生产加工环节的监督管理，从企业的生产条件上把住市场准入关。

实行食品质量安全市场准入制度是适应改革开放，创造良好经济运行环境的需要。在我国的食品生产加工和流通领域中，降低标准、偷工减料、以次充好、以假充真等违法活动也比较猖獗。为规范市场经济秩序，维护公平竞争，适应加入 WTO 以后我国社会经济进一步开放的形势，保护消费者的合法权益，也必须实行食品质量安全市场准入制度，采取审查生产条件、强制检验、加贴标识等措施，对此类违法活动实施有效的监督管理。

三、食品质量安全市场准入制度的适用范围

根据《加强食品质量安全监督管理工作实施意见》规定：“凡在中华人民共和国境内从事食品生产加工的公民、法人或其他组织，必须具备保证食品质量的必备条件，按规定程序获得《食品生产许可证》，生产加工的食品必须经检验合格并加贴(印)食品市场准入标志后，方可出厂销售。进出口食品的管理按照国家有关进出口商品监督管理规定执行。”同时规定国家质检总局负责制定《食品质量安全监督管理重点产品目录》，国家质检总局对纳入《食品质量安全监督管理重点产品目录》的食品实施食品质量安全市场准入制度。按照上述规定，食品质量安全市场准入制度的适用范围是：

适用地域：中华人民共和国境内。

适用主体：一切从事食品生产加工并且其产品在国内销售的公民、法人或者其他

组织。

适用产品：列入国家质检总局公布的《食品质量安全监督管理重点产品目录》且在国内生产和销售的产品。进出口食品按照国家有关进出口商品监督管理规定办理。

在食品质量安全市场准入制度中实行目录管理，就是要分期分批分步骤地解决食品的突出质量问题。首批实行食品质量安全市场准入制度的有五类食品：小麦粉、大米、食用植物油、酱油、食醋。这五类食品时老百姓每日生活必需的，与人们群众生活密切相关的；同时这五类食品生产量大、生产企业多，存在的质量问题也很多，平均抽样合格率不到60%；更重要的是这五类食品也是多种食品的基本原料和餐饮业的基本原料。因此我们要从这五类食品开始实施市场准入制度。第二批十类食品：肉制品，乳制品，饮料，冻制品，方便面，饼干，膨化食品，速冻米面食品，糖，味精。

四、食品质量安全市场准入条件

(一) 环境

根据《加强食品质量安全监督管理工作实施意见》的有关规定，食品生产加工企业必须具备保证产品质量的环境条件，主要包括厂区环境条件和车间环境条件。食品生产企业周围不得有有害气体、烟尘、灰尘、放射性物质和扩散性污染源，不得有昆虫大量孳生的潜在场所。企业生产加工的卫生条件及污染物处置应符合国家规定的要求。食品生产车间、库房等各项设施应根据生产工艺卫生要求和原材料储存等特点，设置相应的防鼠、防蚊蝇、防昆虫侵入、隐藏和滋生的有效措施，避免危及食品质量安全。

(二) 生产设备

食品生产加工企业必须具备保证产品质量的生产设备、工艺装备和相关辅助设备，具有与保证产品质量相适应的原材料处理、加工、储存等厂房和场所。

企业的生产设备、设施、厂房等均应满足安全生产的要求。使用特殊设备生产食品的，还应当符合相关规定的要求。企业应当具有与保证产品质量相适应的原材料处理厂房或者场所，其通风、温度和湿度等条件应当满足有关规范的要求。食品生产加工车间的设计要合理，能够满足从原料到成品出厂整个生产工艺流程的要求。车间至少设两个出入口，做到人货分流。企业的储存仓库和场所应当清洁卫生，保证储存的原材料和成品不变质、不失效。

(三) 原辅材料要求

食品生产加工企业使用的原辅材料、添加剂等必须无毒、无害、符合相应的强制性国家标准、行业标准及有关规定。食品生产企业不得使用过期、失效、变质、污秽不洁或者非食用的原材料生产加工食品，不得在食品生产中使用非食用性原料和未经批准使用的添加剂。

食品生产加工企业应当建立原材料进货检查验收制度，或者对原材料进行检验，必须保证原材料符合国家标准和食品质量安全要求的有关规定。

（四）加工工艺及过程

食品加工工艺流程设置应当科学、合理。生产加工过程应当严格、规范，防止食用的生物性、化学性、物理性污染。加工工艺和生产过程是影响食品质量安全的重要环节，工艺流程控制不当会对食品质量安全造成重大影响。通过科学、合理地安排工艺流程，在加工链的每一个关键环节上必须控制食品污染，必须对人员、设备、原辅材料、工艺过程、环境条件提出严格的管理要求和技术规范，并通过严格、规范的程序操作，防止生、熟食品，原料与半成品和成品等的交叉污染。

（五）产品标准要求

食品生产加工企业必须按照有效的产品标准组织生产。食品质量安全必须符合法律法规和相应的强制性标准要求，或企业明示采用的标准和各项质量要求。需要特别指出的是：企业必须执行强制性国家标准，企业采用的企业标准不允许低于强制性国家标准的要求，且应在质量技术监督部门进行备案；否则，该企业标准无效。企业明示采用的成品标准，无论是强制性标准或者推荐性标准，国家标准、行业标准、地方标准或者企业标准，企业一经采用，并明确标注在产品的标识上，即成为产品的明示担保条件和判定依据。企业不能运用明示的方法拒不执行法律法规和相应的强制性标准要求。

（六）人员要求

在食品生产加工企业中，因各类人员工作岗位不同，所负责任的不同，对其基本要求也有所不同。对于企业法定代表人和主要管理人员则要求其必须了解与食品质量安全相关的法律知识，明确应负的责任和义务；对于企业的生产技术人员，则要求其必须具有与食品生产相适应的专业技术知识；对于生产操作人员上岗前应经过技术(技能)培训，并持证上岗；对于质量检验人员，应当参加培训、经考核合格取得规定的资格，能够胜任岗位工作的要求。

从事食品生产加工的人员，特别是生产操作人员必须身体健康，做到定期检查、具备健康证明，无传染性疾病和影响食品质量安全的其他疾病，保持良好的个人卫生。

（七）检验能力

食品生产加工企业应当具有与所生产产品相适应的质量检验和计量检测手段。对于不具备出厂检验能力的企业，必须委托具有法定资格的检验机构进行产品出厂检验：企业的计量器具、检验和检测仪器属于强制性检定范围的，必须经法定计量鉴定技术机构检定合格并在有效期内方可使用。

（八）质量管理要求

食品生产加工企业应当建立健全企业质量管理体系．实施从原材料采购、产品出厂检验到售后服务全过程的质量管理，建立岗位质量胜任制。建立和完善企业质量管理制度，就必须设必要的管理组织机构，明确规定有关部门的职权及相互关系，规定岗位质量责任，制定相应的考核办法，建立健全文件管理制度、生产过程管理制度、生产设备设施管理制度、人员培训管理制度、采购质量管理制度、不合格品管理制度、检验管理制度等。企业应实施从原材料采购到产品出厂检验到售后服务的全过程质量管理，严格实施岗位质量规范、质量责任以及相应的考核办法，不符合要求的原材料不准使用，不合格的产品严禁出厂，实行质量否决权。

（九）产品包装标识

产品的包装是指在运输、储存、销售等流通过程中，为保护产品、方便运输、促进销售，按一定技术方法而采用的容器、材料及辅助物包装的总称。不同的产品其包装要求也不尽相同，用于食品包装的材料如布袋、纸箱、玻璃容器、塑料制品等，必须清洁、无毒、无害，必须符合国家法律法规的规定，并符合相应的强制性标准要求。

食品标准的内容必须真实，必须符合国家法律法规的规定，并符合相应产品(标签)标准的要求，标明产品名称、厂名、地址、配料表、净含量、生产日期或保质期、产品标准代号和顺序号等。裸装食品在其出厂的大包装上使用的标签，也应当符合上述规定。出厂的食品必须在最小销售单元的食品包装上标注《食品生产许可证》编号，并加印(贴)食品市场准入标志。

（十）产品储运要求

企业应采取必要措施以保证产品在其储存、运输的过程中质量不发生劣变。食品生产加工企业生产的成品必须存放在专用成品库房内。用于储存、运输和装卸食品的容器包装、工具、设备必须安全，无毒、无害，符合有关的卫生要求，保持清洁，防止食品污染。在运输时不得将成品与污染物同车运输。

五、食品质量安全市场准入制度主要涉及的法律、法规、规章

食品质量安全市场准入制度主要涉及的法律、法规、规章主要有三个方面：

1. 法律、行政法规和部门规章

《中华人民共和国产品质量法》《中华人民共和国标准化法》《中华人民共和国计量法》《工业产品生产许可证管理办法》《查处食品标签违法行为规定》等法律法规，是我们实施食品质量安全市场准入制度、制度相应的工作文件的法律依据。

2. 规范性文件

为了解决国内食品生产加工领域存在的严重的质量问题，国家质检总局以上述法律法规为依据，根据国务院赋予的管理职能，制度了《进一步加强食品质量安全监督管理工作的通知》和《加强食品质量安全监督管理工作实施意见》，确立了食品质量安全市场准入制度的基本框架，明确了实施食品质量安全市场准入制度的目的、职责分工、工作要求和主要工作程序。

3. 技术法规

为了在全国范围内统一食品生产加工企业的准入标准，规范质量技术监督部门的管理行为，国家质检总局还针对具体食品生产许可证许可实施细则。

《中华人民共和国产品质量法》第十二条规定：“产品质量应当检验合格，不得以

不合格产品冒充合格产品。”第十三条规定：“可能危及人体健康和人身财产安全的工业产品，必须符合保障人体健康和人身、财产安全的要求。禁止生产、销售不符合保障人体健康和人身、财产安全的标准和要求的工业产品。”

《中华人民共和国标准化法》第十四条规定：“强制性标准必须执行。不符合强制性标准的产品，禁止生产、销售和进口。”

《工业产品生产许可证试行条例》第二条规定：“凡实施工业产品生产许可证的产品，企业必须取得生产许可证才具有生产该产品的资格”，“没有取得生产许可证的企业不得生产该产品”。根据国务院批准的国家质检总局的“三定”方案，国家质检总局负责管理全国工业产品生产许可证工作。发布实施生产许可证管理的产品目录。

《工业产品质量责任条例》第七条规定：“所有生产、经销企业必须严格执行下列规定：不合格的产品不准出厂和销售；不合格的原材料、零部件不准投料、组装；国家已明令淘汰的产品不准生产和销售；没有产品质量标准，未经质量检验机构检验的产品不准生产和销售；不准弄虚作假、以次充好、伪造商标、假冒名牌。”

《国务院关于进一步加强产品质量工作若干问题的决定》第十一条明确要求：“对涉及人体健康和人身财产安全的产品，质量技术监督部门要通过严格生产许可证、产品质量安全认证制度和试行开业审查，加强监督管理。凡不具备基本生产条件、不能保证生产出合格产品的企业，一律不准开工生产。”

国务院批准的国家质检总局“三定”方案中明确规定：“国家质量监督检验检疫总局负责对国内生产企业实施产品质量监控和强制检验。”国务院最近专门研究有关职能部门对食品质量安全监管职能的问题，明确要求质检总局要全面负责食品生产加工领域食品质量安全监督管理，从源头确保食品质量安全。

上述三个方面的法律法规和规范性文件，对规范食品生产加工行为，切实从源头加强食品质量安全的监督管理，提高我国食品质量，保证消费者人身健康、安全，提供了一个基本的工作依据。

第三节　食品召回制度

一、食品召回制度概述

（一）食品召回制度的概念

食品召回制度是指一种旨在消除离开生产线，进入流通领域的潜在不安全食品危害风险的制度。食品的生产商、进口商和经销商在获悉其生产、出口或者经销的食品，存在可能危害消费者健康安全的问题，依法向政府主管部门报告，及时通知消费者，并从市场上和消费者手中收回问题产品，予以更换、赔偿的制度。其目的是避免潜在的不安全食品对消费者人身安全损害的发生或扩大，保障消费者食用安全。

食品召回可以分为主动召回和强制召回两种类型。主动召回指企业发现食品质量问题时，主动召回其产品；强制召回指由政府责令企业召回其不合格产品。如果发现食品中的安全隐患后，其生产经营者能主动及时召回问题产品，就能在最大程度上避免或减少对消费者造成的损害。

食品召回的范围，应包括潜在不安全、不卫生食品和存在质量问题的食品。例如，就我国肉类食品而言，应包括：(1) 未取得《屠宰许可证》的屠宰厂屠宰加工的产品；(2) 未取得《食品生产许可证》的肉制品厂生产的 QS 标志的产品；(3) 未经兽医检疫、检验或检疫、检验不合格的产品；(4) 病死、毒死或者死因不明的产品；(5) 注水或注入其他物质和种母猪、晚阉猪未经处理的产品；(6) 含有致病性寄生虫、微生物或者微生物毒素超过国家标准规定的产品；(7) 用非食品原料加工，加入非食品用化学物质和未经国家批准使用的食品添加剂、农兽药残留量超过国家限量标准的产品；(8) 无食品标签或者食品标签标注内容不符合国家规定及超过保质期的预包装产品；(9) 产品规格、质量不符合国家标准规定的产品等。不论是在国家监督检查检测还是在企业自查中，发现以上产品，必须立即召回进行处理。

(二) 食品召回制度的发展

产品召回制度于 1966 年开始，首先在美国汽车行业根据《国家交通与机动车安全法》明确规定汽车制造商有义务召回缺陷汽车。此后，美国在多项产品安全和公众健康的立法中引入了缺陷产品召回制度，召回制度应用到可能对大众造成伤害的、包括食品在内的主要产品领域。目前，缺陷产品召回制度已经成为发达国家管理产品质量的常用手段。我国于 2004 午 10 月 1 日实施的《汽车产品召回管理规定》，使产品召回法律制度的建立有了一个良好的开端。

《ISO/DIS 22000 食品安全管理体系——对整个食品链中组织的要求》中要求食品组织建立并保持形成文件的不安全食品批次召回的程序。这是现代食品安全管理方式在食品组织的应用，有助于推动我国从法律层面建立食品召回制度，提升我国食品安全管理水平。

二、我国食品召回制度的发展

我国食品召回制度的现状及问题食品召回制度始于 20 世纪 60 年代的美国。澳大利亚、新西兰于 1991 年制定了食品召回制度的法律法，即《澳、新食品标准局 (FSANZ) 法案(1991)》、《澳、新食品工业召回规定(2002 年第 5 版)》。《FSANZ 法案(1991)》规定“应在国家和地方的要求下，遵照国家和地方法律，实施国家和地方的食品召回行动”。《澳、新食品工业召回规定(2005 年第 5 版)》对食品召回的标准及程序做了说明。其中，标准 3. 2. 3 指出：召回食品丢弃前必须和其他食品分开，尽快返还给供应商 (批发商和进口商)，供应商应采取措施明确这些食品是否是安全的，不安全食品必须销毁，防止被人类食用或消费。标准 3. 2. 2 还规定，从事食品批发供应、生产和进口的食品商应有一个确保不安全食品召回的系统，并在书面文件中加以明确，在实践中应遵照该系统召回食品。日本、加拿大、韩国等也建立起包括食品召回在内的问题产品召回制度。这些国家由于食品召回法律法规比较健全，并在实践中加以实施，在保障食品安全方面取得了明显的效果。

我国食品召回制度起步较晚。1995 年全国 8 届人大常委会第 16 次会议通过的修订后的《食品卫生法》第 42 条规定：违反本法规定，生产经营禁止生产经营的食品的，责令停止生产经营，立即公告收回已售出的食品，并销毁该食品……但由于针对问题食品的防范和处理的规定过于笼统，缺少“细则”，可操作性差，实施起来难度很大，实际上并未执行。此后，2002 年上海市第 11 届人大常委会第 44 次会议通过的《上海市消费者权益保护条例》，规定了包括食品在内的商品召回制度；2002 年 11 月北京开始实施违规食品限期追回制度。随后，吉林、杭州、厦门等地相继推出了菜肉召回制度。国家质量监督检验检疫总局 2004 年 6 月 1 日批准发布，于 2004 年 12 月 1 日实施的《食品安全管理体系要求》中，规定了食品企业对其出厂食品的消费者食用安全问题进行监视与评价，针对可能出现的食品安全问题预先建立并在必要时实施相应的预警机制和产品召回计划，并对发生紧急情况时的应急预警机制和危害可追溯性的记录系统，产品安全性检验作出了明确规定。这项标准的发布实施，对于保障食品安全，提高食品质量，维护消费者健康，特别是在一旦发生食品安全质量问题的情况下，最大限度地减少对消费者的危害，对于促进我国食品安全管理水平和国际市场竞争力，具有十分重要的意义。

但是，由于我国食品召回法规和监管体系不完善，食品召回管理、执行部门职责不清，尚未建立起科学完整的食品召回体系，加之我国食品企业规模小且分散，加工销售散装食品较多，及有些食品生产商为了追求高额利润，在加工生产中把一些保障食品安全卫生的环节省略掉；还有些食品生产商在设计产品或建设生产线时，忽视了安全卫生措施；许多食品生产、经营者，担心一旦实行食品召回制度，会增加企业经营成本，影响企业声誉等，致使我国食品召回并没有取得预期的效果。如 2004 年 4 月至 7 月，维他奶(上海)有限公司使用 600 多千克过期椰浆，生产了约 48 万盒 250mL 椰子味维他奶，上海质检部门监督销毁召回涉案产品，只召回 2448 盒，大量涉案产品无法追回。有些搞得较好的地区，也只是停留在执法监督部门和消费者或生产者之间禁止销售某种食品的层面，对于已经出售并对人体健康造成危害的不安全食品并没有召回处理。对于畜禽肉食品的召回制度，在执行上问题更大一些，近几年发生的含有“盐酸克伦特罗”(瘦肉精)猪肉中毒事件的处理中，还未见有召回处理的报道。近几年来，社会的发展在食品安全上导致了以下一些变化。一是环境卫生和人类环境污染，增大了食品安全隐患；二是现代生物技术(如转基因)的应用、食品新资源开发等给食品安全带来了许多问题；三是新病原菌和畜禽新疫病不断出现，对人类健康造成严重威胁；四是贸易国际化加大了食源性疾病传播的机会。这些因素都使食品安全的形势越来越严峻，对人的健康威胁也越来越大。我国的毒大米、毒火腿、劣质奶粉，特别是“苏丹红”引发的风波，要求我国全面实施食品召回制度刻不容缓。

三、实施食品召回制度的意义

民以食为天，食品的数量和质量都关系到人的生存和身体健康。经过多年的经济发展尤其是市场经济体制改革，在市场经济的调控下，我国的食品供给格局发生了根本性的变化：品种丰富，数量充足，供给有余。食品数量在满足需求的同时，质量却存在着严重不足，仅每年发生食物中毒案例人数至少在20万~40万人，消费者食用劣质食品而中毒死亡的现象屡屡出现，食品如今状况堪忧，严重威胁到大众的身体健康。借鉴国外发展市场经济的成功经验，有效地调控食品市场，激励企业提高食品质量，为社会提供安全食品，有着重要的现实意义。

四、建立和完善食品召回法律法规

我国目前的法律对食品召回，只是作了原则性规定，缺乏可操作性的行政法规，而且规定只是要某一食品造成消费者损害后，才可以启动对该食品召回的程度，起不到预防食品安全危害的作用。法律上的盲点，导致了对问题食品监督管理的无序和低效。因此，国家应尽快制定食品召回的专门法律法规或实施细则，对应召回食品的范围，问题食品对公众安全构成威胁的界定，问题食品行政管理的具体分工，问题食品的判定标准，问题食品召回体系和程度的建立，问题食品召回后的处理及法律责任等，进行明确的规定，使我国问题食品召回具有法律效力和可操作性。

五、建立食品召回体系明确食品召回主体

建立科学的食品召回体系，是实施食品召回制度的基础。食品召回体系的主体应由生产者、销售商和消费者三方构成。当需要召回食品时，生产者、销售商都有责任在行政主管部门的监督下，依据食品召回的法律法规将问题食品从消费者手中召回。食品召回具体由国家和省级政府主管部门负责实施。国家和省级政府主管部门应建立食品召回协调组织，负责协调全国和地方食品召回工作，它在食品召回工作中起着关键的作用，同时也负有重要的责任。其主要职责是：①就召回事项与相关政府部门和食品责任主体保持联系，为召回过程提供建议和帮助；②对召回食品的品种、质量在法定检验机构检验确认的基础上，由政府主管部门发布召回令；③进行食品召回过程和结果的检查和复核；④向消费权益保护机构和政府主管部门报告食品召回工作的进展和结果。

作为食品召回的责任主体——食品生产者和销售商，当市场上发现问题食品需要进行召回时，应做好如下工作：①保存有关资料，制定召回计划；②向当地协调机构和政府主管部门报告有关情况；③向分销者和消费者进行通报和公示；④启动召回行动并进行管理；⑤报告召回的进展和评价。

六、规范食品召回程度保证食品召回体系运行

建立和规范食品召回程序，是保证食品召回体系顺利运行的关键。食品召回程序应包括制定食品召回计划、启动食品召回、实施食品召回、食品召回完成评价4个环节。

（一）制定食品召回计划

任何从事食品生产、经销和进口商，当发现有问题食品销售时，都应迅速制定书面召回计划，按计划实施食品召回。食品召回计划包括：①企业主要部门（食品召回委员会或质量管理部门）的职责；②生产、销售记录和数据资料；③召回所采取的步骤；

④召回食品的处理方法及赔偿办法。

（二）启动食品召回

生产者、经销商是食品召回的第一责任者，负责启动食品召回行动。应做好以下工作：①企业负责人召集食品召回会议并审查有关资料；②确认食品召回的必要性。首先进行风险评估，如需召回，确定召回的方法；③向当地食品召回协调组织报告。

（三）实施食品召回

食品召回依据问题食品可能造成危害的程度，一般可分为3级，第1级是消费者食用后将会严重危害人身健康甚至导致死亡的食品；第2级是消费者食用后会造成暂时性健康问题的危害较轻的食品；第3级是消费者食用后不会造成人身危害的食品，如不符合加工规格标准、贴错标签、包装不严或瓶口未封签及实物重量与标注不符等。食品召回的级别不同，召回的范围、规模也不同。要根据发现问题食品的环节，确定食品召回层次。若问题食品在批发、零售环节发现但尚未对消费者销售的，可在商业环节内部召回。当问题食品在消费者购买后发现，则应在消费层召回。问题食品发现后，企业一方面应立即停止该食品的生产、销售，并通知分销商从货柜上撤下，单独保管等待处理；另一方面应通知新闻媒体和在店堂发布经过政府主管部审查的、详细的食品召回公告，尽快地从消费者手中召回问题食品，并采取补救措施或销毁或更换，同时对消费者进行补偿。

（四）食品召回总结评价

食品召回工作完成后，企业要做总结评价。包括：①编写召回进展报告，说明召回工作制度；②审查食品召回的执行程度，如召回计划、召回体系、实施情况、效果分析和人员培训等；③向政府主管部门提交总结报告；④提出保证食品质量安全，防止再次生产、销售问题食品的措施。

七、建立完善的食品溯源制度

建立食品溯源制度是保证实施食品召回制度的极为重要的环节。为了避免在发现问题食品时无法确定生产厂家及其原料来源，必须从食品生产的源头开始，实施“从农田到餐桌”全程监控，通过标签管理来建立完善的食品溯源制度。食品溯源制度在我国尚未建立，可采取先行试点的办法，取得经验后加以推行。辽宁省已经确定，选择有龙头企业或农民专业组织带动的，终端市场比较稳定的食品生产基地进行试点。在试点基地建立编码系统和投入品记录卡，将编码印成卡片或印刷在产品包装上，随产品一同上市，消费者可在网上查询。对于畜禽产品，可由当地政府主管部门对饲养场统一编号，发给每个饲养场一个编号，此编号应包括饲养场所在省、市、县及其所在位置，并把编号制成卡片（标签），附与牲畜尾、耳上，或在耳上、畜体上烙印（烧碱、烙铁）、禽套脚环，当牲畜被送去屠宰时，首先检验卡片将其内容输入屠宰场数据库，如在屠宰检验中发现问题，可追查到牲畜来源地，及时进行处理。同时饲养场亦要将牲畜的健康状况、饲养管理、防疫治疗用药等情况记录存储，以便追查。屠宰加工厂应保持屠宰牲畜的胴体与其进厂卡片编号相一致，以确认牲畜身份，并把该牲畜屠宰加工及检验情况储存于数据库内，以确保牲畜从运抵屠宰加工厂起，直至肉类产品销售、出口的每一过程中，都能准确追溯来源。只有这样，才能真正实现“从农场到餐桌”的全程监控，保证食品召回制度的有效实施。

八、完善食品安全标准，为食品召回提供技术支撑

食品召回制度的实施，需要配套的保障体系支撑。除了完善食品安全法律法规外，还要有一套完善的食品安全标准，主要是产品质量标准、产品卫生标准、检测方法标准等和科学的检测手段，作为判定是否是问题食品的依据。否则，就无法评估一种食品是否安全及对人的危害程度，食品召回就无法实施。因此，在实施食品召回制度中，完善食品安全标准作为实施食品召回的技术支撑，为食品召回打下坚实的基础。

复习思考题

1. QS 标志的涵义及简介有哪些？
2. 食品质量安全市场准入制度的涵义是什么？
3. 食品质量安全市场准入制度包括的主要内容有哪三方面？
4. 实施食品质量安全市场准入制度的意义是什么？
5. 简述对食品召回制度的理解。

第九章　食品安全风险评估

（1）掌握风险评估、危害识别、剂量－反应评估、暴露（量）评估等基本概念

（2）了解风险评估的目的、范围、方法和途径

（3）掌握风险评估的四个步骤

第一节　食品安全风险评估的概念及意义

一、食品安全风险评估的定义及范畴

食品安全风险评估是指对食品、食品添加剂中生物性、化学性和物理性危害对人体健康可能造成的不良影响所进行的科学评估，主要包括危害识别、危害特征描述、暴露评估、风险特征描述等。风险评估要求对相关资料做评价，包括毒理学数据、污染物残留数据分析、统计手段、暴露量及相关参数等，并选用合适模型对资料做出判断，同时要明确认识其中的不确定性，并在某些情况下承认根据现有资料可以推导出科学上合理的不同结论。简而言之，风险评估就是测量风险的大小以及确定影响风险的各种策略与政策。

国际食品法典委员会（CAC）将风险评估定义为：特定时期内因对某一危害的暴露而对生命和健康产生潜在不良影响的特征性描述。开展风险评估应当以科学为基础。一个完整的风险评估过程应当由危害识别、危害特征描述、暴露（量）评估以及风险特征描述四个部分的内容所构成，这是当前国际公认的制定食品安全政策法规和标准、解决国际食品贸易争端的重要依据。

危害（hazard）：食品中可能导致一种健康不良效果的生物、化学、物理因素或状态。

风险(risk)：一种健康不良效果的可能性以及这种效果严重程度的函数，这种效果是由食品中的一种危害所引起的。

危害识别(hazard identification)：识别可能产生健康不良效果，并且可能存在于某种或某类特别食品中的生物、化学和物理因素。

危害特征描述(hazard characterization)：对与食品中可能存在的生物、化学和物理因素有关的健康不良效果的性质的定性和(或)定量评价。对化学因素应进行剂量－反应评估。对生物或物理因素，如数据可得到时，应进行剂量－反应评估。

剂量－反应评估(dose－response assessment)：确定某种化学、生物或物理因素的暴露水平(剂量)与相应的健康不良效果的严重程度和(或)发生频度(反应)之间的关系。

暴露(量)评估(exposure assessment)：对于通过食品的可能摄入和其他有关途径暴露的生物、化学和物理因素的定性和(或)定量评价。

风险特征描述(risk characterization)：根据危害识别、危害特征描述和暴露(量)评估，对某一给定人群的已知或潜在健康不良效果的发生可能性和严重程度进行定性和(或)定量的估计，其中包括伴随的不确定性。

二、食品安全风险评估的意义

长久以来，我国在食品安全方面所采取的对产品“批批检验”的管理模式已经不符合目前国际贸易和国内食品安全形势的要求。事实证明，面对食品安全新形势的挑战，面对国际贸易中技术壁垒叠起、竞争错综复杂的局面，我们必须研究和发展全新的符合风险管理理论的食品安全模式。运用风险管理理论，在进行各项管理工作和管理决策时，加强协调统一和管理的程序化，加大风险管理决策的透明度，确保风险决策不偏离目标，并且建立科学的监督和评估机制。

构建食品风险评估的理论框架应严谨，因为它代表了现代科学技术在食品安全管理的发展方向。在目前的国际贸易形势下，建立以食品风险分析原理为基础的、完善的、科学的、合理的食品安全管理体系，有利于对食品安全各环节进行科学化管理，确保消费者的健康安全。同时，突破国家间的规避食品贸易中的技术性壁垒，在国际贸易中争取最大利益。

开展食品安全风险评估有助于对各种有争议、高成本的风险管理措施进行客观评价；有助于建立一整套有效保证食品安全的措施，达到保护消费者的目的；有助于“从农田到餐桌”的食品安全计划的制订；有助于食品安全风险评估标准体系的制定；有助于权衡界定不同危害物质所产生的风险因子；有助于通过科学方法证明技术标准的合理性；为合理制定法律、法规政策及进行风险交流管理与决策提供科学依据。

三、食品安全风险评估的作用

安全预示防范潜在的危险。但在社会活动中发生一些危险是难免的，所谓的危险就是可能造成伤害或破坏的根源，或者是可能导致伤害或破坏的某种状态。一般来说，如果遭遇某种危险的概率低于十万分之一，属于低风险，但如果概率较高，就必须采取合理的防范措施。食品中含有来自植物和动物自身的天然化学物，在生产、加工和制备过程中也会接触多种天然和人工合成物质。食物中所有可能危害健康的物质叫作危险物，如微生物、天然生成有毒化学物质、烹饪产生的有害化学物质、环境带来的污染物，还有添加物和杀虫剂等。可以把食品中的危险物对健康产生的不良影响的可能性称为风险。食物之中任何一种危险物都可能对健康产生不良作用，其风险有高低之分。在确定食品是否安全时，必须衡量食品给人类健康带来的益处与受到食品危害的风险大小。

在食品生产加工等各环节中，根据风险程度采取相应的风险管理措施，可以控制或者降低风险。如在食品添加剂研制过程中的风险主要有：项目来源风险、市场风险、技术风险和政策风险等。

风险分析包括风险评估、风险管理、风险信息交流三部分，其中风险评估是风险分析的核心和基础，也是工作的重点。由于食品具有品种繁多，性状、成分复杂，各自的生产、加工过程不同、包装、存储条件严格等特征，分别有针对性评价可能存在的风险因素，是确保食品安全与否的必不可少的办法。如果没有风险评估，将有更多的食品危险物不能被发现，食品安全潜在的危害因素及概率就会增加。食品安全风险评估，可为质量监督、食品卫生监督管理和工商行政管理提供技术依据，并能及时准确制定、修订相关食品安全法规标准，确保食品生产经营过程能够优质、安全、有效的运行，确保消费者身心健康和利益。

第二节　国内外食品安全风险评估的发展

一、国内外食品安全管理模式

风险分析在农产品及食品安全领域得到公认及应用，首先得益于国际机构及相关组织的不懈努力及大力推动。1991 年 FAO、WHO 及 GATT 联合召开的食品标准、食品中的化学物质与食品贸易会议，建议 CAC 在制定政策时应采用风险评估原理。1991～1993 年，CAC 召开第 19 届和第 20 届大会同意采用上述会议建议的程序。1994 年，第 41 届 CAC 执委会会议建议 FAO 与 WHO 就风险分析问题联合召开会议对风险分析作进一步探讨。1995 年 3 月，FAO/WHO 召开联合专家咨询会议，并形成了一份题为《风险分析在食品标准问题上的应用》的报告，同时对风险评估的方法及风险评估过程中的不确定性和变异性举办了讲座。1995 年，CAC 要求食品法典各分委员会对《风险分析在食品标准问题上的应用》进行研究，并且将风险分析的概念应用到具体的工作程序中。另外，FAO 与 WTO 继续就风险管理和风险情况交流问题进行咨询。1997 年 1 月，FAO/WHO 联合专家咨询会议在罗马 FAO 总部召开并提交《风险管理与食品安全》报告，规定了风险管理的框架和基本原理。1998 年 2 月，在罗马 FAO/WHO 在联合专家咨询会议上提交了《风险交流在食品标准和安全问题上的应用》的报告，规定了风险交流的要求和原则，同时对进行有效风险交流的障碍和策略进行了讨论。1997 年，CAC 作出决策，采用有关风险分析术语的基本定义，并把它们包含在新的 CAC 工作程序手册中。至此风险分析作为一项技术，也是一项系统工程在全球范围内得到不断推动发展。

近年来，在病原微生物、食品营养素、源自生物技术动物饲料等方面的风险评估，已经召集了若干次专家磋商会。FAO 与 WHO 目前正在考虑在食品安全风险评估领域建立一个全面评估团体和机构组织，监督该领域中的所有工作并确保特定的专家小组和磋商会议之间的必要联系、协同作用和协调一致。

由于历史背景、国家行政体制以及经济发展水平等不同，世界各国在食品质量安全管理方面采取不同的管理模式，主要有多部门分割管理、单一部门管理和统一管理等管理模式。

（一）多部门分割管理模式(multiple agency model)

“农田到餐桌”过程分别由卫生部门、农业部门、环保部门、商业部门管理是多部门分割管理模式的典型特征。该模式是最早推广的一类模式。优点在于监管职能明晰，便于各部门在职能范围内行使职责。但该模式是在与农产品及食品质量安全管理的单一化水平相适应的状况下产生出来的，随着“农田到餐桌”，供应链日趋复杂。当其中一个环节出现问题时，会导致各个部门相互争执或推卸，尤其是在外事事务洽谈力量单薄及缺乏统一协调等弊端时愈渐突出。另外，农产品及食品安全是非常特殊的一个领域，量大面广，经常涉及非营利性或公益性事务，常常与其他行业和领域(如生产商及经销商等)的利益发生冲突。由于部门之间协调与合作能力的欠缺，加之分割管理模式，使得决策的科学性及效率很难及时准确。

从技术角度而言，分割管理模式给风险评估的实施与推动制造了许多人为障碍。最初采用该模式，并对农产品及食品质量安全监管的国家几乎都从两个途径对该模式做了修改：一是建立另外的权力机构来协调分割各个机构的权利；二是干脆将该模式废除，采用其他两种模式。但第二个方法从某种角度而言，需要很长的过渡时间。最为典型的是中国模式及日本模式。中国采用分割管理模式，但同时在中央层面上采取很多决策及措施来协调由于该模式带来的在农产品及食品安全监管上的弊端，食品风险评估分析工作起步较晚，2009 年 6 月 1 日正式实施的《食品安全法》，充分肯定食品风险评估的法律地位，无疑是对我国农产品及食品质量安全立法管理的一次重大飞跃。日本也在原有的农产品及食品安全管理模式基础上进行了较彻底的调整，如发布《食品安全基本法》，更为重要的是实质性地整合原有部门并成立食品安全委员会；而该委员直接隶属内阁，享有极高的权威性。

（二）单一部门管理模式(single agency model)

将食品质量安全的职责划分到一个部门来进行管理是单一部门管理模式的典型特征。该模式的优点在于：一是体现部门的高度权威性，可保障决策统一，敦促措施实施到位；二是对于保护消费者采取应急措施迅速有效；三是节约运作成本，如及时调用专家人力资源及其他资源等；四是及时准确制订、修订农产品及食品安全标准，执法、管理及跟踪能够协调一致；五是部门采取垂直管理方式，对于其他相关行业，如工业、商业贸易等形成促进和发展，可更有效地与这些行业相互合作。单一模式特点之一体现在合作与统一上，各部门都具有平等的权利共同参与到提供农产品及农业投入品或其他与质量安全相关商品和服务的事务中，要求他们在“农田到餐桌”领域中相互协调。目前只是有少数国家状况满足于该模式的基本条件。

采用单一部门管理模式最为典型的国家是加拿大。起初加拿大是联邦层面上农业与农产品部、卫生部、渔业与海洋部及工业部四个部门独立运作的管理体制，随着全球食品及农产品质量安全重要性日益突出，加之国内疯牛病、口蹄疫等疫病凸现暴露了联邦政府在检验检测职能上交叉重叠等诸多不利因素，促进了加拿大检测体系整合及加拿大食品检验署(CFIA)的成立。整合后食品检测体系工作组促使加拿大检测体系高效统一，进入了实质性的运作，而加拿大食品检验署全部承担了“农田到餐桌”农产品及食品全程进出口检验检测任务及风险评估。

（三）统一管理模式

统一管理模式(integrated model)需要“农田到餐桌”监管过程具有高效合作体制及协调制度保障，这样的管理模式首先涉及如下几个层次。层次一为风险评估、风险管理及标准制定；层次二为农产品及食品质量安全监控及认证；层次三为“农田到餐桌”全过程的国内外进出口检验检疫；层次四是教育培训及风险交流。基于此模式，期望构建具有独立职能部门来管理层次一及层次二的所有相关事务，如单独一个部门负责风险评估、风险管理或标准制定或兼而有之，即同时负责其中一项或多项职能。而第三层次及第四层次事务由多个部门共同执行，如国内外的检验检疫则由多部门协调合作，教育培训及风险交流等同样也由多部门合作。需要强调的是从国家层面上，必须具备可操作的统一框架，并对这些事务划定范围、职能走向及归属等，内容包括立法、设立管理机构、构建国家质量安全目标、研究及制定各部门协调机制等重要内容，且对各层次的监控政策及任务分配等清晰明了。这样操作的优点是构建一个完整统一的食品质量安全体系的同时具备可操作性。

统一管理模式从某种角度而言，是最节约政府运作成本的一种管理体系。如今，有的国家已采用了该模式，如美国、澳大利亚及新西兰；但在操作方式上各不相同，各具不同特色。美国采用按不同产品或对象具体划分实施监管内容、进行风险分析主要涉及环保署、农业部及卫生部三大部门，为促进上述三个部门的良好合作，1997 年 5 月，美国发布了《国家食品安全启动计划》法案，内容涉及卫生部的食品及药品监督管理局和疾病预防控制中心、美国农业部及美国环保署。部门协调和合作框架在《食品安全工作组程序》及《食品安全战略计划》中有具体要求，使各个部门职能和权力既集中，又强调联合统一，互相协调。

由于多种因素，“农田到餐桌”整个过程监管显得非常繁杂，国家食品安全管理模式的选择对风险分析产生了影响。在上述三种模式中，统一管理模式优于单一管理模式，而单一管理模式更优于分割管理模式。但是一个国家所选择的食品安全管理模式体现了该国国家背景、运行机制是否匹配和经济发展的实际状况，并非一蹴而就，不是任何一个国家都适合于选择统一管理模式，即使采用相同模式，其具体构建、布局及运作还存在差异。模式好比树干，运作机制中涉及的各项制度、政策及法规好比树叶，树干也许可一目了然，而繁多的树叶则难以辨认，且大多树干形态几乎一致，而树叶形状千姿百态，这说明运作机制构建复杂，涉及运行问题繁杂，难度可想而知。

二、国内外食品安全风险分析发展现状

（一）中国

2003 年，中国农业科学院质量标准与检测技术研究所成立时设立了风险分析研究室；2006 年颁布的《农产品质量安全法》中规定对农产品质量安全的潜在危害进行风险分析和评估。2007 年 5 月，农业部成立了国家农产品质量安全风险评估委员会。

长期以来，中国的食品科技体系主要是围绕解决食物供给数量发展建立的，缺乏有效的针对与国际接轨的食品安全风险评估技术。与发达国家相比，食源性危害关键检测技术和食品安全控制技术还比较落后。

近年来，我国新的食品种类(如方便食品和保健食品)大量增加。很多新型食品在没有经过危险性风险评估的前提下，已经在市场上大量销售。方便食品和保健食品行业的发展给国民经济带来新的增长点的同时，方便食品中的食品添加剂、包装材料与保鲜剂等化学品的应用，增加了食品潜在风险。保健食品中不少传统药用成分并未经过系统的毒理学评价，其安全性也值得关注。另外，食品原料生产中的转基因技术应用尽管给食品行业的发展带来良好的机遇，同时也增加食品安全的不确定因素，而判断转基因食品是否安全，必须以风险分析为基础，发展一系列行之有效的风险评估技术手段。受管理、商业、社会、政治、学术诸多方面的限制，科学的、有说服力的统计数据很难获得，增加了对转基因食品进行风险分析难度，这给食品安全管理控制带来了前所未有的挑战。

中国传统的食品安全管理方式是依据法规条例，清除市场上的不安全食品和责任部门认可项目的实施作为对食品安全进行监管。做法由于多为事后监管，缺乏预防性手段，故对食品安全问题及可能出现的危险因素不能做出及时而迅速的控制。因此，必须建立一套能对食品有关的化学、微生物及新的食品相关技术等危险因素风险评价的技术方法，从而逐步健全食品安全评价体系。例如，在食品生产领域应用的基因工程和辐照技术虽然会提高农业产量，但必须对应用的安全性进行评估，使应用的食品更安全，而且这种评估必须采用国际上认可的方法，公开、透明，让广大消费者接受。

为了有法可依，更有效开展这项工作，预防食品安全事故发生，保障消费者身心健康，2009 年 6 月 1 日施行的《食品安全法》规定，国家建立食品安全风险监测和评估制度，对食源性疾病、食品污染以及食品中的有害因素进行监测，对食品、食品添加剂中生物性、化学性和物理性危害进行风险评估。

（二）欧盟

欧盟历来十分关注食品安全。经过多年的发展，欧盟形成了比较严谨的食品安全法律体系。《欧盟新食品法》，即《欧盟 178/2002 号法规》于 2002 年 1 月 28 日正式生

效，并于2003年7月加以修订。该法是欧盟迄今出台的最重要的食品法，填补了在欧盟层面没有总的食品法规的空白，是对以往欧盟食品质量安全法规的提升与创新，具有很强的时代特征。法规中发布了食品法中的一般原则，并建立了欧盟食品安全局，对应欧盟任务白皮书中提出的关于食品安全风险分析立法建议在《欧盟178/2002号法规》中都得到了落实。法规中第6条款中明确构建了欧盟风险分析框架，包括风险评估、风险管理及风险交流三部分，并说明了三部分与食品安全的关系，欧盟定义的风险评估过程是基于现有科学数据和事实开展独立的、客观的及透明的评价。风险管理必须考虑到风险评估的结果，在一定条件下，欧盟食品安全局的建议及其他观点在适当的情况下．会纳入风险分析参考范围。

欧盟食品安全局的宗旨是向欧盟委员会和欧洲议会等欧盟决策机构就食品安全风险提供独立、科学的评估和建议，负责向欧盟委员会提出一切与食品安全有关的科学意见及向民众提供食品安全方面的科学信息等，旨在增强消费者信心方面发挥重要作用，并确保欧盟各成员国人民吃到放心的食品，保证他们的身体健康。该局是很多国家共同构建的机构，继承了多国组成机构的共性，承担具体风险评估、风险交流任务，不干涉国家具体风险管理事务，但在某种程度上提供建议。

（三）美国

美国实施三权分立非常明确，涉农产品及食品安全的法规主要为《联邦食品、药品及化妆品法》《联邦肉类检验法》《禽类产品检验法》《蛋制品检验检疫法》《食品质量保护法》《公众健康服务法》等。美国的相关食品安全法规体系是基于风险分析理论和框架指定并实施的，在法规中规定了风险评估必须在科学基础上执行和开展。美国实施风险分析的部门涉及农业部、环保署及卫生部属下食品和药品管理局等，食品和药品管理局下的食品安全与营养中心与兽药中心等均成立风险分析工作组，其成员来自国家政府或非政府专家，共同承担相关领域内食品风险评估。美国农业部负责风险评估的机构主要是其属下的食品安全检验局，同时为更为规范和加强各部门之间及部门内部协作，以使风险分析得到更有效地执行以及利用最好的科学资源，美国农业部于2003年建立了食品安全风险评估委员会，旨在对长期性风险分析给予更多的重视和更好的计划。

（四）日本

日本2003年5月制定了《食品安全基本法》，旨在响应公众对食品安全问题的日益关注及提高食品质量安全。此法将风险分析纳入法制化轨道，强调食品质量安全必须进行科学的风险评估，另外还就风险管理、风险交流作了规定，但主体是风险评估。《食品卫生法》及其他相关法规则就风险管理及风险交流作了详细规定。《农药及化学物管理法》主要就农药登记管理进行规定，在进行正规登记前必须进行必要的毒理试验和风险评估，从风险管理角度体现了对农业及食品预警管理力度。

日本的风险分析运作密切相关的是农林水产省、厚生劳动省及后来建立的食品安全委员会。食品安全委员会是独立的组织，负责进行食品风险评估，而厚生劳动省及农林水产省则负责风险管理工作。食品安全委员会主要职责是进行科学、独立的食品风险评估及向相关各省提供建议；向有关各方（消费者及从事食品生产与销售的人员）传达食品风险的信息；就食品安全突发事件制订预警措施。委员会每星期举行例会，公众及传媒均可参加旁听。食品安全委员会设有16个专家委员会，分别就不同种类的食品进行风险评估及风险交流工作，并在发生食品安全突发事件时采取预警措施。

（五）加拿大

加拿大的风险管理主要由加拿大食品检验署（CFIA）实施，主要涉及动物健康、植物健康及农产品与食品安全方面的风险管理措施。食品检验署首先制订优先计划，该计划基于保护人类、动物及植物健康的目的，并对风险管理过程中涉及的加工工业、社会及经济状况、贸易影响、预警及其他相关因素等，在何时实施风险管理的选优排序等问题上作了详细规定，该规定适用于食品及农业预警。食品检验署还指定动植物健康中心（CAPH）、动物疫病与食品检测实验室（ADRI）及动物疫病研究所（HAFL）等机构高效协作，共同开展动物疫病风险分析工作，并提出较为完善的风险评估框架，该框架设计食品、动物及植物等方面相关风险分析的一系列若干规定。

（六）德国

德国既有专门的风险评估机构联邦风险评估研究院，也有专门的风险管理机构联邦消费者保护机构密切合作，就食品、药品、消费品的安全问题向德国政府、联邦消费者保护和食品安全办公室以及国际组织提出政策建议，同时负责向公众通报风险，使消费者对农产食品中可能的危害有足够的认识，将致病风险降至最低；后者是欧盟食品与饲料快速预警体系的国家预警点，负责将各地监督检查机构反馈的信息传向欧盟委员会，并将欧盟委员会的相关信息向地方机构通报，并具有卫生监督检查职能，在综合风险评估结果后向德国政府以及欧盟委员会提交管理方面的政策建议。

（七）法国

法国于1998年7月1日专门通过《公共健康监督与产品安全性控制法》，把风险评估和卫生监督这种技术性相对较强的内容从管理工作中独立出来，并成立了“法国食品卫生安全署”和“国家卫生监督所”，将分散的评估咨询机构集中起来，专门负责农产食品质量安全监督检查、公众健康状况的动态观察以及相应的风险评估工作。法国食品卫生安全署在食品安全方面有很大的权限，从原材料（动植物产品）的生产到向最终用户的分销都在其评估范围内。为保证评估的科学性，该机构的专家委员涉及营养学、微生物学、生物技术、物理和化学、污染和残留物、动物饲料、添加剂、技术工艺辅助物质和香料、动物健康、水供应等诸多学科领域。

目前，不仅是一些发达国家，而且中国周边的一些发展中国家也都高度重视食品风险分析工作。泰国已将风险分析纳入国家食品法规当中，并建立了国家食品发展计划；马来西亚已经成立了国家风险分析委员会和5个相应的分委员会（生物评估、食品添加剂、污染物、兽残和农残以及风险情况交流），在风险分析的应用方面进入实质性的启动；韩国仿效美国食品和药品管理局，组建了韩国的食品与药物管理局，对食品安全性风险进行集中、统一的管理，特别是对进口食品制定了一系列的法规和工作程序。

随着全球对生态环境、人体健康及动物福利等的不断关注，公众对食品安全的关注要求日渐提高，特别是一系列风险评估策略强制性纳入各国质量安全法规，灵活应用到构筑技术性贸易措施中，在国际已形成共识，风险分析作为一项系统工程必将逐步得到重视和发展。

第三节　食品安全风险评估方法

一、食品安全风险评估的原理和方法

风险评估的原理可分为两部分：第一部分是确定评估的危害，是指评估的对象。解决何种危害及其存在载体的问题。评估危害可以是单一的，也可以是多样的，如可以是某种动物、微生物、植物、化学物质、毒素等，也可以是很多相互影响的危害。对于农产品安全风险评估而言，根据《中华人民共和国农产品质量安全法》第六条规定，将农产品质量安全的潜在危害，这里包括农产品中存在及农业生产操作过程中带来的生物的、化学的及物理的危害等。并根据现有的研究初步判定该危害是否有价值继续纳入下面步骤中进行评估，如何表征和度量危害等，认定开展一项风险评估难度大且耗费高，必须兼顾成本和效益，所以确定危害对象对启动风险评估非常重要。第二部分是评估风险，也就是确定危害发生概率及严重程度的函数关系，是真正意义上的风险评估。根据FAO/WHO及其所属委员会的观点，风险评估包括四个步骤，即危害识别、危害特征描述、暴露(量)评估及风险特征描述。

二、食品安全中危害识别

危害识别(hazard identification)指识别可能对人体健康和生态环境产生不良效果(包括不良效应和不良反应)的风险源，可能存在于某类或某种农产品及食品中的生物(如微小生物、微生物及生物毒素，微小生物一般包括微型动物、昆虫、寄生虫、藻类及原生动物等)、化学(农业投入品、化学污染物、食品添加剂、过敏原及天然毒素等)和物理(如石子、木屑、针头、头发、塑料等)因素，并对其特性进行定性描述。危害识别采用的是定性方法，也可采用定量方法。定量方法目前更适合于化学危害的危害，对化学因素，危害识别主要是要确定物质的毒性，在可能时对这种物质导致不良效果的固有性质进行鉴定。通常按下列顺序对研究给予重视：流行病学研究、毒理学研究、体外试验和定量的结构-活性关系。流行病资料以及临床资料对于危害的识别十分有用，由于流行病学研究的费用较高，因此在实际工作中，危害识别一般采用动物和体外试验的资料作为依据。对于微生物而言难度相当大，这主要由于微生物是活体，处于不断动态条件下，因此，对微生物危害来说，这一方法仍停留在概念应用阶段。

（一）食品安全中化学性危害的危害识别

1. 流行病研究

对于大多数化学物质，很难得到临床和流行病学资料。如果能够获得阳性的流行病学研究数据和临床研究数据，应充分将之用于危害识别及其他步骤。阴性的流行病学资料难以在风险评估方面进行解释，因为大部分流行病学研究的统计学基础不足以发现人群中低暴露水平的毒性研究。

风险评估采用的流行病学研究必须采用公认的标准程序进行。在设计流行病学资料时，应充分考虑人敏感性的个体差异、遗传易感性、与年龄和性别有关的易感性、社会经济地位、营养状况及其他可能混淆因素的影响。

2. 动物试验

由于流行病学研究费用昂贵，而且所提供的可供应用的数据相对较少，因此危害识别一般以动物和体外试验的资料为依据。

用于风险评估的绝大多数病理学数据来自动物试验，这就要求这些动物试验必须遵循科学界广泛接受的标准化试验程序。尽管存在这类程序，如联合国经济合作和发展组织、美国环保署等的程序，但没有适用于食品安全风险评估的专用程序。无论采用哪种程序，所有动物试验，这就要求这些动物必须实施良好的实验室规范和标准化质量保证（质量控制方案）。长期（慢性）动物实验数据至关重要，必须依据主要的毒理学作用终点，包括肿瘤、生殖（发育）作用、神经毒性作用、免疫毒性作用等。短期（急性）毒理学试验资料同样是非常重要的。动物试验应当有助于毒理学作用范围（终点）的确定。对于人体内的微量元素，如铜、锌、铁，应该依据需要量与毒性之间关系的有效数据。动物试验的设计目的是找出无可见作用剂量水平（NOEL 值）、无可见不良作用剂量水平（NO－AEL 值）或者临界剂量，即应根据这些终点来选择剂量，选择较高剂量以尽可能减少产生假阴性，特别是要考虑代谢饱和性、细胞有丝分裂产生的细胞增殖等。当前，对啮齿类动物慢性毒性试验中最高剂量的选择有争议，争议的焦点对采用最大耐受剂量（MTD）的研究资料的选择、使用和解释。选择中等剂量应可以提供剂量－反应曲线形状的有关信息。

在可能的情况下，动物试验不仅要确定对人类健康可能产生的不利影响，而且要提供这些不利影响对人类危害的相关资料。提供这种相互关系的资料包括相互关系的资料包括阐明作用机制、给药剂量和药物作用剂量关系以及药物代谢动力学和药效学研究。主要动物毒性试验见表 9－1。

3. 体外试验

体外试验可作为作用机制的补充资料，如遗传性试验。这些试验必须遵循良好实验室规范或其他广泛接受的程序。但是，体外试验的数据不能作为预测对人体危害的唯一资料来源。体内和体外试验的结果可以促进对作用机理和药物代谢动力学（药效学）的认识，但在许多情况下无法取得这些资料，因而风险评估进程不应因等待作用机理和药物代谢动力学（药效学）资料而延误。给药剂量和药物作用计量的资料有助于评价作用机理和药物代谢动力学数据，评估时尚需考虑化学物特性(给予剂量)和代谢物毒性(作用剂量)。

表9－1　主要动物毒性试验

序号	试验项目	试验内容评价说明
1	一般特性	短期试验，测定在不同终点对象的活性，同时使用细菌和哺乳动物系统
2	急性经口毒性	单一剂量试验，在其他数据缺省的条件下，确定毒性的程度
3	短期毒性	每日相同剂量重复试验14～28天，与敏感临床、病理试验结合起来提供有用的潜在毒性指示，也可用于测定
4	亚慢性毒性	每日重复剂量试验
5	长期(慢性)毒性和致癌性	啮齿动物1年、啮齿动物2年，每日重复剂量试验；这些试验的数据通常作为风险评估的依据，以及测定ADI
6	繁殖毒性	怀孕之前，怀孕期间和分娩以后每日重复剂量试验，检测对胎儿和婴儿发育的影响，以及可能的遗传作用；也可用作测定ADI
7	免疫毒性	对与免疫反应的活性和完整性相关的组织和细胞的结构和(或)功能进行研究；与短期和亚慢性毒性试验综合起来进行；也可用作测定ADI
8	神经毒性	检测神经系统结构与功能，如行为测试；与短期和亚慢性毒性试验综合起来进行；被测农药的发展神经毒性也显得越来越重要；可用作测定ADI

注：ADI为每日允许摄入量

4. 结构－活性关系

结构－活性关系对于识别人类健康危害的加权分析有用。在对一类化学物(如多氯联苯类和四氯苯丙二噁英)进行评价时，此类化学物的一种或多种物质有足够的毒理学资料，可采用毒物当量的方法并通过对该类化学物中的一种物质的认识来推导该类化学物中另外物质对人类摄入后的健康危害。

一般化学物结构－活性关系是一个定量关系，即定量结构－活性关系，主要反映其化学结构与其对生态或生物体效应的因果关系和量变规律。化学物质包括其物理化学特性(如溶解性、熔点、沸点等)、立体化学特性(如相对原子质量、电子密度等)、量子化学特性，尤其是水溶性，根据—COOH，—CO，—OH，—NH_2，—CN化学键，其毒性有增加的趋势。结构－活性关系对于暴露评估过程中了解化学物与度量终点之间的关系效应非常重要。

（二）食品安全中生物性危害的危害识别

在一般情况下，为了鉴定天然微生物污染引起的疾病或死亡可能性的风险；评估食品生产加工中的变化对风险的影响；开发食品的标准；通过生物性风险评估，为建立危害分析和关键控制点(HACCP)提供技术支撑。食品中生物性危害识别主要确定病原物及病原物所导致病害的症状、病害程度、持续性等；病害的传染性、传播媒介；病害的发病率及死亡率；哪些人属于该病害特殊的易感人群；该种病原物在自然条件下的存在状态及适应的环境。这些是确定来源于疾病暴发的调查或流行病学研究的关于食源性疾病的证据。

（三）食品安全中物理性危害的危害识别

尽管食品安全中物理性危害风险影响相对于食品中化学危害、生物危害风险影响较易识别，但还是应该通过风险评估控制食品原料、食品加工过程物理性掺杂物质可能产生潜在危险因素，为风险识别及控制提供依据。

三、食品安全中危害特征描述

危害特征(hazard characterization)描述指对危害识别阶段识别的那些被认为可引起对人体健康和生态环境所产生的不良效果(包括不良效应及不良反应)进行定性和(或)定量评价，危害描述，即剂量-反应评估。危害描述的目的旨在获取某危害剂量与度量终点效应之间的直接关系。对于人体健康而言，该关系最优模式是直接构建危害剂量与人体靶器官(度量终点)效应之间的关系，但由于人类价值观及道德的约束，实际上不可能或难以直接获取类似数据。尽管当前模拟体外试验、志愿者人体试验及流行病学调查数据等可有效支撑来达到上述目的，但这些数据非常有限，且在一定条件下仍不能直接用于风险评估分析，所以数据常常间接来源于动物实验的推导。另外，即使获取少数几个数据点也不足以构建一个完整的剂量-反应关系，于是出现了剂量-反应模型，通过剂量反应模型可以完整反映危害描述阶段所有信息，所以危害描述也就是剂量-反应评估，该模型采用试验数据基于数学基本模型拟合而成。

（一）相关概念

1. 不良效应

不良效应(adverse effect)是量反应，指接触一定剂量外来化学物后所引起的一个生物、组织或器官的生物学改变。此种变化的程度用剂量单位来表示，如毫克(mg)等。例如，某种有机磷化合物可使血液中胆碱酯酶的活力降低、四氯化碳能引起血清中谷丙转氨酶的活力增高、苯可使血液中白细胞计数减少等均为各种外来化学物在机体引起的效应占极端不良效应则是死亡，而最低不良效应包括组织器官的病变、体重增减、体内酶活性与组成改变及其他异常的改变等。

2. 不良反应

不良反应(adverse response)是质反应，指接触某一化学物的群体中出现某种效应的个体在群体中所占比率，一般以百分率或比值表示，如死亡率、肿瘤发生率等。其观察结果只能以“有”或“无”、“异常”或“正常”等计数方法来表示。

3. 毒害作用与非损害作用

损害作用(adverse effect)指引起机体机能形态、生长发育及寿命的改变，机体功能容量的降低，引起机体对额外应激状态代偿能力损伤的不利作用。非损害作用(nonadverse effect)与损害作用相对，机体发生的一切生物学变化应在机体代偿能力范围内，当机体停止接触该种外源化学物后，机体维持体内稳态的能力不应有所降低，机体对其他外界不利因素影响的易感性也不应增高。

损害作用与非损害作用都属于外源化学物在机体内引起的生物学作用。而在生物学作用中，量的变化往往引起质的变化，所以非损害作用与损害作用具有一定的相对意义。

4. 致死剂量与浓度

(1) 剂量(dose)是指评估危害对于生物机体而发挥出效应的分量，作用强度一般和剂量大小呈正相关关系。

(2) 绝对致死剂量(absolute lethal dose)或绝对致死浓度(absolute lethal concentration)表示为 LD_{100} 或 LC_{100}，指引起一组受试实验动物全部死亡的最低剂量或浓度。由于一个群体中，不同个体对外源化学物的耐受性存在差异，个别个体耐受性过高，并因此造成100%死亡的剂量显著增加，所以表示一种外源化合物的毒性高低或对不同外源化合物的毒性进行比较时，一般不用绝对致死剂量(LD_{100})，而采用半数致死剂量(LD_{50})。LD_{50} 较少受个体耐受程度差异的影响，较为准确。

(3) 半数致死剂量(median lethal dose)表示为 LD_{50}，是指在假设的实验条件下，当单一危害暴露于一个种群的生物，而该种群生物出现50%死亡率，在统计学上推导所得到的期望剂量，该值是衡量对生态、人类健康风险等非常重要的指标。

(4) 半数致死浓度(median lethal concertation)表示为 LC_{50}，是一个与半数致死 剂量相对应的概念，有时采用这个概念代替半数致死剂量。在定量水平上它是指生物急性毒性试验中，使受试动物半数死亡的浓度。

(5) 最小致死剂量(minimal lethal dose)或最小致死浓度(minimal lethal concentration)表示为 LD_{01} 或 MLC，指一组受试实验动物中，仅引起个别动物死亡的最小剂量或浓度。

(6) 最大耐受剂量(maximal tolerance dose)或最大耐受浓度(maximal tolerance concentration)表示为 LD_0 或 LC_0，是指一组受试实验动物中，不引起动物死亡的最大剂量或浓度。

5. 安全限值

安全限值(safety limit value)是指为保护人群健康，对生活和生产环境以及各种介质(空气、水、食物、土壤等)中与人群身体健康有关的各种因素(物理、化学和生物)所规定的浓度和接触时间的限制性量值，在低于此种浓度和接触时间内，根据现有的知识，不会观察到任何直接和(或)间接的有害作用。即在低于此浓度和接触时间内，对个体或群体健康的风险可忽略。

(1) 每日允许摄入量(aceeptable daily intake，ADI)为FAO/WHO所推荐，是以体重表达的每日允许摄入的剂量，以此度量终生摄入不可测量的健康风险(标准体重为60kg)。

(2) 可耐受摄入量(tolerable intake，TI)是由国际化学品安全规划署(IPCS)提出，是指有害健康的风险对一种物质终生摄入的允许剂量。取决于摄入途径，TI可以用不同的单位来表达，如吸入可表示为空气中浓度(如$\mu g/m^3$或mg/m^3)。

(3) 参考剂量(reference dose，RfD)或参考浓度(reference concentration，RfC)是美国环境保护署(EPA)对非致癌物质进行风险评估提出的概念，与ADI类似。参考剂量或参考浓度，是指日平均摄入剂量的估计值3人群(包括敏感亚群)终身暴露于该水平对，预期在一生中发生非致癌(或非致突变)性有害效应的风险很低，在实际上为不可检出。

(4) 最高允许浓度(maximal allowable concentration，MAC)是指某一外源化学物可在环境中存在而不致对人体造成任何损害作用的浓度。

(5) 阈限值(threshold limit value，TLV)主要表示生产车间内空气中有害物的职业暴露限值，该值是职业人群在长期暴露于该危害中不至于导致损害作用的浓度，但是不能排除在某种情况下，由于个体敏感性及其他可能性所造成的职业病。该值是美国工业卫生学家委员会(ACGIH)推荐。

(二) 食品安全中剂量-反应模型理论基础及构建

食品安全危害特征描述最主要的就是获取剂量-反应关系，也可叫作剂量-效应关系，剂量-反应描述了不同剂量条件下，群体对危害产生反应的百分数或百分率，而剂量-效应描述了不同剂量条件下，个体从低剂量到高剂量效应的累积性效应之和。所以效应为量反应，而反应为质反应，所以二者也统一为剂量-反应。

剂量-反应数学模型主要由三要素组成，一是基于数据和暴露途径等一系列要素获得的最佳假想；二是获得模型的数学方程式；三是构成方程式的参数。任何线性或非线性模型均可作为剂量-反应模型，只是该模型必须最确切体现剂量与反应效果之间的关系。

1. 数据来源

危害特征描述中所应用的数据资料主要来源于人体临床试验数据、动物试验数据、相关疫病的暴发调查数据、实验室的模型研究数据以及相关专家的专业论述和专业知识等。

2. 部分可采用的数学模型

目前，在危害特征描述过程中已经提出了很多不同的数学模型。以下就列出了几种在对可导致人体患癌症的化学性危害物质进行危害特征描述和剂量一反应评估时可以采用的数学模型。

（1）随机模型（如线性多级模型）。线性多级模型是假设癌症来源于一系列顺序的事件，其中至少有一件与剂量线性相关。这一模型可以给出在低暴露下的线性外推以及主要有运用在研究中最高剂量所确定的斜率。

（2）偏差分布模型［如威布尔（Weibull）模型，对数概率（log－probit）模型和逻辑（logit）模型］。log－probit 和 logit 模型均在试验范围中给出了 S 形曲线，但在低剂量外推时还有所不同。Weibull 模型能够表示临界值，并且对剂量－反应曲线的斜率更敏感。

（3）时间肿瘤模型（如 Weibull 分布模型）。这些模型通常被认为更好一些，因为它们没有使用基数数据，但这些模型通常没有足够的有效性，而且比起那些从试验中不同物种之间在生命期的差异中得到的数据来说，这些模型的优势也不明显。

（4）基于生物的模型［如 MVK（Moolgavkar－Venzon－Knudson）模型］。MVK 模型是一个生物学上可信的模型，但它要求包括在肿瘤生长的不同阶段的细胞分裂、细胞死亡的数据，还包括从茎细胞—初始细胞—变形细胞的数据。

（三）食品安全中化学性危害的危害特征描述

在食品安全化学性危害的风险评估中，需要考虑的食品化学物包括食品添加剂、农药、兽药和污染物，它们在食品中含量往往很低，通常只有 10^{-6}，甚至更少。为达到一定的敏感度，动物毒理学试验的剂量必须很高，一般为 10^{-3}，这取决于化学物质的自身毒性。摆在我们面前的主要问题是用高剂量化学物质的动物试验所发现的不良影响，究竟对预测人类低剂量暴露所产生的危害有多大意义。

1. 化学性危害的一般步骤

进行不良影响的剂量－反应评估；易感人群的鉴定；分析不良影响的作用模式和（或）机制的特性；不同物种间的推断，即由高到低的剂量－反应进行外推。

2. 主要方法

对于单个特定的化学危害物质而言，有时可以获得现成的相关危害的剂量－反应评估的资料，但大多数情况下并不具有这样的资料。因此我们就要从对相关危害物质的剂量－反应评估开始做起。

（1）剂量－反应的外推

为了与人体暴露水平（摄入量）相比较，需要把动物试验数据外推到低得多的剂量。这种外推过程在量和质上皆存在不确定性。危害的性质或许会随剂量而改变或完全外推到低剂量时，这些和其他剂量有关的变化存在哪些潜在影响。

（2）剂量的度量

动物和人体的毒理学相同剂量是一个有争议的问题。联合食品添加剂技术委员会（JECFA）和农药残留联席会议（JMPR）规定使用每千克体重的毫克数作为种属间的度量。近来，依据最新的药物代谢动力学资料，美国立法机构提出度量单位为每 4/3 千克体重的毫克数。检测人体和动物目标器官中的组织浓度和消除速率能取得理想的度量系数，血药水平也接近这种理想方法。在无法获得其他证据时，可用通用的种属间度量系数。

（3）遗传毒性和非遗传毒性致癌物。

遗传毒性致癌物是能间接或直接地引起靶细胞遗传突变的化学物。遗传毒性致癌物主要作用于遗传物质，而非遗传毒性致癌物作用于非遗传位点，从而促进靶细胞增殖和(或)持续性的靶位点功能亢进或衰竭。大量的报告详细说明，遗传毒性和非遗传毒性致癌物均存在种属间致癌效应的差别。另外，某些非遗传毒性致癌物(称为啮齿类动物特异性致癌物)存在剂量大小不同时会产生致癌或不致癌的效果。相比之下，遗传毒性致癌物则没有这种阈剂量。毒理学家和遗传学家发明了鉴别化学物能否引起DNA突变的试验方法，如众所周知的Ames试验(污染物致突变性检测)在分辨遗传毒性和非遗传毒性致癌物方面是有用的。

世界上许多国家的食品卫生界权威机构认定，遗传毒性和非遗传毒性致癌物是不同的。由于对致癌物作用的认识不足，这种区分致癌物的方法不能应用于所有的致癌物，但这种致癌物分类有助于建立评估摄入化学致癌物风险的方法。在原则上，非遗传毒性致癌物能够用阈值方法进行管理，如可观察的无作用剂量水平—安全系数法。在证明某一物质属于非遗传毒性致癌物之外，往往需要提供致癌作用机制的科学资料。

（4）阈值法

试验获得的NOEL值或NOAEL值乘以合适的安全系数等于安全水平或者每日允许摄入量(ADI)。这种计算的理论依据是人体与试验动物存在着合理可比的阈剂量值。但是，人的敏感性或许较高，遗传特性的差异较大，并且膳食习惯更是不同。鉴于此，JECFA和JMPR采用安全系数以解决此类不确定性。长期动物试验资料的安全系数为100，但不同国家的卫生机构有时采用不同的安全系数。当科学资料数量有限或制定暂行每日允许摄入量时，JECFA采用更大的安全系数。其他卫生机构根据危害物质作用强度和可逆性调整ADI值。ADI值的差异构成了一个重要的风险管理问题，这应当引起有关国际机构的重视。

ADI值提供的信息是：如果按ADI值或以下的量摄入某一化学物，则没有明显的风险，如上所述，安全系数用于弥补人群中的差异。当然，理论上有可能某些个体敏感程度超出了安全系数的范围。采用安全系数，如同定量的风险评估方法一样，不能保证每一个个体的绝对安全。

另一种制定ADI值的方法是采用一个较低的有作用的剂量，这种方法叫标记剂量(如ED_{10}或ED_{05})(ED为当量剂量)，主要是采用接近可观察到的剂量－反应范围数据，但也还要使用安全系数。以标记剂量为依据的ADI值可能会更准确地预测低剂量时的风险，但可能与依据NOEI或NOAEL制定的ADI值并无显著差异。对特殊人遗传毒性和非遗传毒性致癌物方面是有用的。

（5）非阈值法

对于遗传毒性致癌物，一般不能用NOEL－安全系数法来制定允许摄入量，因为即使在最低摄入量时，仍然有致癌风险。因此，对遗传毒性致癌物的管理方法有二：一是禁止商业化使用该种化学物；二是制定一个极度低而可忽略不计、对健康影响甚微或者社会能接受的化学物的风险水平。实施后者影响了对致癌物定量的风险评估。

人们曾提出多种外推模型对致癌物进行评估。目前的模型仅利用试验性肿瘤发生率与剂量，几乎没有其他生物学资料。没有一个模型得到了超出实验室范围的验证，也没有对高剂量的毒性、促细胞增殖或DNA修复等作用进行校正。当前在实践中利用的线性模型是对风险的保守估测。用线性模型作为风险特征描述一般用“合理的上限”或“最坏估计量”等字眼表述。许多管理机构认识到它们无法预测真正的或可能性最大的人体风险。有些国家尝试用非线性模型克服线性固有的保守性，它的先决条件是制订一个可接受的风险水平。在美国，FDA和EPA选用的可接受的风险水平是百万分之一(10^{-6})，它被认为可以代表一种不显著的风险。但可接受风险水平的选择是每个国家的一种风险管理决策。

食品添加剂以及农药和兽药残留采用固定的风险水平是比较切合实际的，因为假如估计的风险超过了规定的可接受水平，则可禁止这些物质的使用。但是，对于污染物，包括明令禁止继续使用的已成为环境污染物的农药，比较容易超过所制定的可接受水平。例如，四氯化苯丙二噁英(TCDD)风险的最坏估计高达10^{-4}。一些普遍存在的致癌物，如多环芳烃和亚硝胺常常超过10^{-6}的风险水平。

（四）食品中生物性危害的危害特征描述

生物危害特征首先考虑三个关键部分：病原菌、寄主、食品三者的关系；对人体健康产生不良影响的评估；剂量－反应关系的分析。

1. 病原菌、寄主、食品间的关系

对于微生物病原菌来说，影响其不良影响发生的频率、程度或者严重性的因素包括：这种微生物病原菌发作时致病性、毒性的特点；侵入寄主，克服了寄主自然的生理屏障，并最终确定感染的微生物病原菌的数量；寄主平时的健康或免疫力状况，这可能将决定感染是否会转变为发病以及发病的严重程度；媒介物的性质；由于暴露在危害物质下，任何特别的个体生病的可能性都取决于病原菌、寄主、媒介(如食物)等各方面综合的影响，这些因素通常被称为“剂量－反应三要素”。在以病原菌、寄主、媒介为对照信息基础上，对这些相互作用的分析和评估是危害性特征描述的关键。

（1）与病原菌相关的因素

病原菌的本身特征能影响其致病力，因此有必要对病原体生物学性质(细菌、病毒、寄生虫或蛋白病毒)及致病机制(非传染性、传染性、有遗传效应传染性)等进行考虑。该数据急性效应多，长期慢性效应较少。

病原菌致病力受许多因子影响。例如，病原菌特性，如不同表型和不同基因型都能够影响病原菌毒效、致病力及宿主特异性等。此外，在风险评估中还应考虑感染机制、潜在的重复传播、种属变异性、对微生物感染拮抗作用及对不同疾病严重程度的效应等：主要包括：①病原菌的内在特性(表型和基因型特性)；②病原菌的毒性和致病机制；③导致的疾病；④宿主的特异性；⑤感染机制；⑥潜在的重复传播；⑦种属变异性；⑧抵御微生物感染拮抗作用及对不同疾病严重程度的效应。

（2）与寄主相关信息

寄主相关因素能影响某一特定病原菌的易感性。尽管该因子并不对所有病原菌特征描述都重要，但可提供暴露人群进行分层危害特征描述。这些因素包括：①宿主的年龄或有影响实施风险评估的其他疾病；⑦生理屏障是否完好；⑧营养状况及体重；⑨人文、社会及行为特点，包括工资收入、消费水平及生活饮食习惯等。

（3）与媒介(食品)相关信息

食品是病原菌赖以寄生或存活的营养，尤其是在自然条件下存放的畜产品及海产品等是微生物生长良好的培养基。同时，由于微生物长期适应外界的恶劣环境，在营养不充足的条件下，导致某些病原菌的毒效发生改变或抵御生存不良环境能力加强，从而更具备抵御人体免疫系统的能力，这也是造成即使食品在常规加工或储藏条件下，人体仍感染食源性病原菌从而导致疾病发生的重要原因，更不用说不恰当生食被微生物污染的食品，这样更加大感染致病的可能性。食品相关信息包括对病原菌的保护，使其滤过人体生理屏障及对病原菌穿过肠胃道的效应影响。

2. 对人体健康产生不良影响的评估

对于微生物而言，导致传染性疾病建模涉及暴露、感染、生病等几个简单过程，这是产生食源性传染病的主要步骤。

（1）暴露

样品中的病原菌浓度，通常采取微生物学方法、生理生化方法和物理方法来进行分析。最简单的方法是将获取样品中病原菌浓度乘以摄入量，即为每个人摄入的病原菌平均数量。实际上每个人摄入病原菌数目是一个概率分布，理论上病原菌数量在样品中呈现有规律的随机分布，但事实上并不一定如此，而且与样品的制备存在很大关系。例如，液体样品，可能是随机分布，但是固体或半固体样品中，可能呈现离散分布。

对于病原菌随机分布情况，一般使用泊松分布来反映剂量的变化。在样本悬浮液中，微生物具有聚合的性质。如一个微生物个体并不是一个具有感染力的个体，而是聚合后的一个团体。这是由于微生物存在于不同食品载体中相关性极大，且该聚合体对于摄入人体胃肠道后所产生的效应是非常重要的。

（2）传染

摄入病原菌在通过所有机体屏障后，在靶器官生长繁殖的过程。是否感染可以通过粪便检测或免疫学反应来进行测定。一种情况是传染可导致没有症状发生，病原菌在短期内被宿主机体自身免疫反应清除掉；另一种情况是导致疾病发生，并产生症状。

（3）致病

由病原菌本身或其代谢毒素对宿主产生危害。一般而言该过程是损害累积过程，并最终导致效应产生，症状很多，可通过测量体温、实验室检测等方法在风险评估研究中，简单描述为致病或不致病两个方面。但对胃肠道疾病中有许多其他定义，不同病原微生物要加以区分。

（4）后遗症及死亡

在某些由于微生物因素导致疾病的患者中，可能会发生后遗症，因为其中产生的毒素可能对人体器官造成严重的不可逆伤害，因此并不是所有由于微生物传染导致疾病的患者都能完全恢复。此外，一些由于生物因素暴发的急性疾病，可能由于该病原菌毒性很强、剂量过大或由于老年人、新生儿免疫力低下或过度受损而出现死亡。

3. 剂量－反应

(1) 剂量－反应评估模型选择及建立

剂量－反应评估是人类摄入一定剂量的危害物质后，并不一定被感染或发病，即使感染或发病后也存在多种可能的后果。在风险评估中，我们将人类由摄入微生物病原体数量、有毒化学物剂量或其他危害物质的量与人类健康发生不良反应的可能性之间的转变用数学关系进行描述，这就是剂量－反应评估。简单地说，剂量－反应评估就是指确定摄入危害物质的剂量与发生不良影响的可能性之间的数学关系的过程。

①剂量－感染模型

对于病原菌而言，剂量值可以通过人类临床剂量－反应试验数据资料直接得到。在进行人类临床剂量－反应过程中，使接受试验的人体摄入不同剂量的危害物，当可以确定暴露于特定危害源的人体在摄入的危害物的暴露水平大于某一特定剂量时，出现明显的不良反应(感染、发病等)，此时，即可大致确定该危害的临界剂量为该危害物摄入剂量。

剂量－感染模型是基于单一一次打击效应的假设建立的模型，当然实际上疾病不可能是单一微生物的一次打击造成的不良反应效应，假定呈现离散分布的病原微生物所产生的效应，于是衍生了由一次打击模型(single－hit)为模板的许多其他模型。最常用的有指数模型和泊松分布模型，这同时也是基于接种于培养基中微生物生长计数假设后整合的模型。在该模型中，认为微生物在培养基中是随机分布的，这符合泊松分布成立的前提条件。还有一些是通过实践经验得出的经典模型，如 log－1ogistic、log－probit 和韦伯(Weibull)模型，之所以使用这些替代模型，是基于一次打击模型模板可能会过高地估计了低剂量下的风险，而在通常情况下，实际发生的暴露状况常常在低剂量条件下发生。

②剂量－致病模型

剂量－致病模型表示感染后导致生病的概率 P，疾病/信息属于一次打击模型的衍生模型。

③后遗症及死亡模型。

产生后遗症或死亡主要与宿主本身的特性有关。实施风险评估时，最好对人群进行不同类型的区分，如可按免疫状态、年龄及基因等条件将人群进行分类，有助于提高模型的有效性。

(2) 模型不确定性分析

参数不确定性分析对于证实模型有效性是必不可少的，目前主要应用以下三类方法。

①似然法(likelihood－based method)：似然方程式用来确定参数的置信区间。对于多个参数，剂量－反应模型的不确定性不能以直接的方式计算。

②重复验证法（bootstrapping method）：该方法采用重复取样。如对两个变量数据设定为0，1型数据组反复取样测定。

③马尔可夫链蒙特卡罗法（Markov Chain Monte Carlo，MCMC）：该方法是蒙特卡罗方法中的一种非常好用，尤其在模型中许多参数都需要进行分析及所收集到的数据量较小时所采用的一种方法。实验数据外推到整个人群时的不确定性通常使用该统计学方法来做定量分析，主要是采用随机抽样技巧或统计实验方法。Monte Carlo 对已有数据进行处理，生成多条剂量－反应曲线，这些曲线的范围可量化不确定性。

目前大多病原菌微生物剂量－反应分析都是简单的正态分布（设定0，1进行分析），有待采用更为复杂的模型，如模型中可反映病原菌数目变化、免疫系统免疫力减增或将上述信息都包括进来，这样才能更客观的呈现微生物剂量－反应关系。

（3）模型外推（病原菌－宿主－食品关系）

实验性数据通常在严格受控条件下，其适合于特定的一组病原菌、宿主及农产品。在真实暴露的条件下，这三者中每个因素都会发生很多变化，所以剂量－反应模型给出的只能是大概的模板。实际上，会建立多水平及多层次的剂量－反应模型。另外，不仅需考虑剂量相关方面，如检测灵敏度、专一性检验及样本大小，同时还要考虑反应效应方面是否采用一致的病症或生物标志物等，是否采用一致表达方式，如感染×感染后致病概率。将不同来源的数据合并到剂量－反应模型中需要统计学方法和对这些数据的生物学过程进行系统分析。

对于宿主而言，有可能仅仅感染该群体中的部分，所以应将该部分单独拿出来研究，得出更准确更有意义的结果。如不能进行分组研究，即一些特异值不能作为特例分析，则可将该特异值去除，但去除该特异值前需要进行反复风险交流，以确保评估信息透明化及科学性。另外，宿主免疫水平也是微生物剂量－反应模型关系构建的重要影响因素。一般发展中国家人群通常具有较高水平的免疫能力，这一直被认为是疾病低发生率的主要原因。如在墨西哥很少发生大肠杆菌 O_{157}：H_7 相关的疾病，因为在该地区其他致病性大肠杆菌存在很普遍。而发达国家由于与致病菌缺乏接触史，所以大部分人群容易成为易感人群。此外，年龄也构成关键原因。尽管免疫能解释很多疾病暴发效应与剂量之间的关系，如免疫影响感染概率、感染后致病概率及致病程度，但目前将免疫纳入剂量－反应模型的情况并不多。

四、食品安全中的暴露评估

暴露评估（exposure assessment）是评价并鉴定评估终点的暴露情况。对于食品安全风险评估中的暴露评估对象主要是人群，暴露评估是非常复杂的分析方法，暴露评估的目的是确定评估终点接触待评估危害剂量分量或总量状况，并摸清接触特征等，为风险评估提供可靠地暴露数据或估计值。可以采用一切方式（如数据模拟、问卷调查、实际取样调研、流行病学等）最接近真实地获取危害剂量或浓度（在靶器官中或体内）与不良反应（一般以靶器官病变为征兆）之间的关系。但实际上，真实的暴露评估比实验室中定向设计的动物暴露评估试验困难。当我们进行暴露评估时，要考虑到污染的频率和程度有多深；危害物质将如何作用；危害物质在特定食品中的分布情况。另外，我们知道，同化学因素在加工过程中只发生细微的变化不同，对于生物性危害物质来说，食品中的病原体的数量是动态变化的，会产生十分明显的升高或降低。因此，对于生物性危害，我们要特别关注：病原体的生态学特征，如特定病原体进入寄主体内将如何变化（如生长或失活）；食品的加工、包装和储存及其中相应的控制措施对病原体有哪些影响。暴露评估的实际状况是“没有最真实，只能无限接近真实”。

（一）食品安全中的暴露评估程序

在实施暴露评估前，评估者首先确定评估对象、范围、水平及评估方法，并转换成为一个可操作的目标，目标将构成实施暴露评估的计划要点。一个有效的暴露评估必须考虑三个方面：一是暴露评估技术路线设计；二是采样计划；三是采用模型的方案。另外，在准确估计人群暴露或产地环境暴露于不同危害中的风险时，首先必须考虑三个重要的暴露要素，即暴露浓度、暴露时间及暴露频率。暴露评估所要解决的核心问题主要是解决这三个关键要素。

1. 暴露评估技术路线设计

设计暴露评估的技术路线对于在减少成本基础上，更准确获得上述三个要素非常重要。图 9－1 中说明了暴露评估设计中的关键步骤。

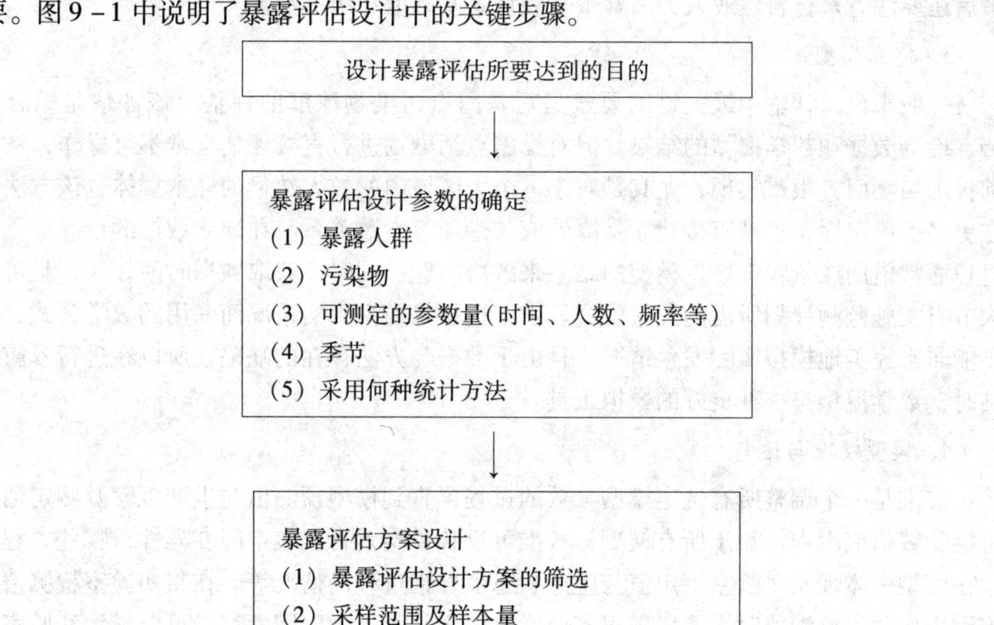

图 9－1　暴露评估设计关键步骤

2. 采样计划

采样计划规定了样本选择及运用的程序，不充分及不合理的采样计划通常会导致偏差、不可信或根本毫无意义的检测结果，而好的计划能最大限度地优化资源并确保得到有效的数据。

采样计划应当确定规范的采样量及采样类型，以保证获得满意的数据目标水平。在建立一项采样计划时，应考虑的因素有研究目标、变异来源(如时间与空间差异性，分析及分析方法的差异性等)、采样相对强度、相对成本、时间及人员等限制因素。采样还应当考虑时间和空间上的重复性、样品的混合及单一样品的多重分析等因素。为使采样结果为更多分析目标所应用，采样方案应当达到成本与效益的最优。设计采样计划必须考虑可监测到的人群样本量与范围。重点考虑暴露人群、地域及时间等要素，所采集到的样本必须代表所涉及范围的所有样本情况，还要保证高质量检测值。采样计划应确保样本未引入田间及实验室污染物。如果该步骤不能保证，则相关的分析数据都会受到质疑。为满足分析条件的一致性，田间取样、实验室样本及空白样本应同时进行分析，作为验证；应当制订详细的采样分析计划手册，便于每个实验室分析人员按照已建立的方法来收集、制备、储存及分析样品。在进行暴露评估过程中，任何与空白样本没有显著差异数据的采用都必须慎重，所有数值都必须按照实际检测值记录报告，对空白样本的检测结果，其解释及应用依赖于待分析物，且应当在采样分析计划手册中明确规定。最后还要注意来自自然或人为因素带来的背景基础值和历史数据。

3. 建立模型

一般来说，评估中最关键的要素是对暴露点污染物浓度的评估，该评估是结合监测、检测数据和数学模型的结果。但对暴露点污染物进行直接评估常常不可操作，从当前技术角度而言很难实现，尤其是对于一个大区域内的较大数量的样本群体，该方法存在更多不确定性，很难直接建立暴露效应与途径等参数关系。在缺乏数据的情况下，该过程通常借助或依赖于数据模型的结果来解决问题，同时，获取数据时间较快，且可极大节省实施监测计划所需的大量资金。由于模型是模拟真实情况而采用的数学公式，但不能非常完美地模拟实际发生情况，且由于数据与方法存在的缺陷，所以在进行暴露评估时，数学模型是一种良好的模拟工具。

4. 模型校准与运行

校准是一个调整所有选定模型参数的过程，直到模型预测值与生产观察及测定值在可接受置信范围内。对于所有模型，校准可反映模型是否代表空间变异性，哪些方程变量在模型中体现及实验室测定值与生产状态值外推过程的情况等。在将实验室检测值外推到生产状态检测值时需要考虑很多要素，因为任何不确定因素都极可能导致实验室检测值与生产观察测定值之间存在差异。

另外，对模型应用的经验及对计算机使用的熟悉程度是实施暴露评估的关键要素，尤其对于一些复杂模型尤为如此。因为暴露评估多半涉及复合型模型，其中涉及的参数及拟合方程相当复杂，在计算机中输入输出变量与计算机相关要求等都对暴露评估者提出了很高的要求。在没有任何经验时，获取有的模型需要耗费几个月甚至几年时间才能摸索出暴露评估较为准确的模型。

5. 模型验证

模型验证是将模型拟合结果同真实值相比较的过程。验证是一个独立过程，测试模型模拟并真实回顾了自然发生的重要过程。尽管验证过程中，实施条件也许不高，但参数在经校准后，一般在验证中不再进行反复重新调试。

五、食品安全中的风险描述

风险描述(risk characterization)是风险评估的最后环节，主要通过对前面几个环节的结论进行综合分析、判定、估算，获得评估对象对接触评估终点中引起的风险概率，最后以明确的结论、标准的文件形式和可被风险管理者理解的方式表述出来，最终达到为风险管理部门和政府提供科学的决策依据。

风险特征描述的内容包括：①风险的性质特征和产生不良影响的可能性；②哪些人属于该风险的易感人群；③不良影响的严重性及不良影响是否可逆；④风险特征中的不确定性和可变性；⑤进行风险评估的科学证据有哪些，是否充分、可信；⑥风险评估及其所做出的预测的可信程度有多高，为风险管理提供部分可选择的措施。

1. 食品中化学性危害的风险特征描述

首先可通过动物实验获得 NOAEL 或 LOAEL 除以 UF 乘校正因素(modifying factor，MF)来获取人体安全限值 RfD 或 ADI。如下式：

ADI 或 RfI = (NOAEL 或 LOAEL)/(UF · MF)

式中：UF 为不确定系数；MF 为校正系数。

通过采用估计暴露剂量(estimated exposure dose，EED)、暴露界限值(margin of exposure，MOE)及危害系数(hazard quotient，HQ)来评估风险。

HQ = EED/(ADI 或 RfD)

当 HQ > I 时，证明存在风险，比值越大，风险越大；当 HQ < 1 时，没有风险。

MOE = (NOAEL 或 LOAEL)/EED

当 MOE > (UF · MF)时，没有风险；当 MOE < (UF. MF)时，证明存在风险，比值越大，风险越大。通常将该安全限定为(UF. MF) – 10000。

2. 食品中生物性危害的风险特征描述

主要包括两个主要步骤：其一是风险的评价；其二是风险的描述。风险的评价是描述评估暴露于病原菌或其毒素的强度或感染类型，可采用定性或定量方法，在该步骤中，根据合理假定实施暴露评估结论判定对人体不良效应可能性及严重程度。在风险的描述中包括：①暴露评估结论获得的人体健康效应的估计，可采用受试或分析群体中具有代表性个体病症来表述，包括对整个事件的风险描述和严重程度的风险估计。②风险描述过程中存在的不确定性、变异性及置信度的特征。无论采用定性还是采用定量的方法都会存在不确定性，最终结果应当是尽量接近真实状况，经得起检验，结论在其他类似食源性疾病暴发情况下结果与评估结论大致吻合或结论经得起重复试验且精确度较高。如果结果可比性或重复性不好则必须考虑模型、数据、评估方案等是否存在问题。

③敏感性分析，包括评估最大的不确定因素及评估过程中应用、不足及未来需要补充的数据及其他信息。④模型如何推导而得，不确定来自何处。⑤数据与结论应用范围及效应分析，基于该评估结论给出在不同情况下的风险管理措施及可操作的不同的备选方案。尤其是从风险管理方案不同选项中找出实施该项方案最大不确定性因素，在新数据产生时也许该方案需要修正，另外获取该方案的评估也必须进行重新评价。

第四节　食品安全风险预防措施

食品安全管理有着不同于其他产品安全管理的特征，除依靠市场力量来规范外，主要依靠政府的政策、法规的强制力量来管理。食品安全风险如果不能得到及时地防范和化解，就有可能演变为社会公共危机。食品安全风险的预防原则应建立在风险管理的模式、理念之上并得到运用。从风险管理的基础和环境看，建立食品安全风险预防体系应从食品安全管理机制构建、食品安全风险预防体系建立、食品安全风险评估体系建立着手。

一、食品安全管理机制构建

食品安全管理可以按照一个监管环节由一个部门监管的分工原则，采取分段监管为主、品种监管为辅的方式。如我国按照《食品安全法》要求，进一步明确食品安全综合监督管理责任，强化食品安全监管，卫生部所属食品药品监督管理局负责食品卫生许可，监管餐饮业、食堂等消费环节食品安全；卫生部则承担食品安全综合协调、组织查处食品安全重大事故的责任；农业部负责初级农产品生产环节的监管；国家质检总局负责食品生产加工环节的质量监督和日常卫生监管，以及进出口农产品和食品的监管；工商部门负责食品流通环节的监管。协调统一的立法，将决策、执行与监督分开，统一行动，避免多头管理，是食品安全管理机制构建的主要目的，同时，建立具有法律地位的风险评估机构，开展食品安全风险的分析、评估、管理和警报活动，并将其法制化，是食品安全管理机制构建的关键环节。

二、建立食品安全风险预防体系

1. 建立食品安全风险教育体系

世界卫生组织(WHO)要求所有成员国把食品安全问题纳入消费者卫生和营养教育体系，尤其是在教学课程中，开展针对食品操作人员、消费者、农场主及农产品加工人员进行的符合文化特点的安全卫生和营养教育规划。中国是 WHO 成员国，又是发展中国家，国民安全综合素质和发达国家相比存在一定差距，应该构建食品安全风险教育体系，正所谓“百年大计，教育为本”。

食品产业是道德产业，如果食品从业人员的职业道德低下，食品安全就成了无稽之谈，因此所带来的身心健康风险就随时可发生。另外，法律和伦理道德都是调控人们行为的重要机制。对食品安全风险而言，伦理道德的约束，可起到防范的作用，而法律法规是起到事后追究的作用，食品安全主要是生产出来的，并不是主要靠监管出来的，而且，仅靠有限的政府监督执法资源来监控庞大的食品市场，可谓杯水车薪。因此，应对食品从业人员进行食品道德与伦理这两方面的教育，培养其规范的伦理道德，增强其法律意识。

2. 建立食品安全风险预防体系

（1）建设食品安全法律法规体系，加强执法力度建立强大的法律法规框架，涵盖所有食品安全领域，出台有效的、切实可行的法规措施，严格遵守实施食品安全法规，完善整合食品安全相关的标准；建立严格的食品质量安全行政问责制，规定凡是在食品安全生产、经营或管理中工作不力、失职渎职，造成重大损失的，应追究相关食品企业、经营部门、政府和行政主管部门负责人的责任，包括法律责任、政治责任、经济责任与道德责任；把事前事中的全面监控预防和事后严格问责追究有机结合，解决当前食品市场秩序，有效降低食品安全事件的发生频率，预防食品安全风险的产生。

（2）降低国际贸易中技术壁垒风险，构建食品安全技术支撑体系为了降低国际贸易中技术壁垒风险，防范不合格的食品在进出口食品贸易中给消费者带来的食品安全风险，政府应积极建立在科学分析和风险分析基础上的食品安全标准体系和食品安全检测体系，对涉及食品安全的标准和检测方法全部强制采用国际标准；积极参与国际技术标准的制订、修改和协调工作，跨越技术壁垒障碍，实现与国际接轨。

保障食品安全，必须树立全程监管理念，坚持预防为主、源头治理的工作思路。建立食品安全追溯体系，引导农产品科学种养和认证工作，改变农业生产的源头已经实现了“化学化”状况；强制性的要求食品生产企业建立、实施、认证和验证食品安全卫生保障体系 HACCP(危害分析与关键控制点)、食品 GMP(良好操作规范)以及推荐食品生产企业正确制定和有效执行 SSOP(卫生标准操作程序)；在零售企业中积极推进“全球食品安全倡议(GFSI 认证)”，通过食品供应链改进效能以及加强食品安全保障，“全球食品安全倡议(GFSI 认证)”，通过食品供应链改进效能以及加强食品安全保障，切实保护消费者；建立 WTO/TBT 技术标准、技术法规咨询中心，推进国际互认进程，提高食品安全保障水平，防范食品安全风险的产生。

三、建立食品安全风险评估体系

食品的风险评估就是评价食品中存在的添加剂、污染物、毒素或致病有机体对人类健康产生的潜在不利影响，通常包括风险评估、风险管理和风险情况交流这三个环节。

危险性分析的框架，或者叫风险分析的框架，是解决食品安全问题最有效的办法之一。把风险评估纳入法制轨道，构建具有完全法律地位、权威性、公正性的风险评估机构，赋予其法人资格，用法律的形式来保证风险评估的实施。同时，建立对风险评估机构的监督约束机制，包括自律机制、互律机制和外部监督机制。食品安全风险评估主要是食品链内不同领域的风险评估和风险管理，评估内容要集中在有害化学物质方面、生物因素及加工过程等，为制订食品安全标准、确定食源性疾病控制对策提供全面、客观以及科学性依据。

由于食品安全风险评估具有专业技术性、科学性和客观性的特点，这就决定了其对资源(资金资源、技术资源、人力资源、信息资源)配置的高要求。因此，风险评估机构的运作机制可采用以下几种方式：①风险评估机构负责对食品安全进行基于准确、客观、科学、全面的数据的评估，向消费者提供有关食品中可能存在及已被评估的风险信息，并提供各种可供选择的降低风险的行动措施，以及编制风险评估报告；②为降低评估成本，提高社会资源的利用率，风险评估机构可委托经过依法设置和依法授权的、已获实验室认可和计量认证的、能为社会提供公证数据等技术服务工作的法定技术机构或组织为其提供风险评估的数据依据；③风险管理机构根据风险评估报告，制定相应的食品安全风险管理措施，并监督执行。

食品安全是民生问题，食品安全风险则是社会政治问题。政府要构建有效、高效的食品安全风险防范与化解机制，必须全面深刻地理解食品安全的内涵和外延，即食品安全不仅仅是包括食品的科学技术、食品的法律法规，更包括食品从业人员的道德伦理和公众对食品质量安全的教育和认识水平，以及政府对整个食品供应链的完整、协调、统一的监管。通过这种对食品安全的全方位、深层次的分析，最终建立起职责分明、法律法规健全、国际化的食品安全风险化解机制，预防食品安全风险演变为社会公共危机，化解食品安全风险。

第五节　带壳鲜鸡蛋引起沙门氏菌的风险评估分析

一、危害识别

沙门氏菌是大肠杆菌科家族的一个属，由革兰氏阴性兼性需氧菌组成。最适生长温度约为38℃，最低生长温度约为5℃，目前关注的是多重抗生素耐药性血清型的沙门氏菌增多。作为食源性致病菌，沙门氏菌在20世纪前就为人们所认识，沙门氏菌属包含2324种以上的不同菌株(也称作血清型)。流行病学研究借助沙门氏菌血清型追踪沙门氏菌感染的媒介。

沙门氏菌食物中毒的典型病症包括水样腹泻、恶心、腹痛、中等发热和寒战，有时伴有呕吐、头痛和倦怠。估计美国、澳大利亚、日本、荷兰和德国的部分地区每10万人中沙门氏菌发病人数分别为14、38、73、16和120。疾病潜伏期通常为8～72小时，具有自限性的，持续4～7天，大多数人不需要治疗就能完全恢复。偶尔发生系统性感染，通常是由都柏林沙门氏菌和猪霍乱沙门氏菌引起，需要补液治疗。疾病期间，平均5周，感染者通过粪便排出大量沙门氏菌，而后粪便中沙门氏菌量下降，带菌现象持续3个月，约1%的患者成为慢性携带者。康复期儿童粪便带菌量高达10^6～10^7个/克。慢性结果包括肠炎后反应性关节炎，急性症状后的3～4周可能出现Reiter综合征，1%～2%的患者出现反应性关节炎。反应性关节炎和Reiter综合征属于风湿性关节炎，可由多种细菌引起，细菌通过造血细胞扩散至滑膜腔引起炎症而导致败血性关节炎。这些细菌包括肠炎沙门氏菌、鼠伤寒沙门氏菌和其他的血清型，如阿贡纳沙门氏菌、蒙得维的亚沙门氏菌和圣保罗沙门氏菌。这些情形与遗传确定的宿主危险因素有关，即主要组织相容性复合体(MHC)基因Ⅰ类抗原之一 HLA－B27 与细菌抗原发生交叉反应导致抗 HLA－B27 的自体免疫反应。人类白细胞 HLA－B27 抗原阳性个体相对那些有相同的肠道感染而抗原阴性的人群而言，患反应性关节炎的危险度是 18，Reiter 综合征的危险度是 37，而脊椎强直炎的危险度是 126。然而，加拿大对鼠伤寒沙门氏菌、海德尔堡沙门氏菌以及海德沙门氏菌的暴发调查显示反应性关节炎与 HLA－B27 之间不存在相关关系，可能是其他的基因在起作用，由这些基因决定会发生哪种疾病。上述情形属于免疫学的范畴，因而对患者采用非甾类抗炎药物治疗，抗菌治疗无效。

感染剂量依个体的年龄、健康状态、食物和沙门氏菌菌株的不同而不同。依沙门氏菌血清型、食物和宿主的易感状态，感染概率为 100% 的感染剂量为 $20\sim10^6$ 个细菌。应当注意到个体摄入的最初 50mL 液体直接通过胃到达小肠，因而受到胃酸环境的保护。同样，巧克力可以短暂地使沙门氏菌不被胃酸环境杀灭，由此降低感染剂量。沙门氏菌从肠腔通过，渗透进入小肠上皮，细菌在此增殖，随后细菌侵入回肠，偶尔进入结肠。沙门氏菌病例数量呈现明显的季节趋势，夏季最高。

动物的沙门氏菌感染通常与人类发生的典型胃肠炎和其他并发症不同，因此动物模型的用途有限。然而，与其他病原菌不同，有关沙门氏菌病的人群资料非常多。估计 96% 的病例是由受污染的食物引起，受污染的食物的种类多种多样，包括生肉、禽肉、蛋类、奶及奶制品、鱼、虾、酵母、椰子果、调味汁和沙拉酱、蛋糕粉、奶油甜点和花生酱、可可和巧克力。温度控制和操作习惯不良引起食物的污染，或加工了的食品受到生原料的交叉污染，细菌就会在食物上增殖至感染剂量。禽类、蛋类及其制品是该疾病的常见食品载体。除了蛋壳受到污染，由于穿越卵巢的感染，从蛋黄中也可以分离出肠炎沙门氏菌。环境中的细菌从肛门定居至卵巢，随后在保护性的蛋壳形成之前肠炎沙门氏菌感染了蛋。受感染的未受精蛋导致受污染的蛋类产品，而受精蛋则导致鸡慢性带菌，由此鸡肉被污染。禽蛋里检出的沙门氏菌血清型有 40 多种，经常检出的有十几种。

无论是在发达国家还是在发展中国家，由沙门氏菌引起的沙门氏菌病都是频繁报道的食源性疾病之一。中国 1991～1996 年上报卫生部的沙门氏菌食物中毒 731 起，中毒 39181 人，死亡 40 人。几年间沙门氏菌食物中毒事件占食物中毒总事件的 9.89%，中毒人数占 19.73%，死亡人数占 2.44%，中毒事件与中毒人数均居所有微生物性食物中毒首位。此类中毒事件呈逐年增长势头。中国是禽蛋生产与消费大国，2008 年为 2701.7 万吨，2009 年为 2660 万吨，占世界总产量的 40% 以上；2009 年人均消费禽蛋达 19kg，超过发达国家水平。由于鸡蛋消费在中国食品消费中占重要地位，而由鸡蛋传播的食源性疾病也应引起高度重视。

二、暴露评估

带壳鲜蛋中沙门氏菌的暴露评估分为三个阶段：生产阶段、分销与储存阶段、制备与消费阶段。通过下列暴露评估模型的模拟，提供一份人类食用含鸡蛋食品患病的概率。

1. 生产阶段

模拟鸡蛋产出时沙门氏菌的污染频率与污染水平。

(1) 感染鸡群的沙门氏菌流行率：均匀分布(80%，100%)；

(2) 感染鸡群的群内蛋鸡感染率：累积分布｛0.05%，21%，(0.06%，1.3%，2%，3%，3.4%，20%)，(0.14，0.29，0.43，0.5 7，0.71，0.86)｝感染母鸡生产鸡蛋的沙门氏菌带染率。

2. 分销与储存阶段

模拟鸡蛋自产出到准备消费期间菌量的变化。

(1) 分销比例参数。

(2) 污染蛋的起始菌量：泊松分布（7）。

(3) 鸡蛋产出后的最初 10～24 小时的菌量：泊松分布(0，1，1.5)对数值。

(4) 时间与温度参数。

(5) 微生物生长动力学。

(6) 迟滞期(YMT)：$\lg YMT = 2.07 - 0.04T$(T 为时间)。

(7) 指数生长率(EGR)：$(EGR)^{1/2} = 0.13 + 0 \cdot 04T$($T$ 为时间)。

3. 制备与消费阶段

模拟制备与烹调对污染蛋的菌量的影响。

(1) 鸡蛋不同烹调程度的比例：波特分布(20%，30%，40%)；

(2) 烹调对鸡蛋中菌量变化的影响：均匀分布(6.8)。

三、危害特征描述

剂量－反应模型确立的依据主要是多年间几种血清型菌株的沙门氏菌的人体试食试验资料。本模型采用了贝塔－泊松模型，见下式：

$$P = 1 - [1 + N/\beta]^{-\alpha}$$

式中，N 为摄入剂量；α 为常数，0.2767；β 为不确定性参数。

对正常人群和易感人群设定了不同的参数 α 与 β，将不确定性引入参数 β，β 以正态分布表示，对正常人群，均数为 21.159，标准差为 20，取值为 0～60；假设易感人群对沙门氏菌的敏感性是正常人群的 10 倍，参数值以 10 倍降低，曲线左移，来估计易感人群更高的疾病概率，即均数为 2.116，标准差为 2，取值为 0～6。

四、风险特征描述

中国疾病监测数据显示，感染性腹泻年发病率为 586.47/10 万。假设病例报告率为 1/波特分布(5，20，100)。根据感染性腹泻年发病人数与病例报告的概率，以负二项分布来估计总的发病人数：

$$每年的患病人数 = S + 负二项分布(S + 1, p)$$

当 S 非常大时，可近似地以正态分布来表示发病人数：

每年的患病人数 = 正态分布 $\{S\cdot(1-p)\ /\ p,[S\cdot(1-p)]^{1/2}/p\}$

式中，S 为全年全国报告的病例数；p 为病例被报告的概率，即 1/波特分布(5，20，100)。

理论上，沙门氏菌感染患者数在疾病监测点报告的感染性腹泻病例中应占较大比例，假设该比例为 30% ~50%。假设蛋类引起的感染人数占沙门氏菌感染人数的比例为波特分布(5%，10%，20%)。由此根据监测数据估计全国每年由蛋类引起沙门氏菌感染疾病的人数，可以对比实际监测数据与模型得出的数据分布。

鸡蛋储存的温度与时间对风险的影响都比较大。烹调不足时菌量下降值与风险呈负相关。鸡群内感染鸡的阳性率与阳性鸡生产的鸡蛋的阳性率也是重要的因素。

通过管理蛋鸡鸡群，控制鸡群内的感染率，若感染率降低 50%，则病例数可减少 50%；假设使鸡蛋储存时间缩短一半，并且控制处于较高温度的鸡蛋数量，则会有明显的降低风险的效果；通过宣传教育，使食物烹调不足的比例降低，对整个人群的风险改变不大。但若三种措施同时使用则会收到明显效果，使风险降到 3% 以下，见表 9 - 2。

表 9 - 2　实施风险降低措施后预测的沙门氏菌病例及减少百分数

控制措施环节	平均病例数	病例减少人数	病例减少人数
基数	52976197	-	-
群内流行率降低 50%	26488119	26488078	50.0
储存(时间减少或高温储存温度降低 50%)	3168173	49808024	94.0
烹调(烹调不足降低 50%)	49520640	3455557	6.5
生产 + 储存 + 烹调	1336109	5164089	97.5

复习思考题

1. 风险评估、危害识别、剂量 - 反应评估、暴露(量)评估、风险特征描述的概念是什么?

2. 风险评估的目的有哪些?

3. 简述风险评估的四个步骤。

4. 如何建立食品安全风险预防体系?

第十章 食品标准与法规文献检索

学海导航

(1) 了解文献和文献检索概念

(2) 熟悉国际标准、国家标准、行业标准分类和代号及其含义

(3) 掌握食品标准与法规的检索系统和工具以及网络查询方法

第一节 食品法规与标准检索概述

随着我国市场经济体制的完善和科技的进步，新的法规和标准文献的数量也猛增。因此，了解和掌握国内外法规标准的动态和发展趋势，利用现代法规和标准文献检索是继承和发展科学技术、推动社会进步的不可缺少的条件之一。掌握食品标准与法规检索，对建立完善食品法规体系和食品标准的制定、修订也有十分重要的意义。

一、文献

文献是汇集和保存人类知识财富，供全人类分享、利用的有价值资料；它作为载体记录，传播科技信息与情报，是衡量学术水平和成就的重要标志；文献还能帮助人们认识客观事物和社会，丰富知识，开阔视野，继承先知、启发思路。

现代文献根据划分标准不同有多种分类形式。

按文献的外在表现形式及编辑出版形式不同，可以把文献归结为 ll 类，即图书、报刊、科技报告、会议文献、学术论文、标准资料、产品资料、科技档案、政府出版物、专利文献、网络文本等。

食品标准属于标准资料，食品法规属于政府出版物，政府出版物指各国政府部门及其设立的专门机构出版的文献。政府出版物的内容十分广泛，既有科学技术方面的，也有社会经济方面的。就文件性质而言，政府出版物可分为行政性文件(国会的记录、政府法令、方针政策、规章制度及调查统计资料等)和科学技术文献两部分。

二、文献检索系统

文献检索(Document Retrieval)即情报检索(Information Retrieval),主要是文献的查找。广义的文献检索包括检索系统的建立和检索工具的组织、积累以及文献查找。

文献检索系统是指按多种方式、方法建立起来的供读者查阅信息的一种有层次的体系。对所收录的信息的外部特征和内容特征都按需要有详略不同的描述,每条描述记录都标明有可供检索的标示,按一定序列编排,科学地组成一个有机的整体,同时具有多种必要的检索手段。

1. 文献检索系统的类型

按照文献存储与检索采用的设备手段划分,文献检索系统的类型可分为手工信息检索系统和计算机信息检索系统两种。

(1)手工信息检索是在电子数据库及因特网出现以前进行文献信息检索的主要检索工具,主要包括书本式和卡片式两种。

书本式检索系统是以图书或连续出版物形式出现的,人们用来查找各种信息的检索工具,如《标准目录》《报刊索引》等。书本式检索系统是最早形成的信息检索系统,其编制原理是现代计算机检索系统产生的基础。

卡片式检索系统是将各种文献信息的检索特征记录在卡片上并按照一定的规则进行排序的供人们查找的检索工具。随着计算机技术在图书馆管理中的应用,卡片式检索系统正在逐渐被计算机目录所取代。

(2)计算机检索系统是借助于计算机设备进行人机对话的方式进行检索。计算机信息检索系统主要由计算机硬件及软件系统、数据库、数据通讯等设施组成。根据其内容的不同,计算机信息检索系统又可分为光盘检索系统、联机检索系统和网络信息检索系统。

光盘检索系统是以大容量的光盘存储器为数据库的存储介质,利用计算机和光盘驱动器进行读取和检索光盘上的数据信息,其只能满足较小范围的特定用户的信息检索的需求。

联机检索系统是由大型计算机联网系统、数据库、检索终端及通讯设备组成的信息检索系统,其能满足较大范围的特定用户的信息检索需求。

网络信息检索系统包括局域网信息检索系统(如图书馆系统)和广域网络 Internet 信息检索系统。尤其是后者,可以支持互联网用户信息检索要求。

2. 文献信息的类型

(1)按揭示信息的内容的程度来划分常见的文献信息类型有书目、题录、文摘、全文数据库等几种类型。

题录是揭示一篇文章的题目,也是一种提供信息详细程度高于书目的检索系统。题录可以帮助人们查找并掌握某篇文章的标题、作者及准确的信息出处(线索)。如《国家食品强制性标准目录》《全国报刊索引》《中国学术会议文献通报》等。

文摘是在题录的基础上增加了文章的摘要检索系统。同题录一样，主要为人们提供有关文献的准确出处(线索)，但是它们提供的信息的详细程度大大高于题目。

全文数据库是计算机检索系统诞生以后出现的，它是一种不仅具有其他类型检索系统的检索功能，而且揭示文献全貌的检索系统。它是计算机检索系统中的佼佼者，满足了人们方便、快捷地检索到原始文献信息的需求。

(2) 按揭示信息对象的不同划分书目还可划分为图书出版发行目录、图书馆馆藏目录、全国(或地区、行业图书馆文献资料)联合目录等。

就文献的载体来看，书目系统的载体也是多样的，手工信息检索有卡片目录、书本目录等。如《最新食品卫生国家标准实施手册》等。提供计算机检索的电子版目录包括机读目录，以及在网络上运行的联机公共检索目录等。

第二节　食品标准文献检索

标准文献是按照规定程序编制并经过一个公认的权威机构(主要机关)批准的，供在一定范围内广泛而多次使用，包括一整套在特定活动领域必须执行的规格、定额、规划、要求的技术文件。通常统称为“标准”。标准文献与图书、期刊、专利、学位论文、技术报告、会议文献等完全不同，标准文献的制定要通过起草、提出、批准、发布等，并规定出实施时间与范围。

标准文献是标准化工作的产物，它在国民经济、科研、工业生产、企业管理、日常生活等领域起着重要作用。通过标准文献可以了解和研究国民经济政策、技术政策、工农业生产发展水平，有利于合理利用资源，节约原材料，提高技术和劳动生产率，保证产品的质量与安全，对于开发新产品、提高工艺和技术水平都有着重要的作用。

标准文献除具有一般文献的属性和作用之外，与科技文献相比，标准文献具有法律性、时效性、检索性的特点。

法律性是指标准文献是经过一个公认的权威机构或授权单位的批准认可而审查通过的标准，具有一定的法律约束力。如企业制定的产品标准就是判定产品质量的依据。

标准不是一成不变的，随着国民经济的发展和科学技术的不断提高，标准要不断地进行补充、修订或废止，同样标准文献也要不断地更新，过时标准将会失去其应有的作用和效力。因此标准文献具有时效性。

由于标准文献通常包括标准级别、标准名称、标准代号、标准提出单位、审批单位、批准时间、实施时间、具体内容等项目，这就为标准文献提供了各种检索的内容，使之具有检索性。

一、标准文献分类体系与代号

(一) 我国标准文献分类体系

我国标准文献的分类依据是《中国标准文献分类法》。《中国标准文献分类法》是一部标准文献专用的分类法，其分类体系以专业划分为主，由一级类目和二级类目组成，一级类目的类号用除 I 和 O 以外的一位大写英文字母表示，我国标准一级分类与代号，如食品代号为 X，轻工代号为 Y，农业、林业代号为 B，化工代号为 G。二级类目的类号是在一级类号后加两位阿拉伯数字组成。

（二）标准代号

标准文献的主要特点是有固定的代号和专门的编写格式。

按照我国管理标准的有关部门的规定，我国技术标准的代号一般用两个大写汉语拼音字母表示。标准的编号结构采用：标准代号 + 发布顺序号 + 发布年代号（即发布年代以 4 位阿拉伯数字表示）的形式。

其中国家标准代号为 GB，推荐性国家标准代号为 GB/T，管理部门为国家标准化管理委员会。如 GB 2763—2005。

行业标准代号均由两个汉语拼音字母组成。如中国轻工联合会标准代号为 QB，中国商业联合会 SB，农业部标准代号为 NY，农业部水产标准代号为 SC，国家质量监督检验检疫总局商检标准代号为 SN 等，推荐性行业标准表示方法为在标准代号后加/T，如中国轻工联合会的推荐性标准的代号为 QB/T。

地方标准代号由 DB 和省、自治区、直辖市行政区代码前两位数字加斜线组成。如广东省推荐性地方标准代号为 DB44/T、陕西省推荐性标准的代号 DB61/T。

企业标准代号规定为以 Q 为分子，企业区分号为分母表示。如品名：娃哈哈爽歪歪产品标准号：Q/WHJ0875。

国际标准化组织代号，如食品法典委员会标准代号为 CAC，国际乳制品联合会标准代号为 IDF，国际标准化组织标准代号为 ISO，国际法制计量组织标准代号为 OIML，国际葡萄与葡萄酒局标准代号为 OIV，世界知识产权组织代号为 WIPO。

二、标准文献的检索

1. 标准文献的检索工具

（1）国内标准文献的检索工具

①《中华人民共和国国家标准和行业标准目录》由中国标准出版社出版，自 1972 年出版以来，每两年修订一次，收录截至当年年底公开发布的国家标准和部标准。同时列有最近一年代替的标准号，采用分类法和顺序号两种形式编排，是查找我国国家标准和行业标准的主要检索工具。

②《中华人民共和国国家标准目录》由国家质量监督检验检疫总局编，中国标准出版社出版。每年出版一次，自 1999 年每年上半年出版新版，收录截至上年度批准发布的全部现行国家标准。正文按《中国标准文献分类法》进行编排，正文后附顺序号索引，是查阅国家标准的重要检索工具。

③《标准化年鉴》由国家标准化管理委员会编辑，中国标准出版社出版。自 1985 年起每年出版一册，主要介绍我国标准化的基本情况和成就，年鉴的主要内容是以

《中国标准文献分类法》分类编排的国家标准目录，年鉴最后附有以顺序号编排的国家标准索引。

④《中国国家标准汇编》由中国标准出版社出版，该汇编从1983年起分若干分册陆续出版，收集全部现行国家标准。按国家标准顺序号编排，顺序号空缺处，除特殊注明外，均为作废标准号或空号。该汇编是查阅国家标准(原始文献)的重要工具。它在一定程度上反映新中国成立以来我国标准化事业发展的基本情况和主要成就。

⑤《中国标准化》由中国标准化协会编辑出版，月刊，刊载新发布的和批准的国家标准、行业标准和地方标准。收录包括标准号、标准名称和代替的标准号以及发布时间、实施时间。

⑥《中国食品工业标准汇编》由中国标准出版社陆续出版，是我国食品标准方面的一套大型丛书，按行业分类分别立卷，是查阅食品标准的重要检索工具。

⑦《食品卫生标准汇编》共出版了6册，分别为：《食品卫生标准汇编》(1)、(2)、(3)，(4)、(5)、(6)，由中国标准出版社出版发行，是从事食品卫生、食品加工、食品科研人员在工作中必备的工具书。

⑧中华人民共和国农业行业标准《无公害食品标准汇编》(1) 卷、(2) 卷等。

⑨《标准新书目》由中国标准化协会主办。1983年创刊，月刊。主要提供标准图书的出版发行信息，是国内最齐全的一份标准图书目录。

查询国内食品标准除使用以上检索工具外，还可以登录国内的专业网站，可查到有关食品标准。网站主要有：国家质量技术监督检验检疫总局(http：//www. aqsiq. gov. cn)；国家标准化管理委员会网(http：//www. sac. gov. cn)：标准网(http：//www. standardcn. com)；中国标准咨询网(http：//www. chinastandard. tom. ca)等。

另外，中国标准出版社读者服务部、各省市自治区的标准化研究院均设有专门的标准查询检索服务，可以快速检索到需要的标准文献。

(2) 国外标准检索工具　目前世界上至少有50多个国家制定标准，其中有强制性标准和推荐性标准，每个国家的标准都有其相应的检索工具。国外标准检索工具主要有：

①《国际标准化组织标准目录》(ISO catalogue)是ISO标准的主要检索工具，年刊，每年2月出版，英法文对照，报道截至上年12月底为止的全部现行标准。该目录由主题索引、分类目录、标准序号索引、作废标准、国际十进制分类号(UDC)－150技术委员会TO序号对照表5个部分组成，是ISO标准的主要检索工具。ISO编号规则：代号序号：年代标准名称。如：ISO 1079：1989金属材料、硬度试验机。

② WHO(Work Health Organization)即世界卫生组织，它颁布的一些国际标准与食品科学、人类饮食和健康具有密切的关系，其检索工具是《世界卫生组织出版物目录》(Catalogue of WHO Publication)、《世界卫生组织公报》(Bulletin of WHO)、《国际卫生规则》(International Digest of Health Legislation)、《国际健康法规选编》(International

Digest Health Legislation)等，食品添加剂和农药残留日允许摄入量、国际饮用水标准等标准均可在此查询到。FAO(Food Agriculture Or. ganization)即联合国粮农组织，检索工具是《联合国粮农组织在版书目》(FAO Book in Print)、《联合国粮农组织会议报告》(FAO Meeting Reports)、《食品和农业法规》(Food and Agricul tural Legislation)，FAO与WHO合建的“食品法规联合委员会”专门制定国际仪器标准。

③《美国国家标准目录》(ANSI Catalogue)和《美国材料与试验协会标准目录》美国国家标准学会是美国国家标准化中心，美国各界标准化活动都围绕它进行。美国材料与试验协会(ASTM)主要制定各种材料的性能和试验方法的标准。从1973年起，扩大了业务范围，开始制定关于产品、系统和服务等领域的试验方法标准。

④《法国国家标准目录》(AFNOR Catalogue)法国标准化协会(AFNOR)是一个公益性民间团体，也是一个被政府承认、为国家服务的组织。它接受标准化专署领导，负责标准的制定、修订等工作。

⑤《英国标准年鉴》(BS)和《英国标准目录》(中译本)英国标准学会(BSU)是世界上最早的全国性标准化机构。BSI制定和修订英国标准，并促进其贯彻执行。

⑥《日本工业标准目录》(JIS总目录JIS Yearbook英文版)日本工业标准(JIS)是日本国家标准，由日本工业标准调查委员会制定，由日本标准化协会发行。日本标准检索工具还有《日本工业标准年鉴》。

⑦《德国技术规程目录》德国标准是由德国标准化学会制定的，为德国统一的标准。《德国技术规程目录》每年出版一次，德、英文对照。德国标准化学会是德国标准化主管机关，作为全国标准化机构参加国际和地域的非政府性标准化机构。

查询国外标准除用以上检索工具外，到其相应网站也能检索到所需文献信息。登录其他一些网站也能获取，如：国际标准化组织(ISO)(瑞士)(http：//www. iso. cn)；国际标准与技术研究所系列数据库产品美国商业部(http：//www. nist. gov)；ISO国际标准(http：//www. iso. ch/cate/03123010. html)；国际标准草案目录(http：//www. iso. ch)；英国标准学会出版物目录(http：//www. bsi. org. uk)等。

2. 食品标准文献检索途径和方法

(1) 国内食品标准文献的检索往往要借助于工具书，其检索途径主要有：分类途径、标准号途径和网络途径。

①分类途径首先分析课题，利用《中国标准文献分类法》确定食品一级类目的类号，再根据该分类号检查相关的标准目录，可得到进一步的细节，若想索取标准原件，则可根据查得的标准号查《中国国家标准汇编》。

②标准号途径。如果已知标准号，则可以直接查《中国国家标准汇编》的目次表，得到该标准在《中国国家标准汇编》正文中的页码，根据该页码，即可查到该标准的详细内容。

③网络途径。通过Internet检索中国标准文献的站点很多，可以查出标准文献的名称等，但要获得原始文献全文，一般是要付费，才能提供标准文本。

中国国家标准化管理委员会(Standardization Administration of the People's Republic of

China，简称 SAC)作为国务院授权履行行政管理职能，统一管理全国标准化工作的主管机构，在其网站的主页上设置了“标准 1 - 1 录”栏目，提供中国标准文献题目信息。需要全文标准的用户可以通过中国标准咨询网(http：//www. chinastandard. tom. on)或国家科技图书文献中心付费获取。

查询食品标准还可以登录中国质量监督检验检疫总局信息中心的中国质量信息网(中质网)(http：//www. cqi. gov. cn)、中国食品标准信息中心的中国食品网(http：//www. cnfoodnet. com)等网站。

查询方法：如利用中质网查询：登录中质网(http：//www. cqi. gov. cn)，点击国内标准查询后，①选择 GB 国家标准查询：国家标准查询→输入标准号如：GB1535—2003，只需输入 1535—2003 即可，或输入标准名称，只需输入关键字，如：食品→点击提交即可。②选择 SB 行业标准查询：行业标准查询→输入标准号或输入标准名称→点击提交即可。

(2) 国外标准的检索途径主要有主题途径、分类途径、标准号途径。

①主题途径：主题词→查得 TC 类号→查 TC 目录→有关标准号→选择→索取原文。

②分类途径：确定 TC 类号→_ 查 TC 目录→找到所需类目→选择切题的标准→按有关标准号查阅原文→索取原文。

③标准号途径：确定标准号→查标准号目录→得 TC 类号→查 TC 目录→得标准名称→核对标准是否为现行有效标准→查作废目录。(注：TC 号就是 ISO 的分类)

通过 Internet 检索国际标准可访问以下站点：国际标准化组织(ISO)(瑞士)(http：// www. iso. cn)，国际标准与技术研究所系列数据库产品美国商业部(http：//www. nist. gov)、ISO 国际标准(http：//www. iso. ch/cate/03123010. html)、国际标准草案目录(http：//www. iso. ch)，英国标准学会出版物目录(http：//www. bsi. org. uk)等。

ISO 国际标准数据库有“基本检索”、“扩展检索”和“分类检索”三种方式，其中“基本检索”只需在其主页上部“Search”后的检索框内输入检索要求，然后点击 S 按钮即可。

ISO 主页上部选项栏中最左侧的“ISO store”处单击进入该栏目，再点击“search-and buy standards”则进入分类检索界面。该页面列出 ICS 的全部 97 大类，可通过层层点击分类号，最后就可以检索出该类所有标准的名称和标准号，点击“标准号”，即看到该项标准的提录信息和订购标准全文的价格。

利用“扩展检索”方式是既快又准地查找到所需标准的方式。单击 ISO 主页上部选项栏中“UO”右侧的“Extended Search”即进入“扩展检索”界面，“扩展检索”界面的上部为“检索区”，在其下面的 2 个区域内分别点击不同的选项，可对检索范围和检索结果的排序进行限定，分为关键词检索和标准号检索。

第三节　食品法规文献检索

通过法规文献可以了解并遵守各国在食品方面的法规，有利于保证食品质量安全，防止食品污染和有害因素对人体的危害，保障人体健康。法规文献检索，对于了解和掌握国内外食品法规具有重要的意义。

一、检索工具

1. 国内食品法规的检索工具

国内食品法规的检索工具主要有：《中华人民共和国食品监督管理实用法规手册》，《中华人民共和国国家质量监督检验检疫总局公告》《中华人民共和国法规汇编》《中华人民共和国新法规汇编》。

(1)《中华人民共和国食品监督管理实用法规手册》(以下简称《法规手册》)　是由国务院法制办工交司及国家质量监督检验检疫总局监督司审定，中国食品工业协会编辑。此《法规手册》将食品监督管理的重要的现行法规、有效的法律、法规和规章汇编成册，其内容包括：食品监督管理法律、食品监督管理法规、国务院部门规章和文件、地方性法规和地方政府规章。《法规手册》是各级政府食品监督管理部门、质量技术监测机构、食品生产经营企业等的必备的实用法规工具书。

(2)《中华人民共和国国家质量监督检验检疫总局公告》　由国家质量监督检验检疫总局编，2001 年创刊，属于政府部门出版的政报类期刊。主要刊载全国人大或全国人大常委会通过的与质量技术监督相关的行政法规以及决定、命令等规范性文件；国家质量监督检验检疫总局发布的局长令、决定和重要文件，以及与质量技术监督相关的地方性法规、地方政府规章；质量技术监督重要行政审批公告等。它将为政府机关、广大企事业单位和社会各界提供政策法规。

(3)《中华人民共和国法规汇编》　是国家出版的法律、行政法规汇编正式版本。由中国法制出版社出版，国务院法制办公室编辑。本汇编逐年编辑出版，每年一册，收集当年全国人民代表大会及其常务委员会通过的法律和有关法律问题的决定，国务院公布的行政法规和法规性文件，还收集了国务院部门公布的规章。汇编按宪法类、民法类、商法类、行政法类、经济法类、社会法类、刑法类分类，每大类下面按内容设二级类目。类目中排列顺序为法律、行政法规、法规性文件、部门规章，法律、行政法规、法规性文件、部门规章按公布时间先后排列，便于查找。

(4)《中华人民共和国新法规汇编》　也是国家出版的法律、行政法规汇编正式版本，是刊登报国务院备案的部门规章的指定出版物。本汇编收集内容按下列分类顺序编排：法律、行政法规、法规性文件、国务院部门规章司法解释。每类中按公布时间顺序排列。报国务院备案的地方性法规和地方政府规章目录按 1987 年国务院批准的行政区划顺序排列，同一行政区域报备案的两件以上者，按公布时间排列，本汇编每年出版 12 辑，每月出版一辑，刊登上月有关内容。

除上述检索工具外，还可以通过有关网站进行食品法规查询，主要网站有：中国食品网(http：//www. foodmate. net)；中国食品安全网(http：//www. bqc. com. cn)；中国标准咨询网(http：//www. chinastandard. com. cn)；中国标准网(http：//www. zgbzw. com)；中国质量信息网(http：//www. cqi. gov. en)；9 中国食品监督网(http：//

www. cnfdn. com)；万方数据库(http：//www. wanfangdata. com. cn)；中国食品标准网(http：//cfsi. cn)；中国食品商务网(http：//www. foodwindows. com)。

2. 国外食品法规的检索工具

国外食品法规的检索工具主要有：《ECE 法规(欧盟法规目录)》和《最新国内外食品管理制度规范与政策法规实用手册》。

(1)《欧盟法规目录》 由中国标准研究中心标准馆编，中国标准出版社出版。《欧盟法规目录》收集、翻译和分类整理了各种欧盟条例、指令、决定、建议和意见等法规题录，是一部有实用价值的检索工具。书中涉及的全部法规，在中国标准研究中心标准馆有馆藏，读者可以利用它检索到的法规，并在标准馆得到原文。

法规条目的编写说明：法规编号、英文标题、中文标题。法规编号举例：90/424/EC。欧盟法规条例具有普遍适用性，具有总体约束力，对所有成员国直接适用，对成员国来说，实施条例时原则上没有自由选择的余地；指令是对所有的成员国有约束力，但实施指令的方式和手段则由成员国机构作出选择；决定根据起草者的意图，可以对个人发出，也可以对成员国发出。其约束力的方式同法规一样，对所有条文具有实施义务，特别是对成员国发出的决定，其实施的方式和手段同指令不同，成员国没有自由裁量的余地。建议具有约束力，它不是法律，建议和意见可由理事会或委员会通过。

欧盟标准可以通过网站途径检索和获取全文。如 CEN(欧洲标准化委员会)或各成员国标准化组织的网站。CEN：http：//www. cenorm. Be；CENELEC：http：//www. cenelec. org；ETSI：http：//www. etsi. org/。

中国标准服务网 http：//www. cssn. cn. net/也可提供欧洲标准中文题目，用户可按中文关键词进行检索查询。

另外，美国 HIS 公司的检索光盘、德国 Perinorm 检索光盘等也可检索欧洲的标准。

(2)《最新国内外食品管理制度规范与政策法规实用手册》 刊登国内外有关食品的技术规范和政策法规，是一本很好的食品国内外法规检索工具。

有关主要网站有：中国食品网(http：//www. cnfoodnet. com)；中国食品安全网(http：//www. bqc. com. cn)；中国质量信息网(http：//www. cqi. gov. cn)等。

二、检索方法

选择合适的检索工具如《中华人民共和国食品监督管理实用法规手册》、《中华人民共和国法规汇编》、《欧盟法规目录》等书目检索工具，利用手工检索方法从中找到有关食品法规。

通过 Internet 检索食品法规，从前面列举的有关网站均可以查询国内外及各地地方食品法规。例如：用中国食品商务网(http：//www. foodwindows. com)查询：从食品资讯进入，点击食品法规→输入法规名称关键词→搜寻，即可找到相关法规全文。

用中国食品安全网(http：//www. bqc. tom. cn)查询：登录中国食品安全网，点击国内法规检索→输入法规名称关键词→点击检索，即可完成。或点击国外法规速递，国际法规检索→输入法规名称关键字，点击检索即可。

复习思考题

1. 食品标准与法规文献的特点是什么？
2. 怎样进行我国标准与法规文献的检索？
3. 检索国际标准与法规的途径是什么？

参考文献

[1]张水华,余以刚．食品标准与法规[M]．北京:中国轻工业出版社,2011
[2]吴澎,赵丽芹,张淼．食品法律法规与标准[M]．北京:化学工业出版社,2011
[3]彭珊珊,朱定和．食品标准与法规[M]．北京:中国轻工业出版社,2011
[4]贝惠玲．食品安全与质量控制技术[M]．北京:科学出版社,2010
[5]王世平．食品标准与法规[M]．北京:科学出版社,2010
[6]吴晓彤,王尔茂．食品法律法规与标准[M]．北京:科学出版社,2009
[7]张建新,陈宗道．食品标准与法规[M]．北京:中国轻工业出版社,2008
[8]胡秋辉,王承明．食品标准与法规[M]．北京:中国计量出版社,2006
[9]艾志录,鲁茂林．食品标准与法规[M]．南京:东南大学出版社,2006
[10]卫生部食品安全综合协调与卫生监督局．食品安全法规选编[M]．北京:中国法制出版社,2011
[11]安建,张穹,牛盾．中华人民共和国农产品质量安全法释义．北京:法律出版社,2006
[12]邱晓红,吴志雄．食品安全风险及其化解机制研究．食品工业科技,2008.(9):249~251
[13]宋怿．食品风险分析理论与实践．北京:中国标准出版社,2005
[14]王大宁．食品安全风险分析指南．北京:中国标准出版社,2004
[15]王心如,周宗灿．毒理学基础．北京:人民卫生出版社,2004
[16]中国农业科学院农业质量标准与检测技术研究所．农产品质量安全风险评估－原理/方法和应用．北京:中国标准出版社,2007
[17]FAO/WHO. 2003. Microbiological Risk Assessment Series NO 3 · Hazard Characterization for Pathogens in F00d and Water Guidelines. 34~35